不锈钢概论

陆世英 著

中国科学技术出版社
·北 京·

图书在版编目(CIP)数据

不锈钢概论/陆世英著. —北京:中国科学技术出版社,2007.1

ISBN978-7-5046-4588-3

Ⅰ.不... Ⅱ.陆... Ⅲ.不锈钢 Ⅳ.TG142.71

中国版本图书馆 CIP 数据核字(2006)第 149596 号

中国科学技术出版社出版
北京市海淀区中关村南大街 16 号 邮政编码:100081
电话:010 - 62103210 传真:010 - 62183872
科学普及出版社发行部发行
北京正道印刷厂印刷
*
开本:850 毫米×1168 毫米 1/32 印张:9.5 字数:230 千字
2007 年 1 月第 1 版 2007 年 1 月第 1 次印刷
印数:1 - 5500 册 定价:38.00 元

前　言

中国不锈钢的生产与应用正处在前所未有的高速发展期，在世界范围内，不锈钢的生产与应用也进入了竞争更加激烈的新阶段。

面对国内外这一新形势，为了适应国内不锈钢生产、使用、科研、设计、教学等领域对了解不锈钢的基本知识，掌握五大类不锈钢的性能特点和最新进展，有效地进行不锈钢的质量控制和在不锈钢的实际应用中，防止不锈钢产生腐蚀破坏等方面的需求，在中国特钢企业协会不锈钢分会和李成会长的大力支持下，笔者写了这本内容既涉及不锈钢的基础知识，又侧重于实用的小册子。

在写的过程中，与笔者在不锈钢科学研究领域共同工作数十年的老同事、老朋友，钢铁研究总院吴玖教授、康喜范教授和杨长强教授在百忙中对本书进行了认真的校阅并提出了许多宝贵的意见，在此表示衷心的感谢。中国特钢企业协会不锈钢分会刘翠珍秘书长和国际镍协会（Nickel Institute）北京办事处顾问刘尔华教授也给予了多方面的支持和热心的帮助，使此书得以顺利出版；《不锈》杂志宫桂馨副主编、董菁工程师等也鼎力相助，为本书的完成付出了辛勤的劳动，在此也一并致谢。

这本小册子的内容原拟用作不锈钢讲座讲课用稿，经修改、补充后正式出版，在此也感谢中国科学技术出版社在本书编辑、出版中所做的细致工作。

由于笔者水平所限，加之时间仓促，书中错误和不当之处尚希望读者给予批评指正。

陆世英

2006年8月于北京

目　录

1 不锈钢的涵义和分类

1.1 什么是不锈钢，不锈钢为什么不生锈和耐腐蚀

1.1.1 不锈钢是不锈钢和耐酸钢的简称或统称

不锈钢：在大气和淡水等弱腐蚀介质中不生锈的钢。

耐酸钢：在酸、碱、盐和海水等苛刻腐蚀性介质中耐腐蚀的钢。

1.1.2 不锈钢为什么不生锈和耐腐蚀

(1)铁的生锈

众所周知，在自然界存在的金属中，除 Au(金)、Pt(铂)等贵金属系以金属状态存在外，其他金属，例如铁(Fe)，在自然界则系以磁铁矿(Fe_3O_4)和褐铁矿($Fe_2O_3 \cdot xH_2O$)矿石的形式非常稳定的存在。但是，人们通过冶金，把铁矿石变成钢铁[1]，就是将钢铁从氧化铁(矿石)的稳定状态变成了不稳定状态。自然界的万物都有从不稳定态“回归”到稳定态的强烈倾向，这是自然规律。钢铁在大气中的生锈就是这种“回归”现象的自然反映。

生锈就是钢铁与大气中的氧作用，在表面形成了 Fe^{2+}、Fe^{3+} 没有保护性的疏松且易剥落的富铁氧化物，也就是钢铁又

[1] C量≤0.08%称为纯铁；0.08%＜C量≤2.0%称为钢；C量＞2.0%称为铸铁或生铁。

变回了“矿石”。铁的生锈，是铁在大气中从金属变成 Fe^{2+}、Fe^{3+} 的离子化的结果，是一种典型的腐蚀现象。为了防止钢铁生锈（腐蚀），人们只有人为地采取涂漆等措施，以阻止大气与钢铁相接触。涂漆一旦受到破坏，钢铁还会继续生锈。

(2)不锈钢为什么不生锈和耐腐蚀

研究发现，随钢中含铬量的增加，钢的耐蚀性提高，当钢中含铬量≥12%后，在大气中耐蚀性有一突变，钢从不耐腐蚀到耐腐蚀，而且不生锈（如图 1.1）。人们把钢从不耐腐蚀到耐腐蚀，从生锈变为不生锈，称为从活化过渡到钝化，从活化态变成了钝化态。通俗地说，钝（化）态实际上是不锈钢与周围腐蚀性介质之间反应迟钝，即不敏感的状态。

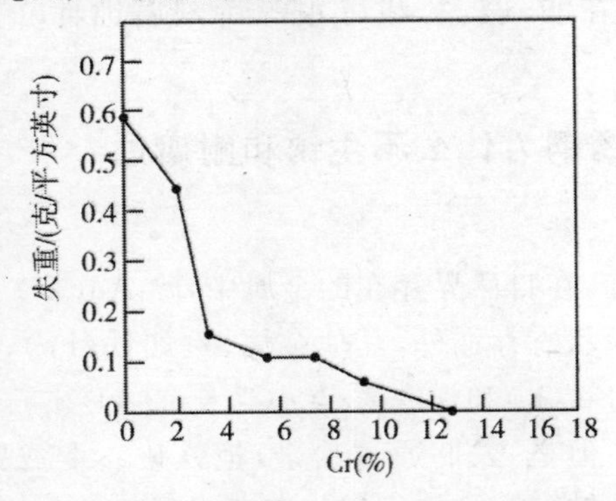

图 1.1　在大气中，低碳钢中含铬量对腐蚀速率的影响[1]
（试验 52 个月，1 英寸^2＝6.45cm^2）

研究表明，含铬量≥12%后，钢具有了不锈性的原因是由于表面自动形成一种厚度非常薄（约 $2\times10^{-6}\sim5\times10^{-6}$mm）的无色、透明且非常光滑的一层富铬的氧化物膜（示意图见图 1.2），这层膜的形成防止了钢的生锈。这层膜称为钝化膜。这层钝化膜的形成实际上是钢中铬元素把自己形成钝化膜保护自己的特性给予了钢的结果。

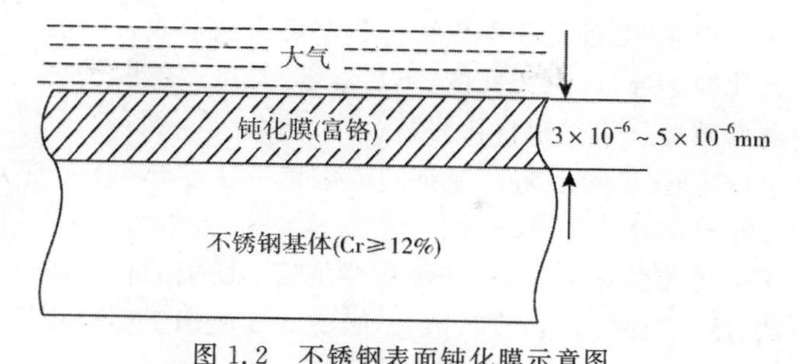

图 1.2　不锈钢表面钝化膜示意图

(注:钝化膜的厚度可随不锈钢的化学成分和周围介质环境的不同而有所变化)

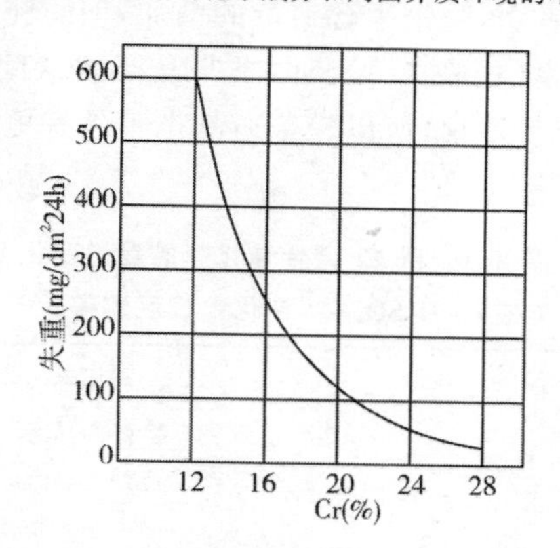

图 1.3　在 65%沸腾 HNO_3 中,
钢中铬量对其腐蚀速度的影响[2]

进一步研究还发现,在氧化性酸介质中,例如在硝酸中,随钢中铬量的增加,钢的腐蚀速度下降,当铬量达到较高含量时,此钢便具有了耐蚀性(见图 1.3)。在氧化性介质中,不锈钢耐腐蚀的原因也是由于表面钝化膜的形成。同理,钢在酸介质中从不耐腐蚀到耐腐蚀,也称之为从活化过渡到钝化,从活化态变为钝化态。

(3)钝化膜

·研究表明,钝化膜不仅很薄且又可自然形成,而且非常稳定。钝化膜是连续的、无孔的、不易溶解、难以剥落的,即使在使用中受到破坏还可很快自行修复。

·18-8 型(304)Cr-Ni 不锈钢的钝化膜一般为 $4M_3O_4 \cdot SiO_2 \cdot nH_2O$,M 为 Cr、Ni 、Fe 等元素。

·钝化膜的化学成分、结构和性质随不锈钢的化学成分、处理方法(冷、热加工,热处理,抛光,酸洗和表面加工等)的不同以及使用环境的差异也有所不同。

·研究还表明,随钢中含铬量的增加,钢的钝化膜会从晶态膜变为非晶态膜(见表 1.1)。由于非晶态膜缺陷少,结构表面均匀,铬元素更易富集,所以较普通晶态膜具有更高的强度和耐蚀性。

表 1.1 Fe-Cr 合金钝化膜的晶态变化

(在 1N H_2SO_4 中,钝化电位区测得)[3]

含铬(%)	钝化膜晶态
0	良好的晶态
5	良好的晶态
12	晶态不完整
19	大部分呈非晶态
20	完全为非晶态

1.1.3 小结

不锈钢的不锈性是由钢中的铬含量所决定的❶,没有铬就没有不锈钢。铬是使钢钝化并使钢具有不锈、耐蚀性的唯一有

❶ 与不锈钢有无磁性没有任何关系。

工业使用价值的元素。所谓无铬不锈钢是不存在的。

不锈钢的唯一特征是不生锈(即具有不锈性),要与虽然耐腐蚀但却生锈的钢区别开来。

1.2 不锈钢的分类

不锈钢的牌号、成分、性能各异,常用的分类方法主要是按钢的主要化学成分(特征元素)和组织结构以及二者相结合的方法来进行分类。

1.2.1 按钢中的主要化学成分(特征元素)分类

最常见的是按钢中特征元素分为铬系不锈钢和镍系不锈钢两大类。

(1)铬系

系指除铁外,钢中的主要合金元素是铬,即铬系不锈钢,相当于美国的 AISI400 系列。

(2)铬镍系

系指除铁外,钢中的主要合金元素是铬和镍,即铬镍系不锈钢,相当于美国的 AISI 300 系列。

1.2.2 按钢的组织结构特征分类

主要分为五大类。即铁素体不锈钢、奥氏体不锈钢、马氏体不锈钢,双相不锈钢和沉淀硬化不锈钢。

(1)铁素体不锈钢(F)❶

高、低温度下晶体结构均为体心立方[见图 1.4(a)],铁素

❶ 也常用 α 代表。

体不锈钢的显微组织见图 1.4(b)。

晶体结构　系指晶体的微观构造,在钢铁材料中,常见的晶体结构主要有体心立方和面心立方两类。钢的晶体结构是决定钢的力学、化学、物理等性能的最基本的因素之一。

显微组织　在显微镜下观察到的钢的组织。

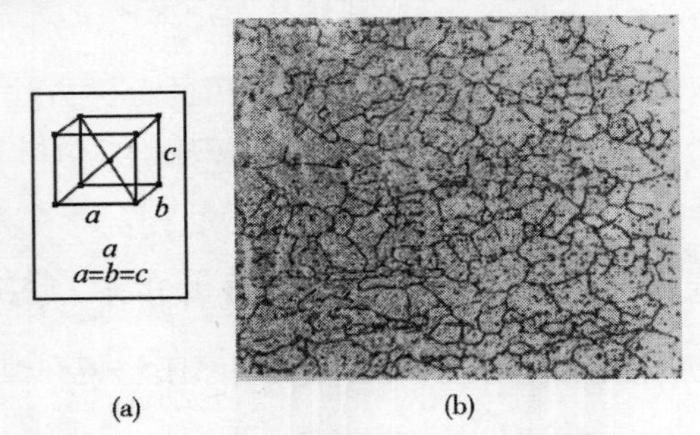

图 1.4　铁素体不锈钢的晶体结构和显微组织

一般铁的晶体结构也是体心立方。而铬是铁素体形成元素,所以,铬加入铁中,钢的晶体结构没有改变。铁素体不锈钢的代表性牌号有 0Cr11Ti(409)和 1Cr17(430)等等。

使钢形成铁素体的元素还有 Mo、Si、Al 、W、Ti、Nb 等。

(2)奥氏体不锈钢(A)[1]

向铁素体不锈钢中加入适量具有奥氏体形成能力的镍元素,便会得到高温和室温下均为面心立方的晶体结构[见图 1.5(a)]的奥氏体不锈钢。奥氏体不锈钢的显微组织见图 1.5(b)。

使钢形成奥氏体的元素除 Ni 外,还有 C、N、Mn、Cu 等。

(3)马氏体不锈钢(M)

高温下为奥氏体,室温和低温下组织为马氏体,马氏体系自奥氏体转变而来的相变产物。Fe-Cr-C 马氏体不锈钢的晶体结构

[1] 也常用 γ 代表。

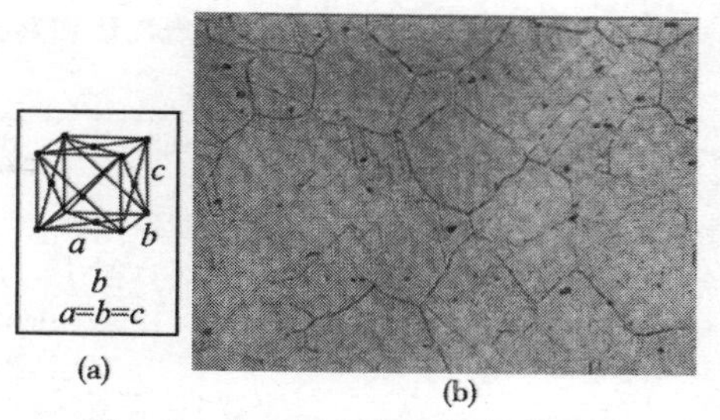

(a) (b)

图 1.5 奥氏体不锈钢的晶体结构和显微组织

为体心四方(具有长方度❶的体心立方)[见图 1.6(a)],而低碳,特别是超低碳 Fe-Cr-Ni 马氏体不锈钢的晶体结构则为体心立方。Fe-Cr-C 马氏体不锈钢的显微组织见图 1.6(b)。Fe-Cr-C 马氏体不锈钢的代表性牌号有 1Cr13(410)等等;Fe-Cr-Ni马氏体不锈钢的代表性牌号有 1Cr17Ni2(431)、00Cr13Ni5Mo 等等。

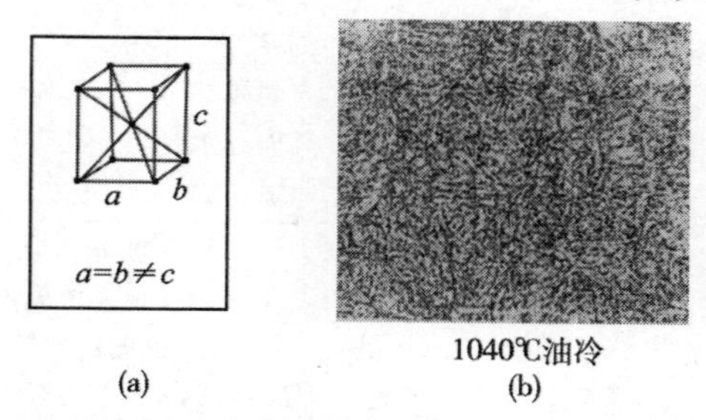

(a) (b)

图 1.6 Fe-Cr-C 马氏体不锈钢的晶体结构(a)和显微组织(b)

为了便于大家对不锈钢中前三种组织结构的了解,表 1.2 中列出了铁(低碳钢)和不锈钢组织结构的对比。

❶ $c/a>1$,也称正方度。随钢中 C 量增加,c/a 值越大,硬度越高。

表 1.2　铁(Fe)和不锈钢中，铁素体、奥氏体和马氏体三种组织结构的对比

类别	钢种			
铁(低碳钢)	Fe(Fe—C) 晶体结构 组织	＜911℃ 体心立方 α-Fe (铁素体)[2]	911～1392℃ 面心立方 γ-Fe (奥氏体)[3]	1392～1536℃ 体心立方 δ-Fe (δ铁素体)[4]
不锈钢	铁素体不锈钢：Fe-Cr 晶体结构 组织	从高温到室温 体心立方 铁素体(合金元素在α-Fe和δ-Fe中形成的固溶体)		
不锈钢	奥氏体不锈钢：Fe-Cr-Ni 晶体结构 组织	从高温到室温 面心立方 奥氏体(合金元素在γ-Fe中形成的固溶体)		
不锈钢	马氏体不锈钢：Fe-Cr-C 晶体结构 组织	高温下 面心立方 奥氏体	室温下 体心四方(有长方度的体心立方) 马氏体[1](系由奥氏体转变而来)	
不锈钢	Fe-Cr-Ni 晶体结构 组织	高温下 面心立方 奥氏体	室温下 体心立方 马氏体	

①马氏体的由来：早在19世纪80年代，人们在中、高碳钢中发现高温下为奥氏体，经快冷后，得到一种使钢变硬、增强的组织，为纪念发现人德国冶金学家马腾斯(A. Martens)而命名为马氏体(Martensite)。马氏体系由奥氏体转变而来的，这种转变是可逆的，在不锈钢中会常常遇到。奥氏体的由来：以这种组织的发明人Austen而得名。

②③④分别为碳在α-Fe、γ-Fe、δ-Fe中形成的固溶体，即固溶溶液，铁为溶剂，而碳为溶质。在不锈钢中，则系碳和合金元素在α-Fe、γ-Fe、δ-Fe中形成的固溶体，分别为铁素体不锈钢、奥氏体不锈钢等。此时，铁仍为溶剂，而碳和各种合金元素则为溶质。

(4)双相不锈钢(F+A)[1]

钢的基体组织为铁素体和奥氏体具有一定比例的双相结

[1] 也常用α+γ代表。

构。它们的显微组织见图 1.7。双相不锈钢的代表性牌号有 1Cr25Ni5Mo1.5 （AISI 329），1Cr21Ni5Ti （1X21H5T），00Cr22Ni5Mo3N(SAF 2205)和 00Cr26Ni7Mo3N(SAF 2507)等。

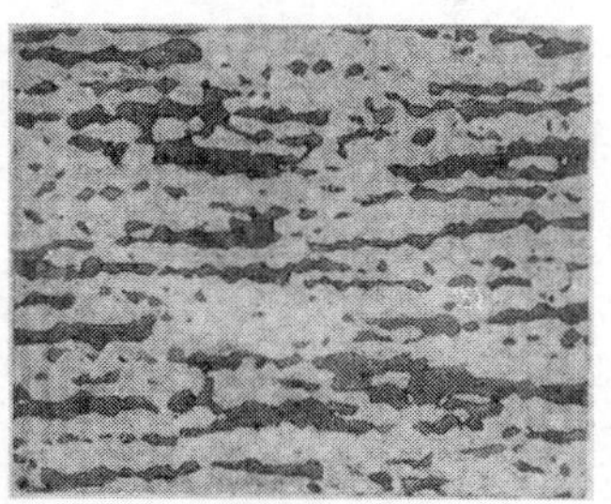

图 1.7 F＋A❶ 双相不锈钢的显微组织(黑色为铁素体)

前述形成铁素体的元素和形成奥氏体的元素在钢内合理配比，便可得到 F＋A(α＋γ)❶双相不锈钢。

(5)沉淀硬化❷不锈钢

在室温下，钢的基体组织可以是马氏体、奥氏体以及铁素体，经适宜热处理，在基体上沉淀(析出)碳化物和金属间化合物等引起不锈钢强化的一类不锈钢❸。代表性牌号有 0Cr17Ni4Cu4Nb(17-4PH，AISI 630)、0Cr17Ni7Al(17-7PH，AISI 631)等。

1.2.3 按钢的化学成分和组织结构相结合的方法分类

按钢中的特征元素和钢的组织结构相结合的方法分类可以有很多类型。例如，马氏体铬不锈钢、马氏体铬镍不锈钢、奥氏体铬镍不锈钢、奥氏体铬锰不锈钢等。

除了上述分类方法外，还有按性能和用途、按钢的功能特点等等的分类，此处不再一一列举。

---

❶ 常用 α＋γ 双相不锈钢。

❷ 沉淀硬化——由过饱和固溶体中析出另一相而导致的硬化作用。

❸ 沉淀硬化不锈钢多用 PH 代表。

1.3 不锈钢分类的简单概括和代表性牌号

图 1.8 系不锈钢分类的简单概括和代表性牌号简图。

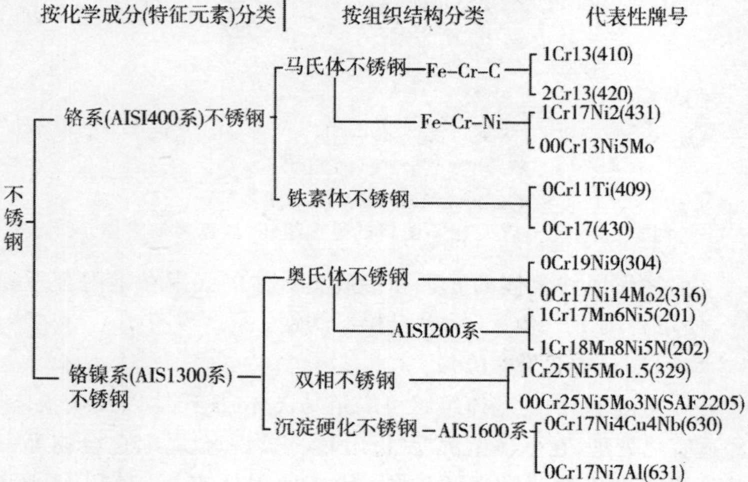

图 1.8 不锈钢系列和分类简图

（AISI 200、AISI 300、AISI 400、AISI 600 系美国钢铁协会标准系列）

主要参考文献

1 Binder W D, et al. Proceedings of the American Society for Testing Materials, 1946, 46: 593

2 Л. КОЛОМЬЕ. И И. ГОХМАН，НЕРЖАВЕЮЩИЕ И ЖАРОПРОЧНЫЕ СТАЛИ，Москва，1958，246

3 MacBee C L, et al. Electrochem. Soc.，1972，113：1262

2 合金元素对不锈钢组织和性能的影响

合金元素系人们为了获得所需要的组织和各种性能向不锈钢中加入的具有一定含量范围的元素。

向不锈钢中加入的合金元素主要是金属元素如 Cr、Ni、Mo、Si、Cu 等，但也有非金属元素，如 C、N 等。

向不锈钢加入的合金元素的主要去向和作用是：合金元素作为溶质，以原子状态进入以铁(Fe)为溶剂的固态溶液中，形成不锈钢的各种基体组织(固溶体)；各合金元素间相互作用，形成各种化合物；有的合金元素(如 Cu、Pb 等)，当其含量超过它在钢中的溶解度时，还可以较纯的金属相存在于基体中；一些比较活泼的元素和与钢中氧、硫等结合力强的一些元素，还可形成各种非金属夹杂物(见本书“不锈钢的质量控制”内容)。不锈钢中的合金元素正是通过这些作用对钢的组织和性能产生各种影响。

由于不锈钢的组织与性能在许多条件下主要由钢中的合金元素所决定，因此，研究不锈钢中成分、组织、性能之间的关系一直为人们所关注。

2.1 合金元素对不锈钢组织的影响

2.1.1 不锈钢中的合金元素和铬当量与镍当量

(1)影响不锈钢组织的两大类合金元素

形成铁素体的元素：Cr、Mo、Si、Al、W、Ti、Nb 等。

形成奥氏体的元素：C、N、Ni、Co、Mn、Cu 等。

在一定温度条件下，不锈钢的基体组织是由钢中形成铁素体和形成奥氏体的合金元素间的相互作用所决定的。

(2)铬当量与镍当量

是指各合金元素形成铁素体组织或形成奥氏体组织的能力的总合。

铬当量＝%Cr＋1.5×%Mo＋1.5×%Si＋1.75×%Nb＋1.5×%Ti＋5.5×%Al＋0.75×%W，各元素前的数字为该元素形成铁素体的能力相当于铬形成铁素体能力的倍数。

镍当量＝%Ni＋%Co＋30×%(C＋N)＋0.5×%Mn＋0.3×%Cu，各元素前的数字为该元素形成奥氏体的能力相当于镍形成奥氏体能力的倍数。

(3)铬当量和镍当量对不锈钢基体组织的影响

图2.1指出了自高温冷却后，铬当量与镍当量对不锈钢基体组织的影响。从图中可以根据不锈钢化学成分中的铬当量与镍当量大致确定钢的基体组织类型和组成。不锈钢中的Fe-Cr-Ni马氏体不锈钢和沉淀硬化不锈钢系处于图2.1中Ⅰ区和Ⅱ区范围内，而α＋γ双相不锈钢则处于A＋F区范围内。

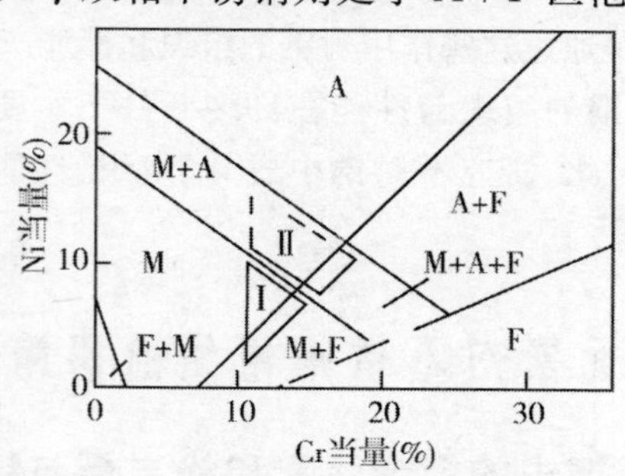

图2.1　不锈钢的铬当量与镍当量与室温下基体组织的关系[1]

A—奥氏体；F—铁素体；M—马氏体

需要指出，各种合金元素在钢（包括不锈钢）中相互作用，在形成各种基体组织（固溶体）的同时，还可产生不同程度的固溶强化❶作用，见图 2.2[2] 和图 2.3[3]。这主要是由于各种合金元素（溶质）在基体组织（溶剂）中所处的位置导致溶剂晶格发生不同程度的畸变而产生的作用。根据溶质元素在溶剂晶格中所处位置的不同，有间隙型元素和置换型元素之分。处在溶剂（Fe）晶格结点空隙处的元素（如 C、N、B 等），称间隙型元素；而处在溶剂（Fe）晶格结点处的元素则称为置换型元素（示意图见图 2.4）。间隙型元素和置换型元素在钢中所形成的固溶体，又分别称为间隙固溶体和置换固溶体。

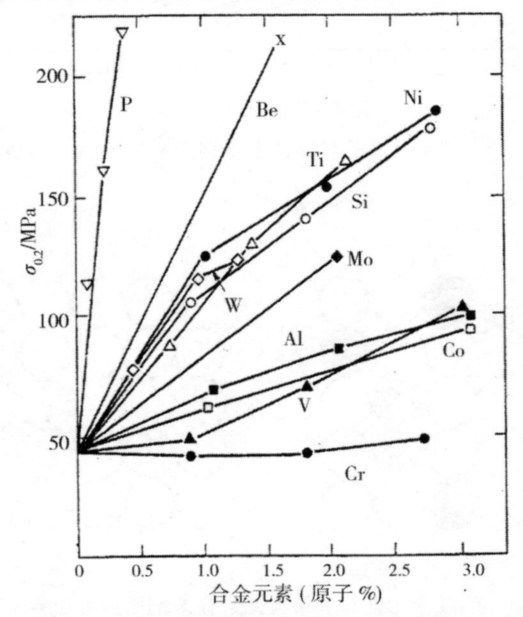

图 2.2　置换型固溶元素对低碳铁素体钢屈服强度（$\sigma_{0.2}$）的影响

---

❶ 固溶强化：由于形成固溶体而使钢强化的作用。

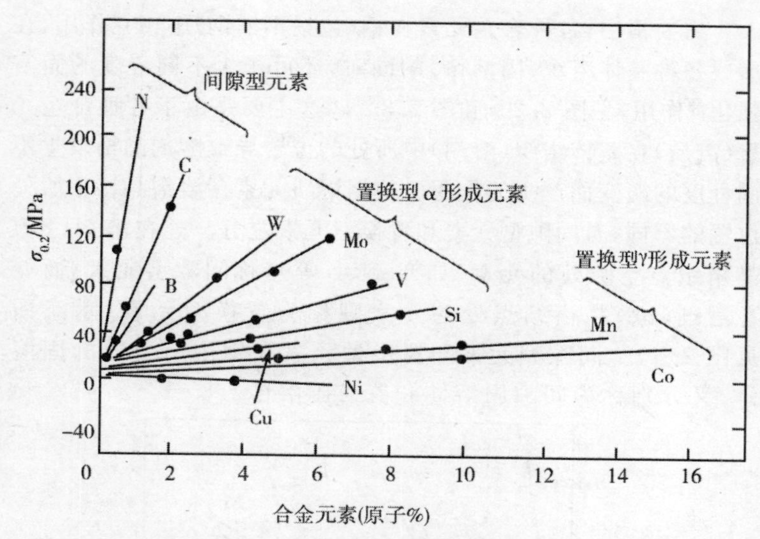

图 2.3　固溶元素对奥氏体不锈钢屈服强度($\sigma_{0.2}$)的影响

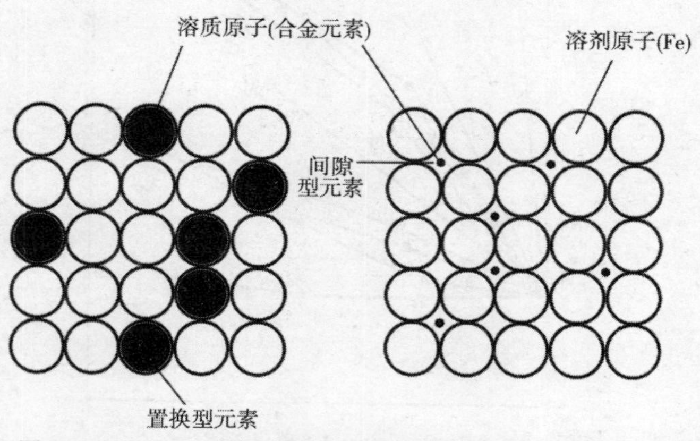

图 2.4　间隙型元素和置换型元素在溶剂中所处位置示意图

由于碳、氮等间隙元素在铁素体中的固溶度很低，因此，铁素体不锈钢主要是置换固溶体；由于包括碳、氮在内的几乎所有合金元素在奥氏体中均有相当的固溶度(甚至可无限固溶),因此,奥氏体不锈钢则常常是间隙元素固溶和置换元素固溶共存的固溶体。

2.1.2 不锈钢中的各种化合物及合金元素的作用[1][2]

在一定温度条件下,不锈钢中的合金元素不仅决定钢的基体组织,而且在冷、热加工,热处理,焊接以及在使用过程中,各元素间相互作用还会在不锈钢基体上析出碳化物、氮化物和各种金属间化合物。它们的存在对不锈钢的性能也有重要影响。

(1)不锈钢中常见的化合物及合金元素的作用

不锈钢中常见的碳、氮化合物和金属间化合物及合金元素的作用见表2.1。

(2)碳、氮化合物和金属间化合物对不锈钢性能的影响

1)碳化物

铬碳化物 常见的是$Cr_{23}C_6$(或$M_{23}C_6$,M为Fe、Cr、Mo等元素)。几乎存在于所有各类不锈钢中。随碳量增加/降低,钢中铬碳化物析出增多/减少。$Cr_{23}C_6$中富铬且多分布在晶界上,因而它的析出常常导致其周围铬贫化而引起不锈钢的晶间腐蚀。

钛和铌的碳化物 常见的是TiC和NbC。钢中加入Ti、Nb与钢中C作用便可形成TiC、NbC。由于它们与C的亲和力远远大于Cr,因此TiC、NbC的优先形成可防止形成$Cr_{23}C_6$所引起的晶间腐蚀。TiC和NbC可提高不锈钢的室温和高温强度,但对铁素体不锈钢的韧性不利。

---

[1] 间隙化合物。原子半径小的碳、氮等元素与金属元素结合的产物,通常称为碳、氮化物。

[2] 金属间化合物。两种或两种以上的金属元素间相互结合的产物,通常也称为金属间相。

2）氮化物

主要出现在含氮的奥氏体不锈钢和双相不锈钢中。常见的有 Cr_2N 和 CrN，Cr_2N 仅当钢中含氮量较高时才会出现。Cr_2N 沿晶界析出也会引起铬贫化而提高含氮不锈钢的晶间腐蚀敏感性。在双相不锈钢中，Cr_2N 和 CrN 在铁素体基体上和晶界形成，还可引起脆性。

表 2.1　不锈钢的各种化合物及合金元素的作用

少量相和化合物		存在钢类	有促进作用的合金元素	化学式或成分特点	特性	在钢中的分布
金属间化合物	α′相[②]	F，A＋F	Cr(C，N)[①]	Fe-Cr，富 Cr	硬，脆，富 Cr	晶内
	σ相	F，A，A＋F	Mo，Si，Cr，Ti，Nb，Mn	富 Cr(Mo)，Fe-Cr（Fe，Ni）X（Cr，Mo）Y	硬，脆，富 Cr	晶内 晶界
	χ相	F，A，A＋F，PH	Cr，Mo	$Fe_{36}Cr_{12}Mo_{10}$	硬，脆，富 Cr、Mo	晶界 晶内
	η(laves)相	F，A，A＋F，PH	Nb，Ti，Mo	Fe_2Ti，Fe，Nb，Fe_2Mo	硬	晶内
	ε相	PH，A	Cu	富 Cu 相	硬	晶内
	γ′相	PH，A	Ti，Al、Nb	NiAl，Ni_3Ti，Ni_3Nb	硬	晶内
	β相	PH	Ti，Al	NiAl，Ni_2TiAl	硬	晶内
碳氮化物	$M_{23}C_6$	M，A，A＋F，PH	C、Ni，Mn，N	$M_{23}C_6$，富 Cr	富 Cr	晶界 晶内
	TiC，NbC	F，A，A＋F，PH	Nb，Ti，C	TiC，NbC		晶内 晶界
	CrN	A，A＋F	N	CrN		晶界 晶内
	Cr_2N	A，A＋F	N	Cr_2N，富 Cr	富 Cr	晶界 晶内

①有人认为 C、N 对铁素体不锈钢中 α′析出有强化作用。

②相是钢中成分、结构、性能相同的组成体，钢中的固溶体和化合物皆可称为相，相与相之间有明显的界面。

3)金属间化合物❶

α′ 富铬的 FeCr 金属间化合物，其含铬量可高达 61%～83%，而含铁量仅 37.0%～17.5%。在铁素体不锈钢中含铬量>15%便可产生 α′。由于它既硬又脆且富铬，因此既引起不锈钢塑、韧性显著下降，而且耐蚀性也恶化，α′主要存在于铁素体和 F+A 双相不锈钢中。

σ 富铬的 FeCr(Mo)金属间化合物。钢中铬(钼)量对 σ 相的形成起主要作用。σ 相也是既硬又脆且富铬的金属间化合物，其周围常常是贫铬区。因此，σ 相在使钢塑、韧性下降产生严重脆化的同时，也会导致不锈钢的耐蚀性下降。

χ 既富铬又富钼的 FeCrMo 金属间化合物，它的化学式为 $Fe_{36}Cr_{12}Mo_{10}$ 和 $(FeNi)_{36}Cr_{18}Mo_4$。此化合物常出现在富铬、钼的铁素体、奥氏体和 F+A(α+γ)双相不锈钢中，它对不锈钢性能的影响基本与 σ 相相同。

γ′ 主要存在于含有 Al、Ti、Nb 的沉淀硬化不锈钢和一些要求耐热高强度的奥氏体不锈钢中，它们的化学式有 Ni_3Al、Ni_3Ti、Ni_3Nb 等。γ′较硬，主要在晶内弥散析出从而可提高钢的室温和中温强度，但并没有 σ(χ)相等的破坏性脆化。

β 主要存在于含有 Al、Ti 的沉淀硬化不锈钢中，在晶内弥散析出，提高不锈钢的室温和高温强度。

η(Laves) 存在于含有 Ti、Nb、Mo 的不锈钢中，它们的化学式为 Fe_2Ti、Fe_2Nb 和 Fe_2Mo 等，在晶内析出，由于它硬而脆，因而对不锈钢的塑、韧性有害。

ε 是一种富 Cu 金属间相，它可存在于含有较高 Cu 量的所有类型不锈钢中。它在沉淀硬化不锈钢中晶内弥散析出后，可提高钢的室温和中温强度；而在马氏体、铁素体和奥氏体等不

---

❶ 也可称为金属间相。

锈钢中，富铜的 ε 相还可使钢的表面具有抗菌性。

(3)几种典型不锈钢牌号中，碳化物、氮化物和金属间化合物的析出行为

图 2.5 至图 2.7 分别为超级铁素体不锈钢 Monit (00Cr25Mo4Ni4TiNb)、奥氏体不锈钢 316(0Cr17Ni12Mo2)和双相不锈钢 2205(00Cr22Ni5Mo3N)的 TTP(时间—温度—沉淀)图。

由图 2.5 可知，由于 Monit 钢中碳量很低，没有 $M_{23}C_6$，金属间相 σ、χ 和 Laves(η)相均在 600～900℃范围析出。χ 相析出最快，在 800～900℃间仅保温约 2 分钟即可。可惜此图中没有标出约 475℃下 α′的析出范围。

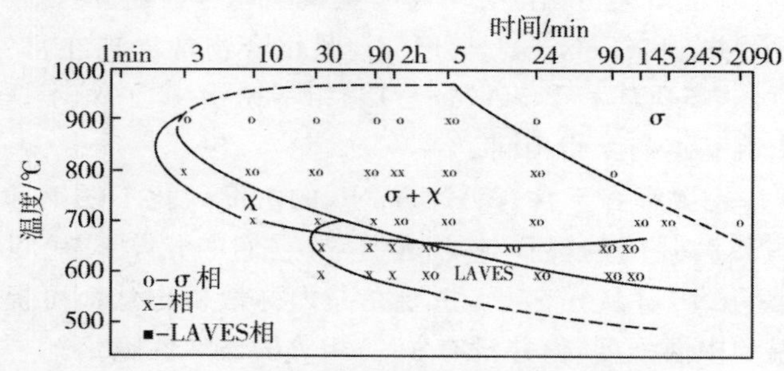

图 2.5　超级铁素体不锈钢 Monit(00Cr25Ni4Mo4TiNb)的 TTP 图(1000℃固溶后)[4]

由图 2.6 可知，在 316 不锈钢中，$M_{23}C_6$ 碳化物析出最快，816～899℃间仅保温约 0.05 h 即可；由于 316 不锈钢中铬、钼量低，金属间化合物如 σ、χ 和 η 相的析出则比较缓慢。

由图 2.7 可知，在 2205 双相不锈钢中，Cr_2N、$M_{23}C_6$ 和 χ 相的析出速度都比较快，在 800～900℃间仅保温约 1 分钟即可，而 σ 相和 α′相的析出，则需在各自的敏感温度停留～20 分钟以上。研究表明，所有双相不锈钢自高温冷却过程中(如自 1350℃冷却)一般均会有从铁素体到二次奥氏体(γ_2)

的转变(见本书 α+γ 双相不锈钢内容)。

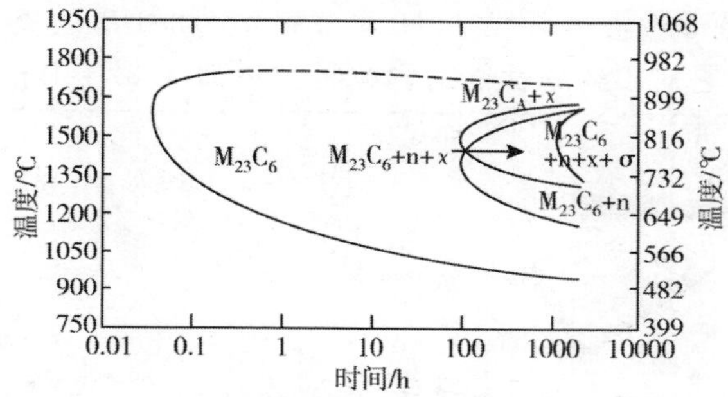

图 2.6　奥氏体不锈钢 316(0Cr17Ni12Mo2)的 TTP 图(钢中碳量 0.066%)[5]

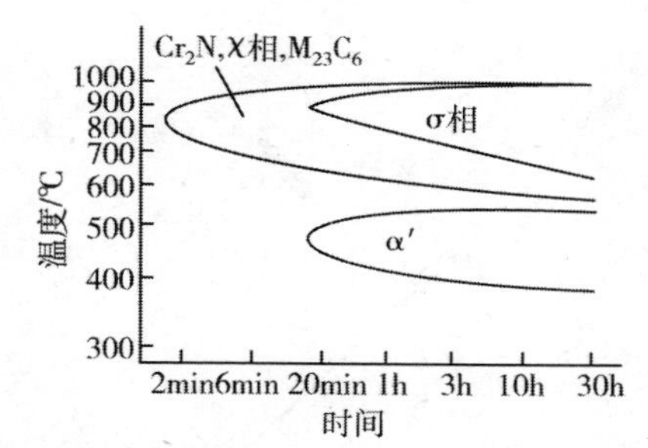

图 2.7　双相不锈钢 2205(00Cr22Ni5Mo3N)的 TTP 图[6]

2.1.3　不锈钢中的各种化合物和 δ 铁素体等在基体中的分布示意图

图 2.8[7]画出了不锈钢中常见的碳、氮化合物和各种金属间化合物以及奥氏体钢中的少量 δ 铁素体和非金属夹杂物,例如 MnS 在显微组织中的分布情况❶。同时,还可看出富铬的碳化

❶　人们平常看到的是不锈钢非常干净、漂亮的外貌,但在显微镜下,就可看到不锈钢内部的基体组织和在基体组织上分布的各种金属间相,碳、氮化物和非金属夹杂物等。

物、氮化物和 σ 或 χ 相的析出而引起的贫铬区。

少量 δ 铁素体常见于 18-8 型和 18-12-2 型的奥氏体不锈钢中，它对不锈钢性能的影响将在后面 5.2.3 中介绍。

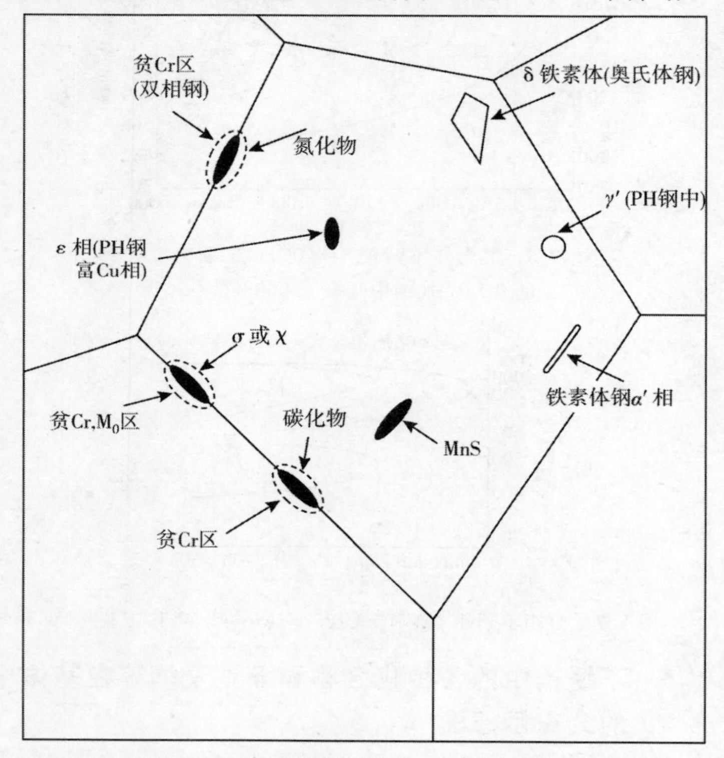

图 2.8　不锈钢显微组织中常见各种化合物(包括少量 δ 铁素体和非金属夹杂物 MnS)分布示意图[1]

[1] 在文献[7]基础上笔者稍加补充，PH 钢指沉淀硬化不锈钢。

2.2 合金元素对不锈钢性能的影响

向钢中加入合金元素,这些合金元素的特性自然会带给添加它们的新合金。前面所述及的向钢中加入铬可使钢具有不锈性,就是因为铬元素本身既不生锈,又具有远比铁强得多的钝化能力。当钢中铬量≥12%,这种钝化能力便显现了出来。向不锈钢中加入其他合金元素,这些合金元素(多种元素时则是它们之间复合作用)的特性同样会带给添加它们的各类不锈钢。合金元素对不锈钢性能的影响,一是合金元素直接影响不锈钢的性能;二是通过前面叙述的改变不锈钢的组织结构来影响不锈钢的性能。一般说来,合金元素所直接影响的主要是不锈钢的不锈耐蚀性(当然在一些条件下也影响其他性能,例如固溶强化作用等),而组织结构所影响的主要是钢的力学,冷、热加工性,焊接,物理等性能(当然在一些条件下也影响钢的不锈耐蚀性,例如由于一些化合物析出的影响)。在不锈钢中对钢的许多性能的影响又常常是钢的化学成分和钢的组织结构共同作用的结果。

除了合金元素外,影响不锈钢性能的因素还很多,后面再另做介绍。

2.2.1 铬

·前面已经述及铬对钢的不锈性和耐蚀性的重要影响。随不锈钢中铬量的增加,不仅在氧化性酸介质中耐蚀性增加,而且对不锈钢在氯化物溶液中(包括含 Cl^- 的大气和水介质)耐应力腐蚀、点蚀、缝隙腐蚀等局部腐蚀能力的提高也有重要影响。

·在高铬含量不锈钢中,特别是在铁素体和双相不锈钢中,在温度的影响下,钢中易形成 α'、$\sigma(\chi)$ 等金属间化合物,不仅塑、韧性下降,耐蚀性降低,而且冷成型性和焊接性也恶化。

·铬与不锈钢中的碳形成碳化物，虽然降低钢的耐蚀性，引起晶间腐蚀，但当碳量一定时，随钢中铬量增加，晶间腐蚀敏感性则下降。

·在 Fe-Cr-C 马氏体不锈钢中，铬提高钢的淬透性，使钢的强度、硬度增加。但在其他一些不锈钢中，随铬量增加，钢的强度也提高，但钢的塑、韧性、冷成型性等会有所降低。

·铬能显著提高不锈钢的高温抗氧化性、抗硫化性以及高温强度。

2.2.2 镍

·镍在不锈钢中，是仅次于铬的重要合金元素。为了耐还原性酸和碱介质的腐蚀，钢中仅含铬是不够的，必须向钢中加入镍（见图 2.9 和图 2.10）。镍可促进不锈钢钝化膜的稳定性，提高不锈钢的热力学稳定性。因此，不锈钢中铬与镍共存，可显著强化不锈钢不锈性和耐蚀性。镍对不锈钢的高温抗氧化性有益，但对高温抗硫化性有害。因为镍与硫作用易形成低熔点硫化物，而低熔点硫化物的形成会显著降低钢的热加工性。

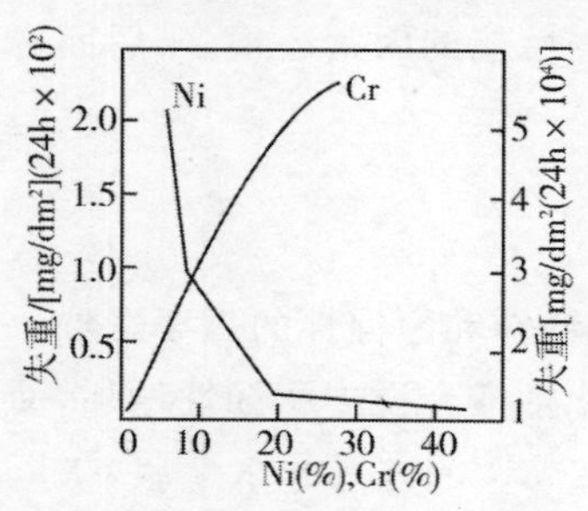

图 2.9　钢中铬和镍对钢耐稀 H_2SO_4 性能的影响（10% H_2SO_4，室温下）[8]

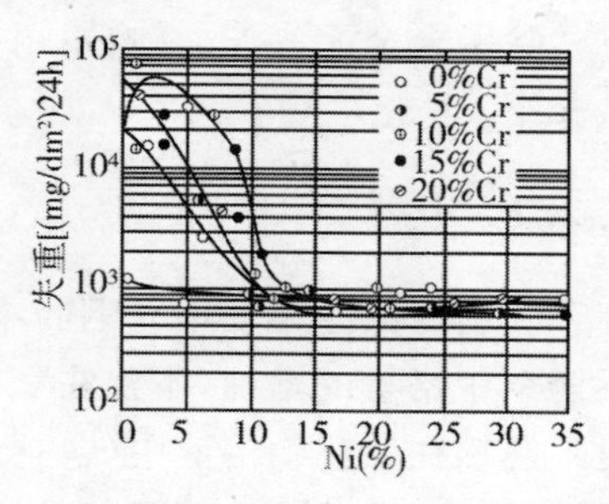

图 2.10　不同铬、镍含量的铬镍不锈钢在 5% H_2SO_4 中的耐蚀性[9]

·镍与铬组合能显著提高奥氏体不锈钢在苛性介质(例如NaOH)中的耐蚀性(图 2.11),镍还提高 18-8 不锈钢耐氯化物应力腐蚀的性能(图 2.12)。虽然在耐点蚀、耐缝隙腐蚀的 PRE 值[1](Cr%+3.3×Mo%+16×N%)中并没有镍的作用在内,但在低铬、钼含量的通用 Cr-Ni 奥氏体不锈钢中,镍的作用还是

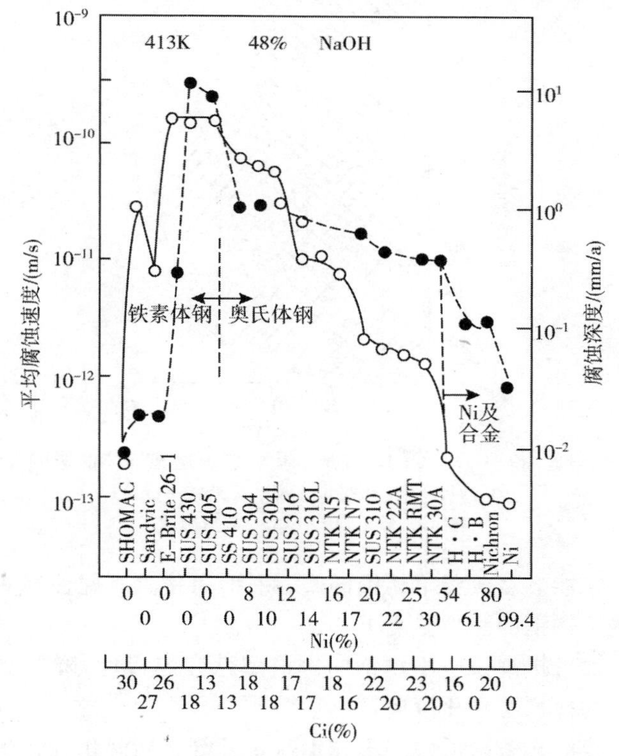

图 2.11 413K 的水银法和隔膜法在 48%NaOH 溶液中镍和铬对不锈钢耐蚀性的影响

[1] PRE:耐点蚀当量值,此值越大,耐点蚀、耐缝隙腐蚀性能越强。

有益的(见图 2.13)。

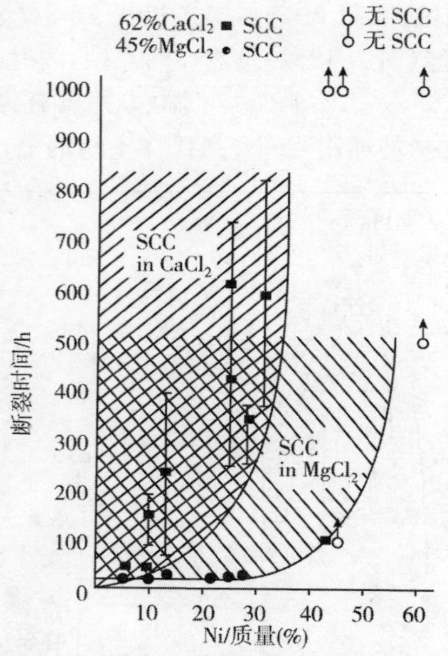

图 2.12 镍对 18%Cr-Ni 钢耐氯化物应力腐蚀性能的影响[10]

(在 62%$CaCl_2$ 和在 45%$MgCl_2$ 溶液中试验)

■SCC;●无 SCC;SCC—应力腐蚀

·镍能显著改善不锈钢的塑、韧性,可使具有脆性转变温度的一些不锈钢的脆性温度下移。

·镍可提高一些不锈钢的冷成型性和焊接性,降低奥氏体不锈钢的冷加工硬化倾向。

·镍能显著降低一些不锈钢对 σ、χ 等金属间化合物析出的敏感性(图 2.14),从而防止和降低它们的有害作用。

·随奥氏体不锈钢中镍量增加,碳在钢中的溶解度下降,导致钢的晶间腐蚀敏感性增加,因此高镍奥氏体不锈钢中含碳量需≤0.02%。

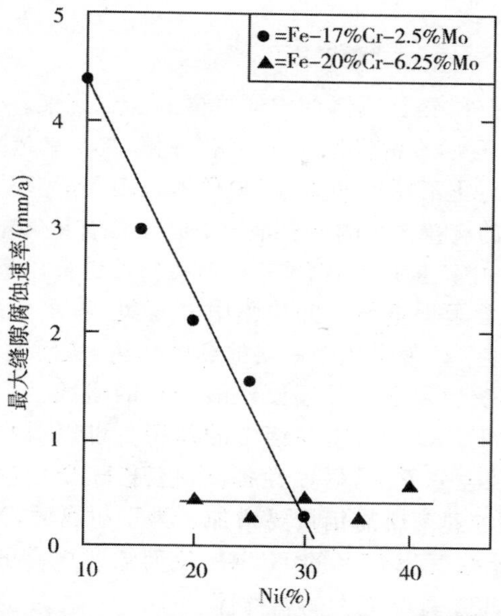

图 2.13　镍对 Cr-Ni 奥氏体不锈钢耐缝隙腐蚀性能的影响[11]
（人造海水中 70℃试验 30 天）

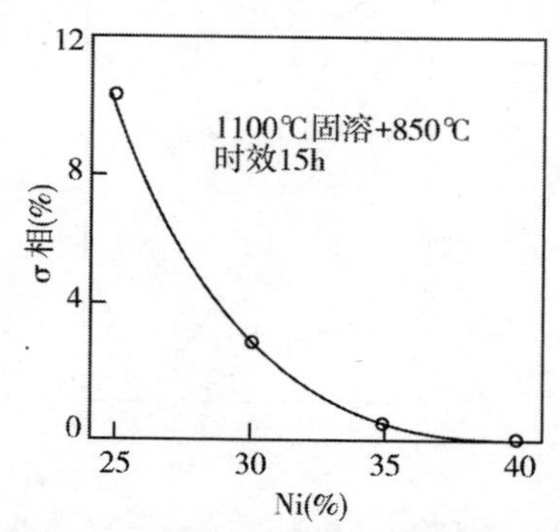

图 2.14　镍对 00Cr25Ni25Si2V2Nb 钢 σ 相析出量的影响[12]

2.2.3 钼

除铬、镍外，钼是不锈钢中最重要的合金元素。

研究已证实，在海洋性大气中，仅靠铬，甚至铬量高达近 24% 也很难完全防止不锈钢的锈蚀，必须加入钼元素[12B]。但钼对不锈钢耐蚀性的有益作用的前提是钢中必须含有足够量的铬元素。而且，随着钢中铬量提高，钢中钼的有益作用也会显著增加。

· 钼能显著促进铬在钝化膜中的富集，从而增强不锈钢钝化膜的稳定性，显著强化钢中铬的耐蚀作用，从而大大提高各类不锈钢的不锈性和耐各种还原性酸介质的耐蚀性。图 2.15 系在不同浓度 H_2SO_4 中，钼在钢中的作用。可以看出，随钼量增加，钢的腐蚀速率下降，耐蚀性提高，但随 H_2SO_4 浓度增高，为获得同一腐蚀速率所需钼量要增加。为了耐腐蚀，浓度为 50% 的 H_2SO_4 比浓度为 75% 的 H_2SO_4 反而需要更高的钼，这是因为 50% H_2SO_4 具有更大的腐蚀性。

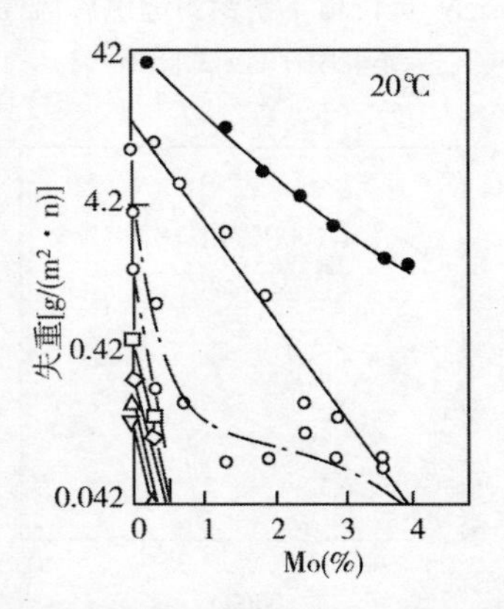

图 2.15 钼对含 18%Cr 和 10%～15%Ni 的奥氏体不锈钢在不同浓度硫酸中耐蚀性的影响

H_2SO_4 浓度：—•— 50%；—○— 75%；——○—— 20%；
…○… 10%；—□— 5%；—○— 2.5%；—△— 1.0%；—▽— 0.5%

·钼在不锈钢中，能提高钢的再钝化能力，其耐点蚀和缝隙腐蚀的能力约为铬的 3 倍。为了耐点蚀和耐缝隙腐蚀，不锈钢中一般都需加入钼。钼还对防止以点蚀为起源的应力腐蚀有利。钼对不锈钢耐点蚀和耐缝隙腐蚀性能的影响分别见图2.16和图 2.17。

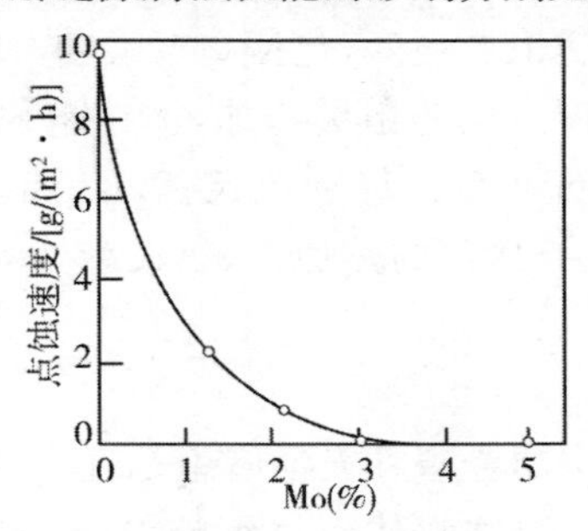

图 2.16　Mo 对 25Cr-7Ni 双相钢耐点蚀性能的影响[14]
（10%$FeCl_3\cdot 6H_2O$，50℃，24h）

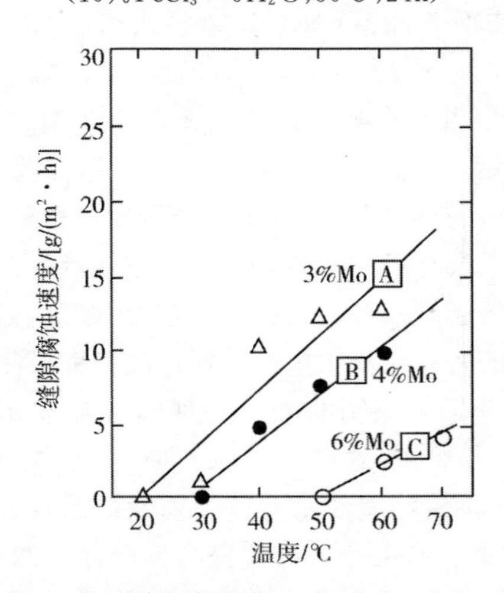

图 2.17　在不同溶液温度下，钼对 00Cr25Ni21/30 不锈钢耐缝隙腐蚀性能的影响（钢中含 N0.2%）[11]
（6%$FeCl_3$+0.05N HCl 溶液，试验 24h）

·在一些腐蚀介质中，钼形成钼酸盐后对不锈钢所起的缓蚀作用已为试验所证实。

·钼能促进不锈钢中金属间化合物σ、χ等的析出，增加钢的脆化敏感性，降低钢的塑、韧性和耐蚀性以及冷成型性和焊接性。

·钼提高不锈钢的强度，包括高温强度，使高温持久和蠕变性能有较大的改善。但随钼量增加，不锈钢的高温变形抗力增大，热塑性下降，同时钼又促进奥氏体不锈钢中δ铁素体的形成，这些因素均可导致钢的热加工、热成型性的降低。

2.2.4 氮

氮在不锈钢中的普遍且大量应用是近十多年不锈钢材料领域最重大的进展。除铁素体不锈钢外，近十多年来几乎所有类型的不锈钢，特别是奥氏体和双相不锈钢均普遍用氮进行合金化：奥氏体不锈钢有控氮（N≤0.10%或＜0.12%）、中氮（N≤0.40%或≤0.5%）和高氮（N＞0.4%或≥0.5%）不锈钢和超级奥氏体不锈钢以及含低氮的超级马氏体不锈钢。

双相不锈钢正是由于加入氮才出现了第二代和第三代双相不锈钢（超级双相不锈钢），使双相不锈钢形成系列并成为了与马氏体、铁素体、奥氏体等三大类不锈钢并列的钢类。由于氮在铁素体不锈钢中溶解度极低，而在奥氏体中溶解度很高，因此，氮在双相不锈钢中的有益作用主要是体现在改善奥氏体组织的性能。

氮是在不锈钢中应用的唯一一种气态合金元素，它取之容易且量无限，价格低廉，生产中加入方便，有益作用显著，但副作用较少，是现代不锈钢中非常有发展前途的重要合金元素。

·氮通过固溶强化等可显著提高奥氏体和双相不锈钢的室温和高温强度（图2.18）。在Cr-Ni奥氏体不锈钢中加入0.1%N，可使钢的强度提高约60～100MPa，但当N量适宜时，并不显著降低钢的塑、韧性。氮的大量加入可使高氮奥氏体不锈钢获得非常高的强度，但钢的断裂韧性❶并不降低。

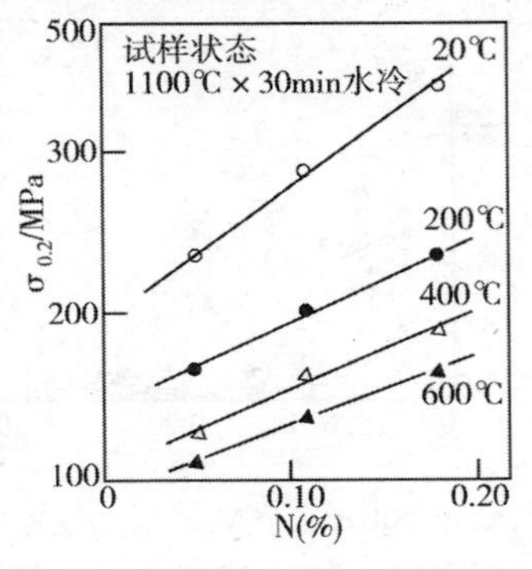

图 2.18　氮对 00Cr17Ni14Mo2 不锈钢强度的影响

·氮不仅显著提高奥氏体和双相不锈钢的耐氧化性酸、还原性酸介质的全面腐蚀性能，而且还提高它们的耐晶间腐蚀、耐点蚀、耐缝隙腐蚀等局部腐蚀性能，一些试验结果见图 2.19～图 2.21。研究表明，氮在不锈钢中提高钢的耐点蚀、耐缝隙腐蚀的能力约为钢中铬的 16～30 倍。

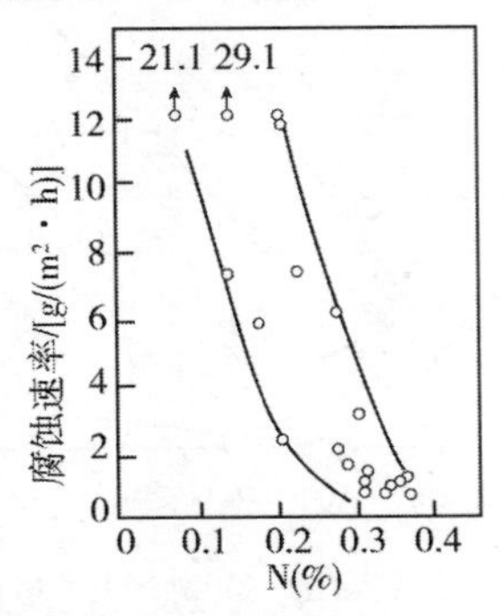

图 2.19　氮对铬镍钼奥氏体不锈钢(23%～25%Cr，7%～14%Ni，0.5%～1.5% Mo)耐稀硫酸(5%，沸腾)腐蚀性能的影响

❶　断裂韧性：金属材料抵抗裂纹扩展的能力。

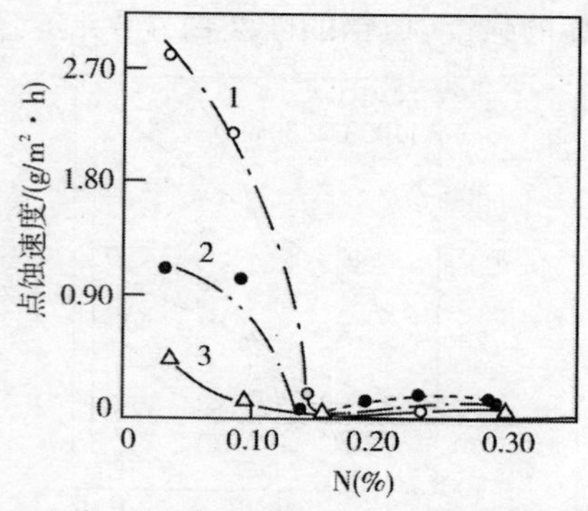

图 2.20　氮对 00Cr25Ni6Mo3 钢点蚀速度的影响

1－50℃，6%$FeCl_3$＋0.05mol HCl；2－50℃，6%$FeCl_3$；

3-50℃，3.5%$FeCl_3$

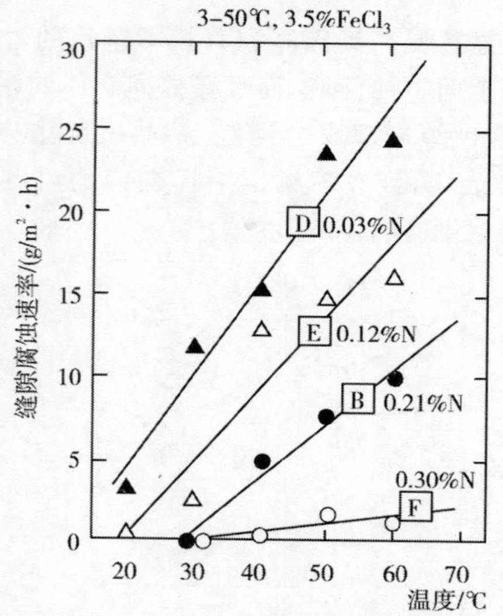

图 2.21　在 6%$FeCl_3$＋0.5N HCl 溶液中，氮对 00Cr25Ni21～30Mo4 不锈钢缝隙腐蚀的影响[14]

需要强调，氮在不锈钢中对耐蚀性所起的有益作用，钢中含有足够量的铬、钼元素是必要条件。一般认为，氮可促进钝化膜中铬的富集，提高钢的钝化能力；氮可形成 NH_3 和 NH_4^+ 使微区溶液的 pH 值提高；富铬的氮化物在金属与钝化膜的界面处形成，进一步强化了钝化膜的稳定性。图 2.22[15] 系氮提高奥氏体不锈钢耐蚀性，对钝化膜影响的示意图。

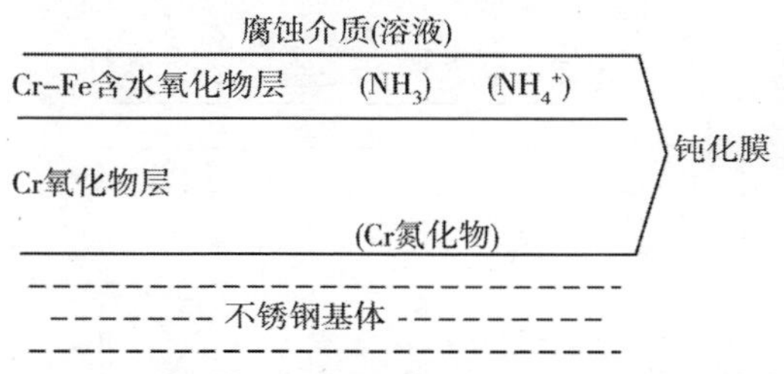

图 2.22　含氮奥氏体不锈钢钝化膜结构示意图[15]

· 当钢中含氮量超过某一定量，将对不锈钢的性能产生某些不良影响，例如对奥氏体不锈钢而言，氮量超过 0.12%～0.15%时，钢的冷、热加工性和冷成型性能将有所下降。高含氮量时，不仅显著降低钢的热塑性，对热加工性不利，而且由于前述 Cr_2N 沿晶界析出，会提高钢的晶间腐蚀敏感性。氮在铁素体不锈钢中是一种有害元素(后面还将述及)。

2.2.5　铜

· 铜可提高不锈钢的不锈性和耐蚀性，特别是在硫酸等还原性介质中的作用更为明显。当铜与钼复合加入钢中时，效果更佳(图 2.23)。

· 铜可显著降低不锈钢的强度和冷加工硬化倾向(图 2.24)，改善钢的塑性。铜是显著提高各类不锈钢冷成型性的重要元素。向 Cr17 型铁素体不锈钢中加入适量铜，钢的冷成型性，例如深冲性会显著优于 18-8 Cr-Ni 奥氏体不锈钢[16A]。但是向以锰、氮代镍的铬锰奥氏体不锈钢中加入铜，虽然也可改

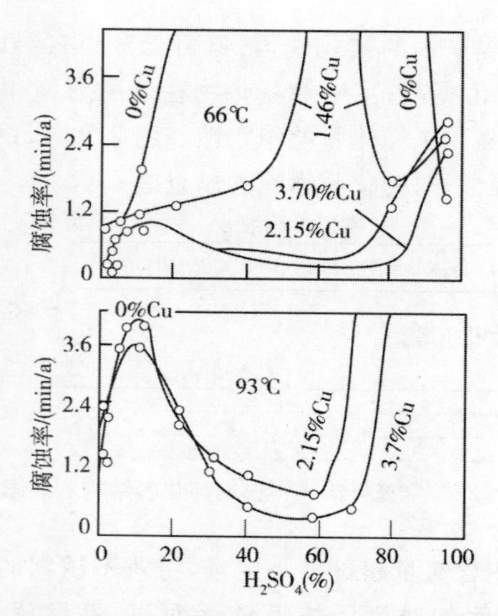

图 2.23 铜对 316 不锈钢耐 H_2SO_4 性能的影响

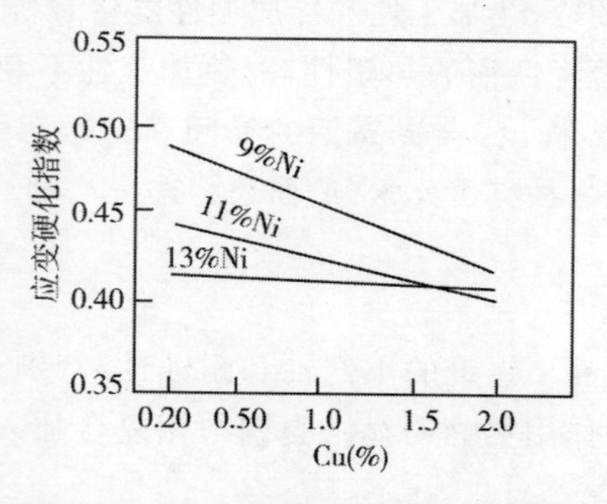

图 2.24 铜对 Cr18Ni(9～13)钢冷加工硬化倾向的影响

善钢的冷成型性，但仍常常会低于所代用的 18-8 铬镍奥氏体不锈钢的冷成型性。

· 富铜的 ε 金属间化合物的弥散析出，是含铜的沉淀硬化不锈钢强化的主要手段，也是马氏体、铁素体和奥氏体不锈钢获得表面抗菌性的原因。

·随钢中含铜量的增加，不锈钢的热塑性降低，从而影响钢的热加工性。

前面已提及，不锈钢耐点蚀当量 PRE 值为 Cr%＋3.3×Mo%＋16×N%；而在还原性介质中，不锈钢的耐腐蚀指数(GI)则为 Cr%＋3.6×Ni%＋4.7×Mo%＋11.5×Cu%。PRE 值和 GI 值二者相结合基本上可看出铬、镍、钼、氮、铜等元素在不锈钢中提高钢的耐腐蚀性方面的重要作用以及某一具体不锈钢牌号的大致耐蚀性水平。

2.2.6 碳

·碳是传统马氏体不锈钢中最重要的合金元素，钢中铬、碳二元素的合理配比，出现了高、中、低碳三类 Fe-Cr-C 马氏体不锈钢。碳的作用是扩大 γ 区，提高钢的淬透性。但随钢中碳量的增加与马氏体不锈钢的强度、硬度增加的同时，钢的塑、韧性，耐蚀性，冷成型性和焊接性要降低。

·对碳在不锈钢中的作用，除了对马氏体不锈钢有重要影响外，对奥氏体不锈钢和铁素体不锈钢以及双相不锈钢而言，一般认为其弊远远大于其利。

碳可提高不锈钢的强度，但又显著降低钢的塑、韧性。

碳与钢中铬结合，在晶界形成富铬碳化物 $Cr_{23}C_6$，导致铬贫化而引起晶间腐蚀和耐蚀性的下降。为此，奥氏体、铁素体和双相不锈钢以及超级马氏体不锈钢中的碳含量日益降低。例如，奥氏体和双相不锈钢一般要求碳量≤0.02%～0.03%；现代铁素体不锈钢和超级马氏体不锈钢的一些牌号则要求碳量低于0.01%。图 2.25 和图 2.26 指出了碳含量对奥氏体不锈钢耐蚀性的影响；图 2.27 则指出，钢中碳对铁素体不锈钢脆性转变温度不利影响还要大于氮和氧。

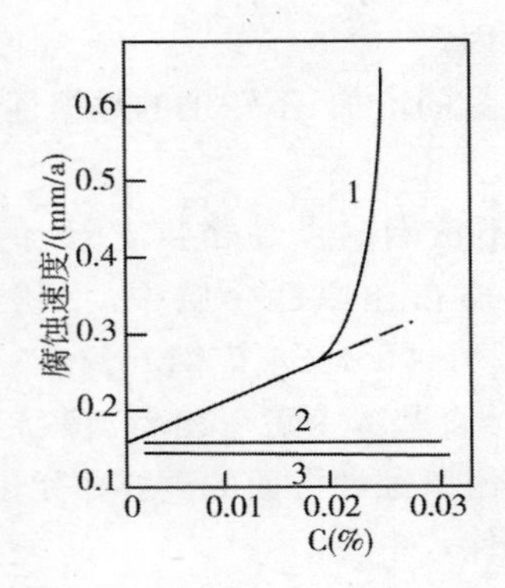

图 2.25　碳含量对 00Cr18Ni10(304L)不锈钢耐蚀性的影响

($65\%HNO_3$ 法)

1—敏化处理;2—1050℃固溶处理;3—1300℃固溶处理

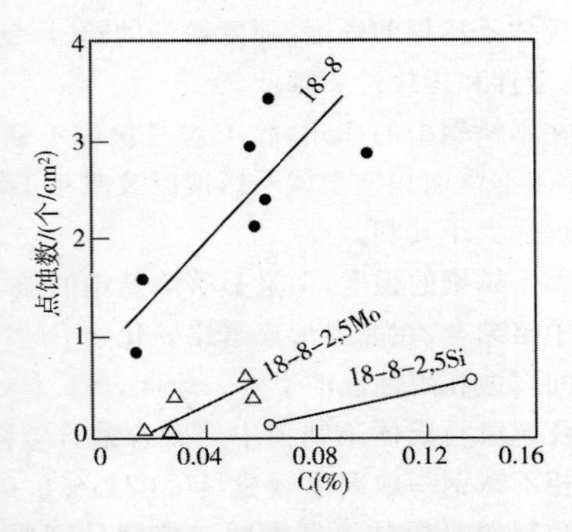

图 2.26　碳对几种铬镍不锈钢点腐蚀倾向的影响

(在 0.1N NaCl 中,18-8:0Cr18Ni9,25℃)

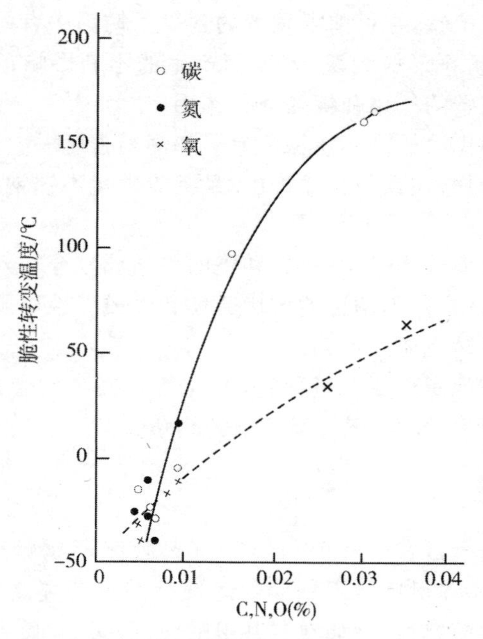

图 2.27　钢中碳、氮、氧量对 25%Cr−3%Mo 钢脆性转变温度的影响(V 形夏比冲击试样)[16B]

2.2.7　钛和铌

·钛和铌作为不锈钢中强烈形成碳、氮化合物的稳定化元素,主要用于防止钢中铬与碳结合形成铬碳化合物而引起的铬浓度降低导致耐蚀性下降,特别是引起晶间腐蚀;钛还可与钢中硫结合形成 TiC2S 化合物以防止 MnS 所引起的点蚀;但含钛奥氏体不锈钢焊后易产生刀状腐蚀。刀状腐蚀是含 Ti 的 18-8 型不锈钢焊后熔合线上所出现的由于贫铬而引起的一种晶间腐蚀。

·在不锈钢中,由于钛与氮的亲和力要大于铌,而铌与碳的亲和力要大于钛，在目前所发展的含氮不锈钢中有些还含有铌。这样，既可防止形成大量 NbN 而产生的不利影响，又可发挥铌在钢中固定碳的作用和铌的强化作用。

· 钛和铌可提高不锈钢的室温和高温强度。它们与镍形成金属间化合物，在钢中弥散析出，是沉淀硬化不锈钢的主要强化手段。

· 在铁素体不锈钢中，钛和铌的单独和复合加入（即双稳定化）可提高铁素体不锈钢的抗疲劳性和冷成型性以及焊接性，但对钢的脆性转变温度不利。

· 钛和铌所形成的氮化物，TiN 作为夹杂物会影响钢的表面和内在质量，NbN 还会降低钢的热塑性。

2.2.8 硅

· 当硅含量在≤0.8%或≤1.0%处于不锈钢中正常含量时，会降低铬镍奥氏体不锈钢的耐蚀性并显著提高钢的固溶态晶间腐蚀的敏感性，例如在氨基甲酸铵（尿素）介质中；当钢中硅量极低时，铬镍奥氏体不锈钢耐硝酸的腐蚀性能显著提高，耐固溶态晶间腐蚀的性能优良。

· 向不锈钢中加入适量硅，可使不锈钢具有优异的耐高温、高浓度硝酸和硫酸腐蚀的性能（图 2.28），这与硅在不锈钢表面形成富硅的氧化物保护膜有关。

· 不锈钢随含硅量的增加，钢中 σ、χ 等脆性相析出的敏感性增加，钢的塑、韧性下降，耐蚀性降低，焊接性不良。

· 硅可显著提高不锈钢的高温抗氧化性。

2.2.9 锰

前面已提到，锰是较弱的奥氏体形成元素，它在不锈钢中是一种脱氧剂，钢中锰量一般≤1%或≤2%。随不锈钢中锰量的

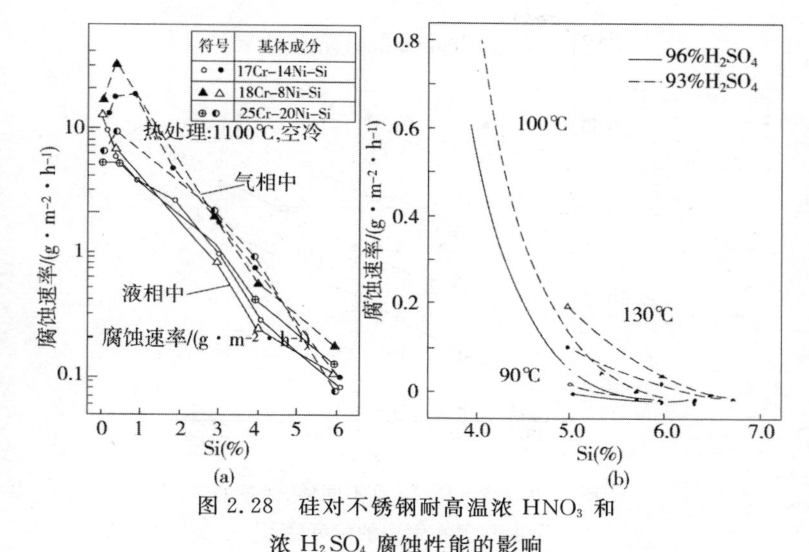

图 2.28　硅对不锈钢耐高温浓 HNO_3 和浓 H_2SO_4 腐蚀性能的影响

(a)在沸腾 98% HNO_3 中(6h);(b)在 H_2SO_4 中[17]

增加,可显著提高氮在钢中的溶解度(图 2.29)[18];锰、氮复合加入常常用来代替钢中昂贵、稀缺的镍。需要指出,向不锈钢中复合加入锰、氮,仅能从组织上为获得奥氏体而代镍,但并不能在耐蚀性方面代镍,特别是锰的加入,不仅对不锈钢的耐蚀性无益,而且常常有害,从不锈钢的耐点蚀指数公式 Cr＋3.3Mo＋30N－Mn 便可看出,锰是降低耐点蚀指数的元素,而耐点蚀指数越高,不锈钢的耐蚀性越好。

早期,以锰、氮复合加入代替 17-7 型和 18-8 型不锈钢 中的镍,美国发展了 AISI 200 系铬－锰－氮不锈钢。近代,在开发超级奥氏体和超级双相不锈钢的过程中,也开始向钢中加入锰,既可提高钢中的含氮量,稳定或控制适宜相比例,又可改善钢的性能,同时还可节约镍元素。为了同一目的,最近出现的经济型双相不锈钢也开始加入锰。

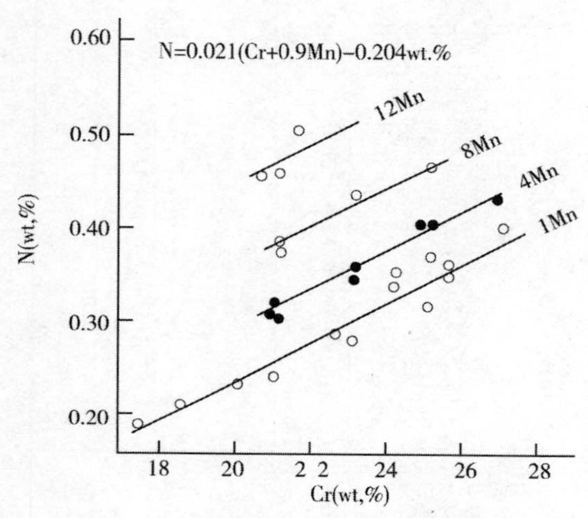

图 2.29　含 14%Ni 且不同铬、锰量的不锈钢，氮在钢中的溶解度[18]

·锰对不锈钢的不锈耐蚀性的影响，基本上都是负面的。图 2.30 和图 2.31 系锰对 Cr-Ni 奥氏体和双相不锈钢耐点蚀、耐缝隙腐蚀性能的影响，随锰量增加，钢的耐点蚀性、耐缝隙腐蚀性能下降。这与锰和硫形成 MnS，或随钢中锰量增加，MnS 中的铬量降低，所引起的 MnS 夹杂在腐蚀介质中的溶解，常常成为点蚀、缝隙腐蚀源有关。一些试验指出，当将 18-8 不锈钢中的锰量降到约 0.1%，此钢的耐点蚀能力将达到含 2%Mo 的 0Cr18Ni12Mo2(316)的水平。

为了发展以锰、氮代镍不锈钢和为增加钢中氮的溶解度，进一步加大氮在钢中的有益作用，开发加锰的奥氏体不锈钢和双相不锈钢时都要充分注意锰在不锈钢中对耐蚀性，特别是耐点蚀性的不利影响。

·锰在不锈钢中的有益作用一是形成 MnS 抑制钢中硫的有害作用，提高了钢的热塑性；二是在焊接材料中加入 2%以上的锰,可提高奥氏体不锈钢焊缝的抗热裂纹敏感性。

· 锰在不锈钢中还促进σ相等脆性相的析出(图 2.32),降低钢的塑、韧性,这也为锰在高铬、钼不锈钢中的应用带来不利影响。

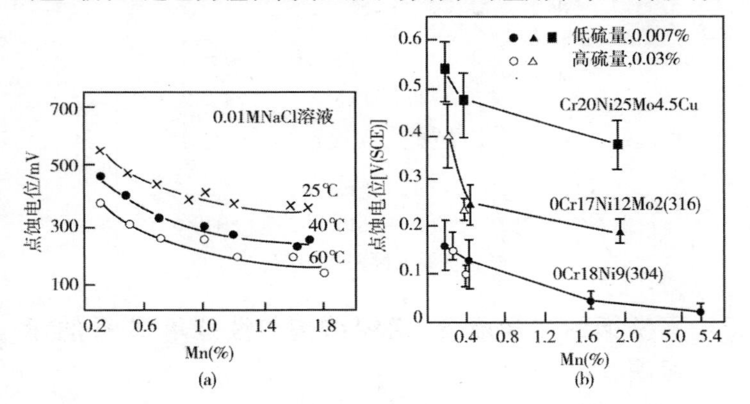

图 2.30 锰对铬镍奥氏体不锈钢耐点蚀性的影响[19]

(a)在 0.01M NaCl 中;(b)在含氧的 5%NaCl 中

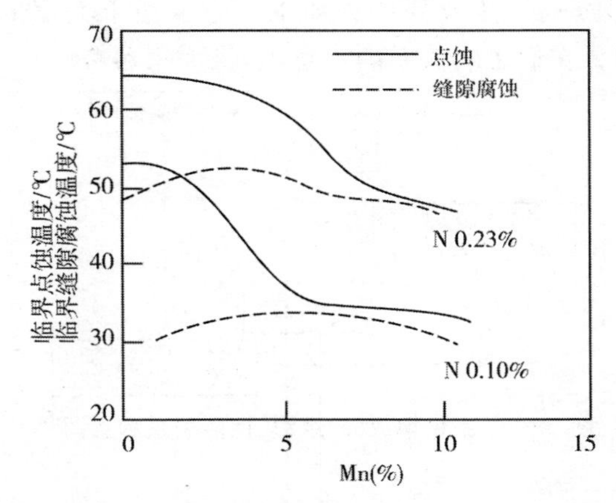

图 2.31 在人造海水中,锰量对 00Cr25Ni5Mo3N(URANUS 50)钢耐点蚀、耐缝隙腐蚀性能的影响[20]

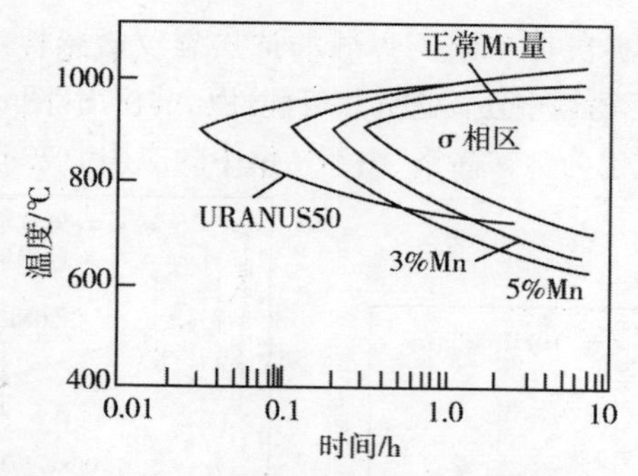

图 2.32 锰对 00Cr25Ni5Mo3N(URANUS 50)钢 σ 相形成倾向的影响

2.3 不锈钢的化学成分、组织结构和性能等关系的示意图

不锈钢作为钢铁材料，所研究的重点内容也是钢的（化学）成分—组织（结构）—（各种）性能之间的关系，实际上，这中间既涉及到热处理，又涉及到各种加工。为了便于大家的了解，图 2.33 画出了它们之间关系的示意图，供大家参考。

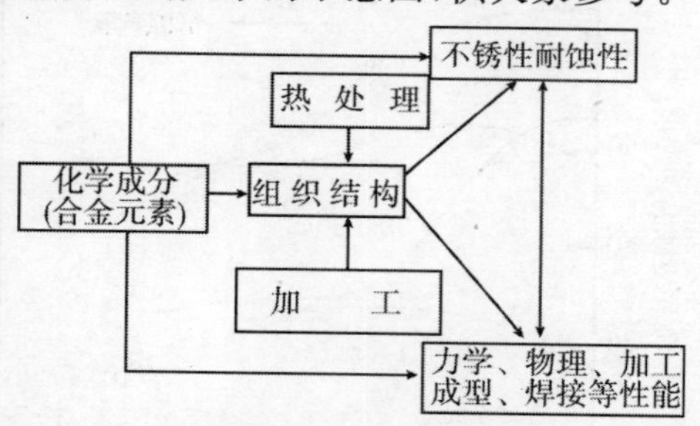

图 2.33 不锈钢成分、组织、性能关系示意图[1]

[1] 组织结构，包括基体组织和各种相以及化合物等等；热处理，包括固溶、淬火、回火、退火、时效等等；加工，包括冷、热加工，冷、热成型，焊接等等。

从图 2.33 示意图中可看出，要研究和了解不锈钢，实际上既要了解不锈钢的成分—组织—性能的关系，同时还要了解钢的热处理—组织—性能的关系和钢的加工—组织—性能的关系。

就不锈钢的成分—组织—性能的关系而言，从图 2.33 的示意图中，可以看出：

①不锈钢的不锈耐蚀性主要由钢的化学成分所决定（目前社会上流行着仅用有无磁性来判定不锈钢不锈耐蚀性的优劣是不科学的）❶。

②在一些条件的影响下，钢中的化学成分间的相互作用，既决定钢的基体组织结构的类型，又决定钢的各种相和化合物的组成（实际上，钢中的非金属夹杂物也属于钢中化学元素相互作用的产物）。

③不锈钢的力学、物理等性能主要由钢的组织结构所决定。

④不锈钢化学成分也可直接影响钢的力学性能等，不锈钢的组织结构也可直接影响钢的不锈耐蚀性。

⑤在一些条件下，不锈钢的不锈耐蚀性和力学性能等一些性能间也可相互影响。

至于钢的热处理—组织—性能和钢的加工—组织—性能的关系，由于本概论篇幅所限，此处不再加以详述，大家仅能从后面各类不锈钢特性的介绍中有所了解。

主要参考文献

1 Elemer, J. W. et al., Welding Research Supplement, 1990, 141s

2 Allen, N. P. Iron and Its Dilute Solid Solution, 1962, 292

3 Irrine, K. J. et al., J. Iron and Steel Inst., V199, 1961, 193

---

❶ 在当前国内不锈钢市场产品和制品等存在着假冒伪劣和以次充好的情况下，仅靠用有无磁性（用吸铁石）来选用不锈钢还极易上当受骗。

4 Cao, H. et al. Stainless Steels/87, Poster Paper E, Institute of Metals, 1987
5 Weissetaly, B. Metallurgical Trans., 1972, 3: 851
6 Herbsleb, G. et al. ASTM Metals Congress, 1982, 8201—8202
7 Sedriks A J. Corrosion, 1986, 42: 376
8 Hartfield, J. Iron and Steel Inst., 1923, 103, 129
9 Defranoux, Rev. de Metallurgie, 1950, 447, 453
10 Rockel, M. B. et al. Werkstoffe und Korrosion, 1984, 35: 537/542
11 Ujiro, T. et al. Proceeding of the International Conf on Stainless Steels, Iron and Steel Institute of Japan, Tokyo, 1991, 86
12A 陆世英,等编著.不锈钢.北京:原子能出版社,1995,191
12B Yoshinrio Yazawa, et al, Kawasaki Techical Report, 1994, (71)
13 Truman J, et al,. Proceeding of a Symposion Organzed by the Novanda Sales Group, Apr. 1973, Copenhagen, Denmark, 1973, 1/11
14 油井润一.铁と钢.1983,69:542
15 遅沢浩一郎,热处理(日).平成八年,207
16A Abo, H et al., Stainless/77 1977
16B 陆世英等,未发表论文
17 杨长强,等.未发表论文
18 MCHenry. H I. ONR Far East Scientific Bulletin, 1985, 10: 122
19 Degerbeck, J et al. Werkstoffe und Korrosion, 1974, 25: 172
20 Chance J, et al. Duplex Stainless Steels, Conf. Proc., by R. A. Lula, 1984, 371

3 马氏体不锈钢的发展和性能特点

马氏体不锈钢是一类可通过热处理(淬火、回火)[1]对其性能进行调整的不锈钢。按它们的成分特点可分为马氏体铬不锈钢(Fe-Cr-C 马氏体不锈钢)和马氏体铬镍不锈钢(Fe－Cr－Ni马氏体不锈钢)。

马氏体铬不锈钢主要有低碳(C≤0.15%)、中碳(C 0.16%～0.40%)和高碳(C>0.40%)三种。碳在马氏体铬不锈钢中是不可缺少的重要合金元素。

马氏体铬镍不锈钢除 1Cr17Ni2 外，都是低碳(C≤0.08%)和超低碳(C≤0.03%)，含铬量为约 13%和约 16%二类。

马氏体不锈钢有磁性。

3.1 发展简况

图 3.1 列出了马氏体不锈钢的发展简图。

从图 3.1 中可看出，马氏体铬不锈钢基本上是在 20 世纪 60 年代以前以碳和铬为主要合金元素的那些牌号。而自 20 世纪 60 年代以来，马氏体铬镍不锈钢以镍代替钢中碳，发展了许多低碳和超低碳(氮)并用钼、铜进一步合金化的新牌号，形成了新的马氏体铬镍不锈钢系列，其中包括超低碳，高镍量，含钼(和铜)的高强度、高韧性、可焊接马氏体不锈钢(超级马氏体不锈钢)。

[1] 淬火：将钢加热到高温，保持一定时间，然后快冷的工艺；回火：将经过淬火或冷加工变形的钢，加热一定温度，保持充分时间，消除淬火和冷变形产生的残余应力，得到稳定的组织和良好综合力学性能的工艺。

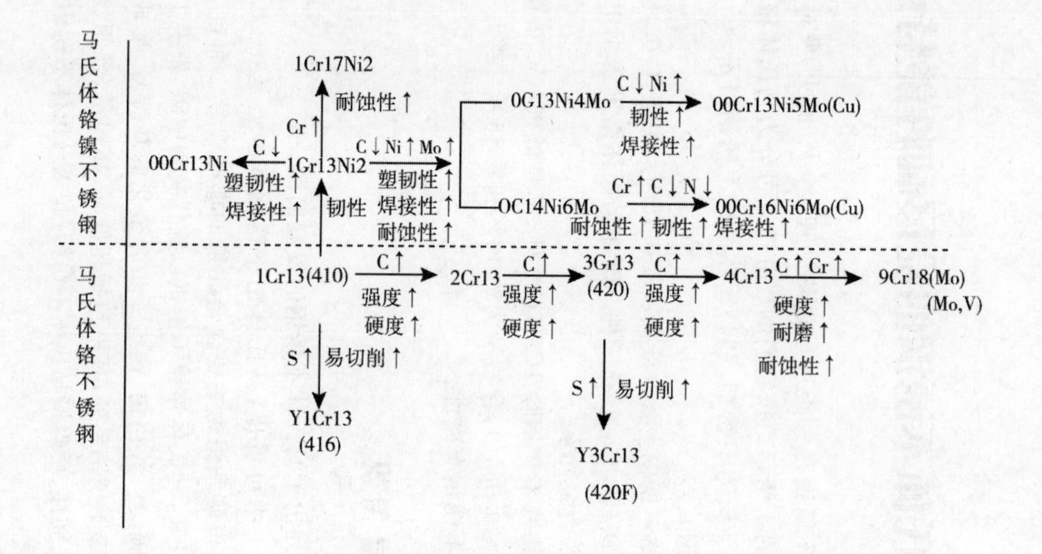

图3.1 马氏体不锈钢的发展简图

3.2 性能特点

马氏体铬不锈钢主要指1Cr13、2Cr13、3Cr13、4Cr13等传统马氏体不锈钢，它们的含铬量在≥11.5%，最高达18%，使此类钢具有不锈性和在弱介质中的耐蚀性；钢中含碳量随钢中含铬量的不同，一般在0.10%～1.0%范围内，以保证高温下为奥氏体、淬火后室温下为马氏体，通过层片状高碳马氏体的形成和碳化物的析出，使此类钢具有高强度和高硬度，淬火后再经回火，消除淬火应力并获得均匀稳定的组织，使此类钢具有一定的塑、韧性和良好的耐蚀性等综合性能，见图3.2[1]。由于马氏体

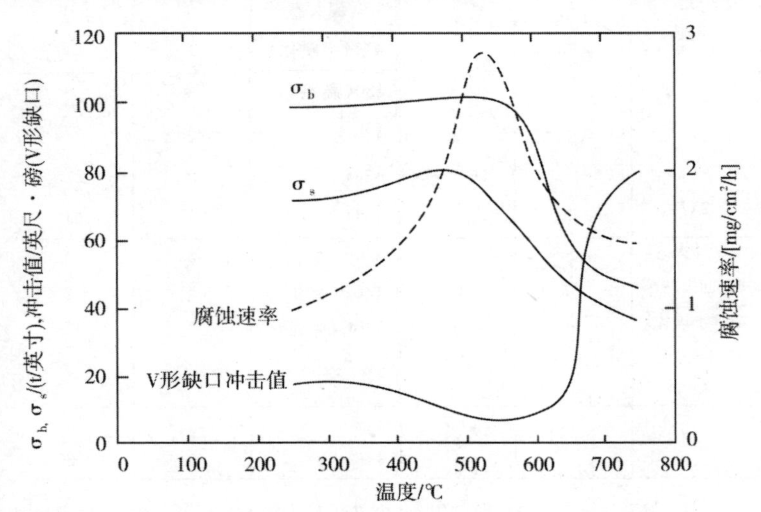

图3.2 回火温度对420(2Cr13)马氏体不锈钢力学性能和耐蚀性的影响[1]（腐蚀试验介质：3%NaCl，20℃）
(1英尺·磅＝1.3558J；1吨/英寸^2＝14MPa)

铬不锈钢的不锈耐蚀性在所有不锈钢类中处于劣势（见表3.1），而且塑、韧性差，焊接性不良或根本不能焊接，从而限制了它们的广泛应用。根据世界范围内的统计，此类钢的产量约占不锈钢总产量的1%左右。

表 3.1　国外（美国）常用不锈钢大气腐蚀试验结果

（棒材，试验 20 年）

钢种（AISI）	外观①		钢种（AISI）	外观①	
	城市工业大气	海洋大气②		城市工业大气	海洋大气②
302	9	6	416（淬火态）	7	1
303	9	3	416（回火态）⑤	6	1
303Se	9	3	416（回火态）⑤	5	0
304	9	5	410（半硬化）	7	1
309	9	8	420（磨光）	9	2
310	9	8	430	9	5.4
316	9	9	430F	8	2.5
321	9	4	431	9	4
347	9	5			
410（淬火态）	7	1	440A（磨光）	8	2
410（回火态）③	5	1	440B（磨光）	8	2
410（半硬化）	7	1	440C（磨光）	8	2
410（硬化+S.R.）④	7	2.5			
414	8	1	442	9	5
			446	9	8

①0（最差），9（最好）；②距海岸 240m 处；③2HB=260～320；④消除应力；⑤2HB=235～260。

马氏体铬镍不锈钢是为了克服上述传统马氏体铬不锈钢的一些不足，自 20 世纪 50 年代和 60 年代初发展起来的。通过用镍代替钢中的碳（低 C≤0.08% 和超低 C≤0.03%）并加入

2%～6%Ni，使此类钢在高温下仍为奥氏体组织，而淬火后在室温下则为低碳或超低碳的板条状马氏体与逆转变奥氏体和少量铁素体组成的复合结构，钢中进一步再加入钼、铜等作为补充强化，使此类钢既保留了马氏体铬不锈钢的高强度，又具有良好的韧性和焊接性。在同样含铬量的条件下，马氏体铬镍不锈钢的不锈耐蚀性远较传统马氏体铬不锈钢为佳。但是，由于含碳量低，马氏体铬镍不锈钢也失去了马氏体铬不锈钢的高硬度、高耐磨性和高锋利度的特性。

3.2.1 传统马氏体铬不锈钢的性能特点

力学性能 随钢中含碳量增加，此类钢的强度、硬度增加。含 0.1%C 时，钢的硬度约为 35Rc，而含 0.5%C 时则可达 60Rc，同时，耐磨性、锋利度均增加。但是，塑、韧性则随碳量的增加而下降。1Cr13 具有马氏体和少量铁素体的复合组织，是此类不锈钢中强度、硬度虽较低，但塑、韧性较高的牌号，冲击功可达 151J。但是，此类钢有脆性转变温度，且随钢中碳量增加而硬度提高，即使在室温下，钢也呈脆性状态。图 3.3 系 1Cr13(410)和 2Cr13(420)钢的脆性转变温度的试验结果。

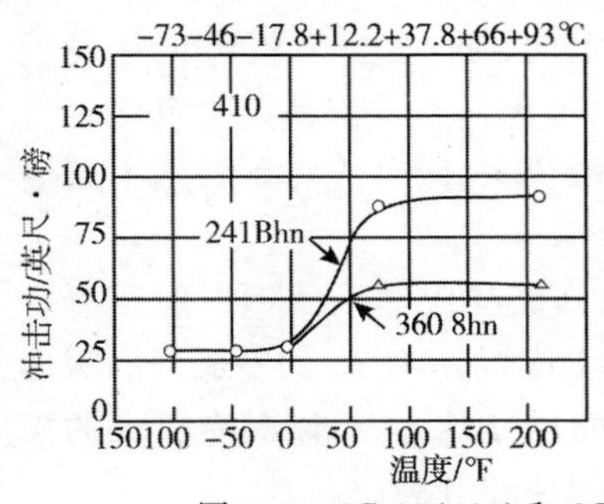

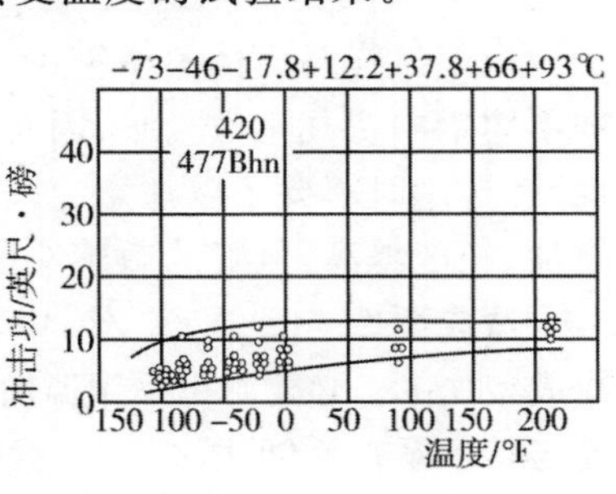

图 3.3 1Cr13(410)和 2Cr13(420)的脆性转变温度

(每一个试验点为 5 次试验的平均值)[2]

(V 形缺口冲击功，1 英尺·磅＝1.3558J)

耐蚀性 此类钢仅具有不锈性和在弱腐蚀介质中的耐蚀性。一般仅适用于室内大气和淡水中。表3.2列出了2Cr13在大气、自来水和3%NaCl溶液中的耐蚀性试验结果。550℃回火后,耐蚀性要下降。随钢中铬量增加和加入合金元素钼,此类钢的不锈耐蚀性提高。

表3.2 两种2Cr13不锈钢淬火和淬火+550℃回火后的耐蚀性[6]

腐蚀试验条件	失重/(mg/cm^2)			
	钢A		钢B	
	960℃油淬	960℃油淬+550℃×1h回火	960℃油淬	960℃油淬+550℃×1h回火
大气试验,8周	0.1	0.8	0.1	0.8
充气蒸馏水试验,1周	0	1.1	0	2.0
充气3% NaCl试验,1周	0.3	4.0	0.7	3.0

注:钢A Fe-13.22Cr-0.36Ni-0.44Mn-0.34Si-0.29C;钢B Fe-13.03Cr-0.25Ni-0.50Mn-0.48Si-0.29C。

由于氢在马氏体不锈钢中固溶度低,且扩散析出比在奥氏体不锈钢中快几个数量级,因此,马氏体不锈钢易产生氢脆。为此,在选用时需要予以注意。一般说来,随马氏体不锈钢中碳量增加、硬度提高,氢脆的敏感性增大。

冷成型性 除1Cr13外,中、高碳马氏体不锈钢一般不适宜冷成型加工。必要时可采用温加工成型。1Cr13的冷成型的深冲度与其板厚有关(见图3.4)。截面尺寸越大,可以具有较大的深冲度。但深冲后要及时进行退火以防止开裂。

焊接性 由于焊接过程中不锈钢焊接接头要从高温快冷,会产生淬火作用,中、高碳马氏体不锈钢的焊缝和热影响区会形成既硬又脆的高碳马氏体组织，极易产生冷裂纹，这种倾向随马氏体不锈钢钢中碳量的增加而增强。表 3.3 列出了含低碳量 0.1%和 0.2%的 1Cr13 和 2Cr13 的焊接接头的弯曲性和热影响区的韧性。

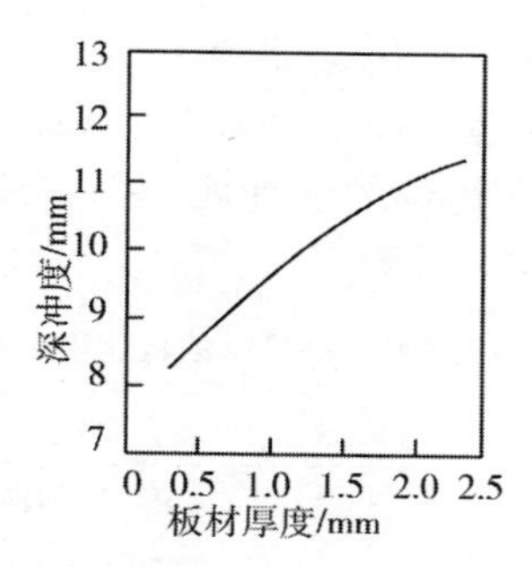

图 3.4　1Cr13 钢的板材厚度与深冲度的关系

表 3.3　1Cr13 和 2Cr13 焊后焊接接头冷弯和热影响区的韧性[3]

牌号	焊条	接头状态	冷弯角度	a_K 值(J/cm²)				
				距熔合线距离/mm				
				0	1	2	3	8
1Cr13	0Cr13	焊态	180,180	32.3 37.2	36.5,35.3	20.6,24.5	20.6,22.5	72.5,76.4
		焊态+720℃回火	180,180	55.9,61.7	48.0,50.0	58.2,46.1	39.2,44.0	74.5,77.4
2Cr13	0Cr13	焊态	120,120	5.95,7.6	5.9,6.9	3.9,5.9	5.9,6.9	67.6,77.4
		焊态+720℃回火	180,180	53.9,59.8	40.2,49.0	30.4,35.3	28.4,36.3	63.1,73.5

为了获得焊后良好的力学性能，一般规定，1Cr13 焊前可不预热，但焊后需进行热处理；2Cr13 焊前既需预热，而焊后又需热处理。3Cr13 以上一般不用于焊接用途。焊前预热温度通常

为 200～400℃，焊后热处理为了降低焊接接头的硬度，改善塑、韧性，降低焊接残余应力，其热处理温度可在 650～720℃。

3.2.2 马氏体铬镍不锈钢的性能特点

传统马氏体铬镍不锈钢中，最早的代表性牌号是 1Cr17Ni2，而低碳和超低碳的高韧性、可焊接铬镍马氏体不锈钢则是马氏体铬镍不锈钢的新进展，它们合金化的目的和合金化的方向见表 3.4。

表 3.4 可焊接马氏体铬镍不锈钢的合金化目的和合金化方向

合金化目的	合金化方向
提高耐蚀性	降碳、加镍、提铬、加钼
提高耐点蚀性	降碳、提铬、加钼
提高强、韧性	降碳、加镍、加钼
提高热加工性	加镍
提高焊接性	降碳、加镍

力学性能 1Cr17Ni2(431)是最常用的早期马氏体铬镍不锈钢，为了提高钢的耐蚀性，把钢中铬量提高到约 17%，而为了防止钢中大量铁素体的形成，在不增加钢中碳量的前提下加入了约 2%Ni。在传统马氏体不锈钢中，1Cr17Ni2 是强度与韧性匹配较好的牌号，经高温(980℃和 1066℃)淬火后再经低温回火，其 σ_b 可达 1360MPa，室温缺口冲击功可达 2～8kg · m[1]；若经高温回火，虽 σ_b 稍降低为 1056MPa，而缺口冲击功则提高到 7.5～11 kg · m。不同热处理态的 1Cr17Ni2 钢的脆性转变温度曲线见图 3.5。

[1] 1kg · m=9.8J。

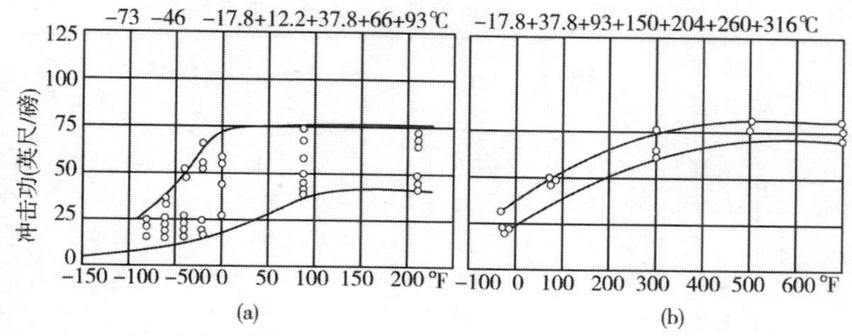

图 3.5　1Cr17Ni2(431)钢的脆性转变温度曲线

(1 英尺 · 磅＝1.3558J)

(a)艾氏 V 形缺口,硬度 269Bhn;(b)夏比 V 形缺口,退火态

低碳的 0Cr13Ni4Mo、0Cr14Ni6Mo 和超低碳的 00Cr13Ni2、00Cr13Ni5Mo 和 00Cr16Ni6Mo 等是高韧性、可焊马氏体不锈钢的一些典型牌号。它们具有良好的室温和中温强度及塑、韧性。表 3.5 和表 3.6 分别列出了 0Cr13Ni4Mo、0Cr14Ni6Mo 和 00Cr13Ni5Mo 钢的室温力学性能。

表 3.5　0Cr13Ni4Mo 和 0Cr14Ni6Mo 钢的室温力学性能[5]

材料	热处理制度	显微组织	σ_b/MPa	$\sigma_{0.2}$/MPa	δ_5(%)	ψ(%)	A_{k_v}/J	HB
0Cr13Ni4Mo 26mm 厚板	1000℃×30min,油冷+610℃×2h,回火	M+8%A	798 791	716 714	22 21	78.7 78.0	228 226	260
0Cr14Ni6Mo 120mm 厚板	950℃×2h,正火+600℃×2h,回火	M+12%A	866 871	— —	21 20	60.2 63.2	115 116 120	

表 3.6　00Cr13Ni5Mo 特厚钢板的室温力学性能

钢料	取样部位③	σ_b/MPa	σ_s/MPa	δ_5(%)	ψ(%)	$a_K/10^5$·J·m^{-2}
A 钢①	常规	865	730～740	19～21	58.5	12～13
	S.T	865～870	740	20～21	60～63	20～25
	C.T	865	740	19.8～21.1	58.5	12
	S.L	865	730～740	21.2～22	67.9～69.3	20～25
	C.L	855	710～725	21.2～21.8	65.6～65.7	20
	Z 向	820～830	595～615	8.5～11.2	16.1～16.9	11～12
B 钢②	常规	855～860	745	21.3～21.7	61.7～61.8	16～19
	S.T	860	765～775	21.4～21.7	64.3～65.1	16～18
	C.T	855	745	21.3～21.7	61.7～61.8	16～19
	S.L	855～860	705～775	22.8～25.0	74.1	25～26
	C.L	855	715～735	22.0～23.0	69.3～72.6	25～27
	Z 向	845	725	16.9～17.8	47.4～48.4	13

①A 钢：电炉＋VOD 冶炼，锭重 13.1t；板厚 120mm；固溶处理(1080℃×2h 空冷)＋回火(600℃×4h 空冷)。②B 钢：电炉＋VOD 冶炼，锭重 21t；板厚 190mm；热处理制度同 A 钢。③S－表面，C－心部，T－横向，L－纵向，Z 向－厚度方向。

低碳和超低碳马氏体铬镍不锈钢均有脆性转变温度(图 3.6)。即使如此，由于它们还有较好的低温韧性，因此仍可满足工程对韧性的要求。例如此类钢含 Ni 2%时，可用于－20℃，而含 4.5%Ni 则可满足－40℃使用对韧性的需求。

耐蚀性　具有不锈耐蚀性且优于前述马氏体铬不锈钢。Fe-Cr-Ni 型马氏体不锈钢可用于油气田开发中的管线。图 3.7 指出了在油气田条件下，00Cr13Ni5Mo 钢的使用范围。00Cr13Ni5Mo 也有优良的耐磨蚀性能(见表 3.7)，00Cr13Ni5Mo 特厚板(约 200mm)已用于三峡水电工程中的转轮和转轮下环等。

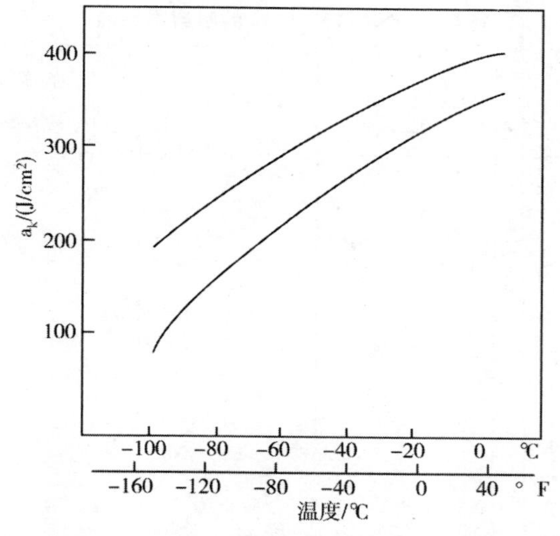

图 3.6　00Cr13Ni5Mo 的冲击性能(淬火+回火状态)[5]

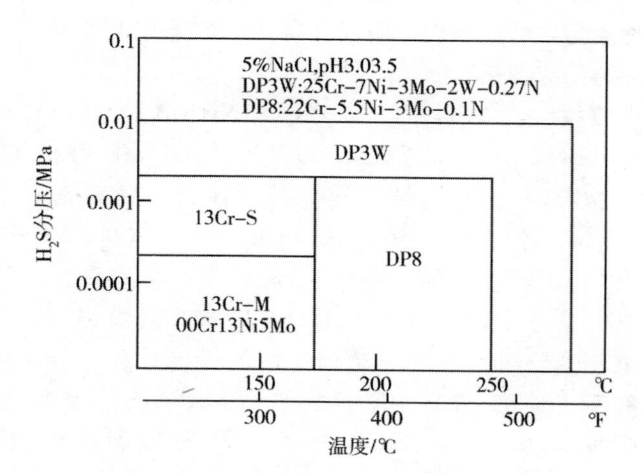

图 3.7　00Cr13Ni5Mo 在 H_2S 中的使用极限[5]

表 3.7 00Cr13Ni5Mo 的耐磨损性能[5]

钢号	硬度 HB	试验时间/h	磨损速度/[mg/(cm² · h)]
ZG30	121	4	7.49
0Cr18Ni9	158	4	4.63
0Cr13Ni6	253	4	4.87
0Cr13Ni6	269	4	4.80
17－4PH	321	4	4.35
00Cr13Ni5Mo	285	4	1.12

注:试验介质为黄河花园口原型砂,含砂量为 50kg/m³;试验转速为 13.24～14.45m/s。

冷成型性 此类钢屈服强度高,冷加工硬化倾向大,一般不用于冷加工成型用途。

焊接性 除 1Cr17Ni2 外,0Cr13Ni4Mo、0Cr14Ni6Mo 以及 00Cr13Ni2、00Cr13Ni5Mo 和 00Cr16Ni6Mo 均有优良的焊接性能,这与这些钢号在传统马氏体铬不锈钢基础上,降 C 加 Ni、Mo 后,在回火状态下,钢中产生一定量的逆转变奥氏体,抑制了焊接时的晶粒长大,降低了钢的淬硬性,提高了塑、韧性,防止了冷裂纹的形成有关。这些低碳、超低碳马氏体铬镍不锈钢可以采用不锈钢通用的焊接方法进行焊接,焊前一般不需预热,焊后在必要的情况下才进行热处理。

在国内,0Cr13Ni4Mo 用于核反应堆控制棒的耐压壳体,0Cr14Ni6Mo 用于水轮机中环等,00Cr13Ni5Mo 用于三峡工程,均为焊接件。

主要参考文献

1 BarKer R. Metalluriga,Aug.1968,49

2 ASM SouRCE BOOK on STAINLESS STEEL,1967

3 陆世英,等. 不锈钢. 北京:原子能出版社,1995,507~508

4 陆世英,等. 不锈钢. 北京:原子能出版社,1995,508

5 中国特钢协会不锈钢分会编. 不锈钢实用手册. 北京:中国科学技术出版社,2003,717—719

6 Herbleb. G. Werkstofe und Korrosion,1982,33:334

4 铁素体不锈钢的发展和性能特点

铁素体不锈钢是一类具有体心立方结构，含碳量≤0.20%，含铬量在10.5%～32%，在高温和室温下均为铁素体组织的不锈钢，是一类通过热处理不能使之强化的不锈钢。

根据钢中含铬量的不同，此类不锈钢又分为低铬型（铬量在10.5%～15.0%），中铬型（铬量在16%～22%）和高铬型（铬量在23%～32%）。铁素体不锈钢是20世纪初与马氏体、奥氏体几乎同时问世的三大类不锈钢之一，铁素体不锈钢产量仅次于Cr－Ni奥氏体不锈钢，在世界不锈钢总产量中，铁素体不锈钢的产量一般占30%左右，铁素体不锈钢是产量大、应用范围广、薄截面条件下，综合性能优良的一类不锈钢，由于此类钢不含镍或个别牌号仅含少量镍，成本和价格相对较低，是不锈钢中最主要的节镍不锈钢类。

4.1 发展简况

图4.1列出了低铬、中铬和高铬三种类型铁素体不锈钢的发展概况。

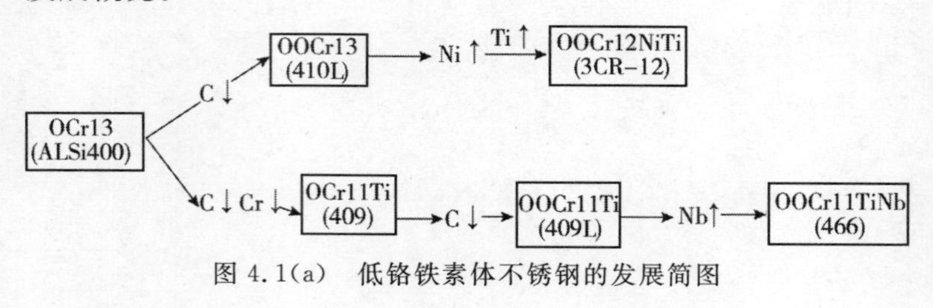

图4.1(a) 低铬铁素体不锈钢的发展简图

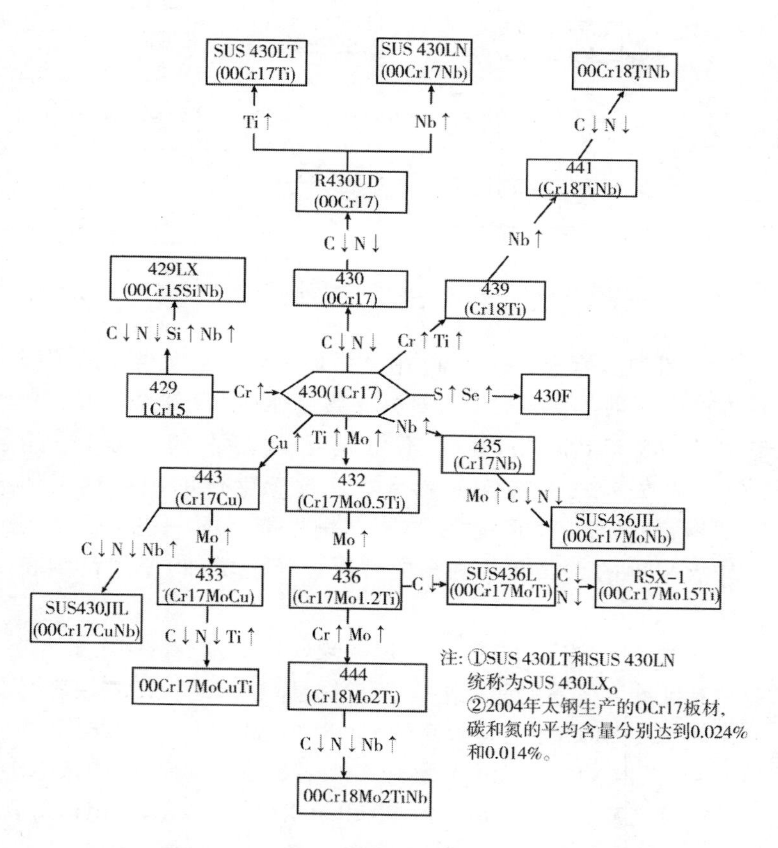

图 4.1(b)　中铬铁素体不锈钢的发展简图

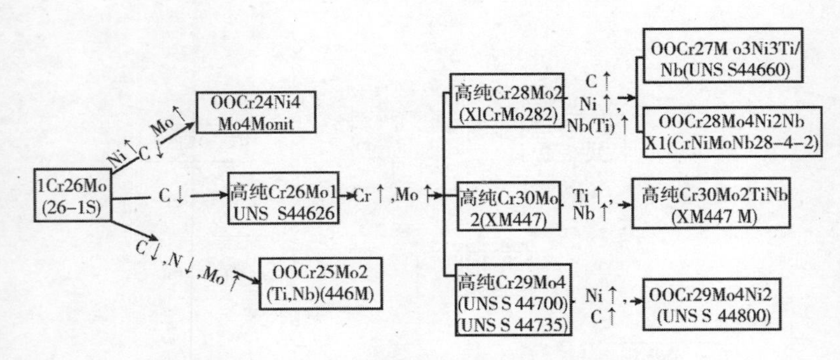

图 4.1(c) 高铬铁素体不锈钢的发展简图

20 世纪五六十年代以前,用电弧炉单炼并加工生产的传统铁素体不锈钢,钢中碳、氮含量处于常规水平,很难再降低。自 20 世纪 60 年代以来,由于不锈钢生产技术的进步,采用 AOD、VOD 等二次精炼工艺冶炼并加工生产的现代铁素体不锈钢,使传统(普通)铁素体不锈钢性能上的一些不足得到了较大程度的克服和较圆满的解决。产量增加,使用范围在不断扩大。

20 世纪 60 年代以来,所发展的现代铁素体不锈钢主要有:

高纯铁素体不锈钢,钢中 $C+N \leqslant 150 \times 10^{-6}$,代表性牌号有高纯 Cr18Mo2(Ti,Nb),高纯 Cr26Mo1(UNS S 44626)和高纯 Cr28Mo2(X1CrMo282),高纯 Cr29Mo4(UNS S 44700,UNS S 44735)以及高纯 Cr30Mo2(Ti Nb)(XM447,XM447M1)等,高纯 Cr28Mo2,高纯 Cr29Mo4 和高纯 Cr30Mo2 也常常归入超级铁素体不锈钢中。

超级铁素体不锈钢,钢中耐点蚀当量值(PRE)$Cr\% + 3.3 \times Mo\% \geqslant 35$,代表性牌号除上述三种高纯高铬钼牌号外,还有超低碳并含镍的 00Cr24Ni4Mo4(Ti,Nb)(Monit,UNS S 44635),00Cr27Ni3Mo3(Ti,Nb)(SEA-CURE,UNS S44600),00Cr28Ni4Mo2Nb(X1CrNiMoNb 28—4—2)和 00Cr29Mo4Ni2(UNS S 44800)等。

超级铁素体不锈钢中的超低碳并含镍(2%～4%)的一些牌号,系在高纯高铬钼铁素体不锈钢(例如 Cr28Mo2 和 Cr29Mo4)基础上,为了降低钢采用真空炉双联工艺的生产成本,并便于采用 AOD、VOD 等炉外精炼工艺进行大量生产,提高了钢中碳(到≤0.030%)和氮(到≤0.040%)量;为了防止由于碳、氮量提高而导致的钢的耐晶间腐蚀敏感性的增加,又加入了稳定化元素钛、铌;为了防止碳、氮量提高而导致的钢的脆性转变温度提高和室温韧性下降,又加入了 2%～4%的镍。

低碳、氮和超低碳氮中铬铁素体不锈钢,代表性牌号有 C≤0.08%的 0Cr17(430)和 C≤0.03%的 00Cr17,00Cr17Ti,00Cr17Nb,00Cr17TiNb 和 00Cr17CuNb、00Cr18Mo1.5Ti 等。为了满足耐海洋性大气腐蚀的需求,还开发了 00Cr22Mo1.5(Ti,Nb)等牌号。

低碳、氮和超低碳、氮低铬铁素体不锈钢,代表性牌号有 0Cr11Ti(409)、00Cr11Ti(409L)、00Cr11TiNb(466)和 00Cr12(410L),00Cr12NiTi(3CR12)等。

需要指出:近来,中、低铬现代铁素体不锈钢也出现了要求 $C+N \leqslant 150 \times 10^{-6}$ 的高纯化趋势。

4.2 性能特点

4.2.1 传统铁素体不锈钢的性能特点，优点与缺点和不足以及影响因素、产生原因和改进方向

(1)优点

冷加工硬化倾向较低(图 4.2)，对于较大的冷变型，一般也不需中间退火处理，易于冷弯、冲压、扩管、卷边、旋压、冷锻和切削。

有优良的耐全面腐蚀和耐各种局部腐蚀的性能，特别是耐氯化物应力腐蚀性能优异，在氯化物中的一些试验结果见图4.3和表 4.1[3] 和表 4.2[4] 。在实际应用中尚未见氯化物应力腐蚀破坏实例。

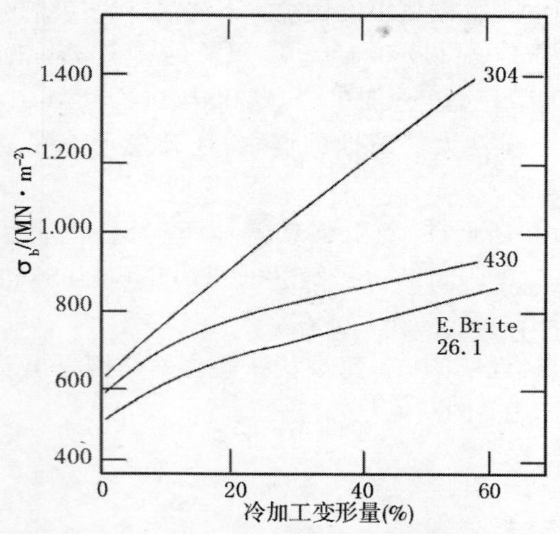

图 4.2　430 与 304 不锈钢的冷作硬化行为[1]

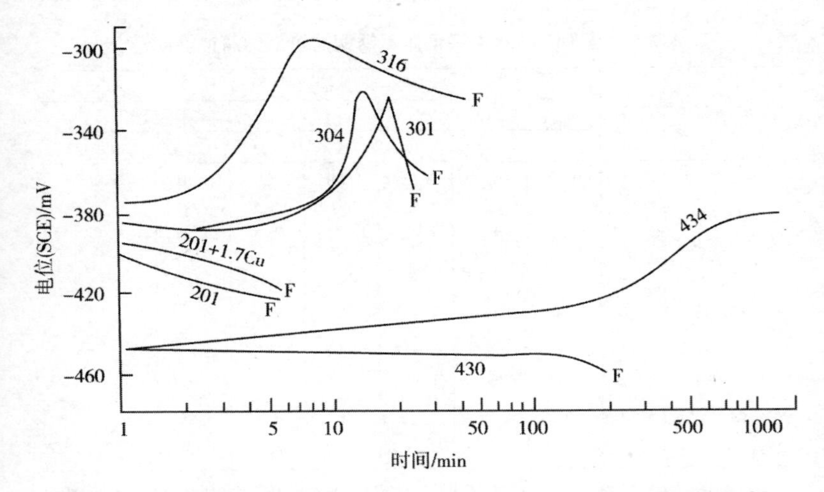

图 4.3 不锈钢丝状试样，在应力 373MPa 作用下，电位一时间曲线[2]

430—Cr17 不锈钢；301，304—Cr-Ni 不锈钢；434—Cr17Mo 不锈钢；

316—Cr-Ni-Mo 不锈钢；201—Cr-Ni-Mn-N 不锈钢；F—断裂

表 4.1 不锈钢的耐氯化物应力腐蚀性能[3]

钢类	应力腐蚀试验方法①			
	不锈钢牌号	42% 沸腾 $MgCl_2$	灯芯试验	25% 沸腾 NaCl
奥氏体不锈钢	304	F②	F	F
	326	F	F	F
	317	F	(P 或 F)④	(P 或 F)
	317LM	F	(P 或 F)	(P 或 F)
	904L	F	(P 或 F)	(P 或 F)
	254SMO	F	P	P
铁素体不锈钢	409	P③	P	P
	439	P	P	P
	444	P	P	P
双相不锈钢	3RE60	F	未试验	未试验
	2205	F	未试验	(P 或 F)⑤

①U 形试样，外加应力超过屈服强度；②F 有应力腐蚀裂纹；③P 无应力腐蚀；④有无应力腐蚀与化学成分有关；⑤与受热历史有关。

表 4.2 在含 Cl^- 的水中铁素体不锈钢的耐应力腐蚀性能①[4]

牌号②	Ni(%)	试验温度/℃						
		121			177		232	
		Cl^-（$\times 10^{-6}$）						
		100	1 000	10 000	100	1 000	100	1 000
TP439	0.4	—	—	—	—	O	O	O
SEA-CURE	2.0	—	—	—	—	O	O	×
2205	5.0	—	—	—	—	O	×	—
TP 304L	8.0	O	O	×**	×	×	×	×
TP 304LN	8.0	O	×	×**	×	×	×	—
TP 316L	11.0	O	O	O**	×	×	×	—
254SMO	18.0	—	—	—	—	O	×	×
AL6XN	25.0	—	—	—	—	O	×	×

①U形试样，试验 28 天；×—出现应力腐蚀；O—未出现应力腐蚀；**—试验 15 天。

②TP—管材；439—0Cr18Ti；SEA—CURE—0Cr26Ni3Mo3TiNb；2205—00Cr22Ni5Mo2N；254SMo—00Cr24Ni22Mo6.5CuN；Al6XN—00Cr21Ni25Mo6.5N。

铁素体不锈钢导热系数高，约为铬镍奥氏体不锈钢的 135%，非常适于有热交换的用途；热胀系数小，仅约为铬镍奥氏体不锈钢的 60%，非常适于有热胀冷缩、有热循环的使用条件。有磁性，可用做耐蚀软磁材料，如电磁阀、电磁锅等。表 4.3列出了 1Cr17(430)与 0Cr18Ni10(304)物理性能的对比。

表 4.3 1Cr17(430)和 0Cr18Ni10(304)的物理性能

牌号	密度/(g/cm^3)	比热/(J/kg℃)	导热系数/(W/m·℃)	平均线胀系数/(10^{-6}/℃)	电阻率/($10^{-8}\Omega \cdot m$)
1Cr17	7.70	460	(25～100℃)26.4	(0～100℃)10.4	(21℃)60
0Cr18Ni10	7.93	460～502	16.8	17.3	72～74

(2)缺点和不足、影响因素、产生原因和改进方向

概括起来，传统铁素体不锈钢有三方面缺点和一个不足。三方面缺点是存在三个脆性区；脆性转变温度高且室温韧性低

和对晶间腐蚀更敏感；与 18-8 型 Cr-Ni 奥氏体不锈钢相比，一个不足是冷成型性尚需进一步改善。

· 有三个脆性区，即 475℃脆性，中温脆性和高温脆性，见图 4.4[5] 和图 4.5[6]，此时铁素体不锈钢的硬度显著增加，塑、韧性急剧下降。

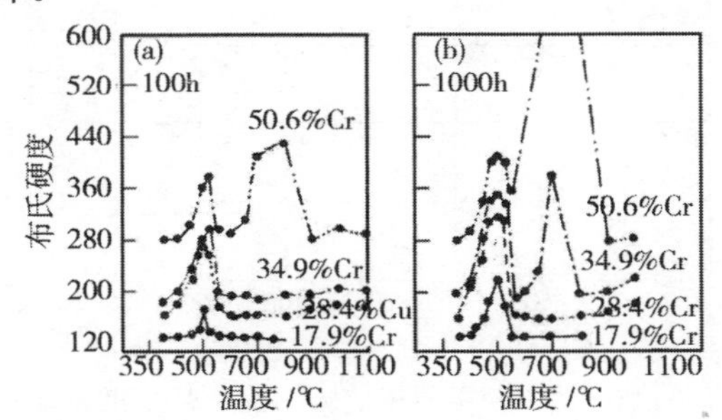

图 4.4　铁素体不锈钢的 475℃脆性和中温(700～800℃)脆性

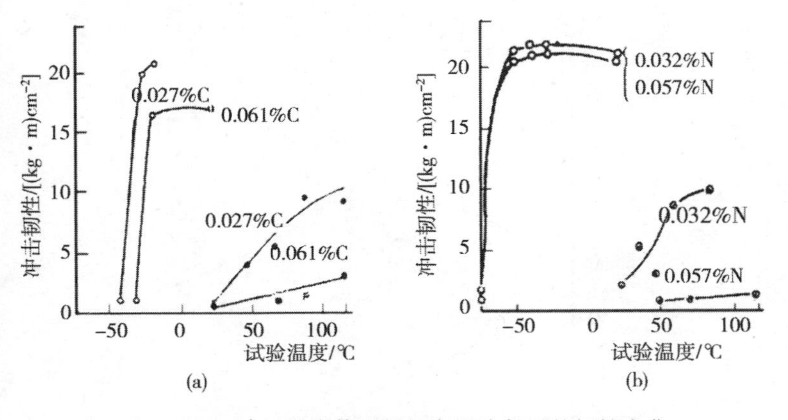

图 4.5　17%Cr 铁素体不锈钢高温冷却后的韧性变化

·—815℃×1h 后水冷+1150℃×1h 后水冷；o—815℃×1h 后水冷

a：N 量≤0.01%；b：C 量≤0.004%

·脆性转变温度高且室温韧性低（见图 4.6）；而且钢的韧性还受高温和冷却速度以及截面尺寸的重大影响。

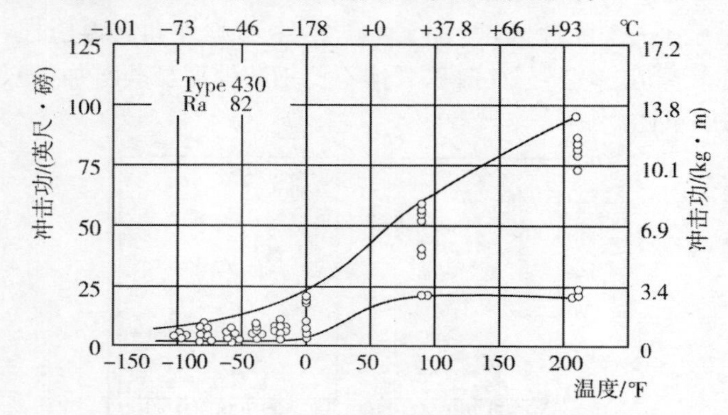

图 4.6 430(1Cr17)不锈钢的脆性转变温度和室温韧性

（V 形缺口，每个点为 5 次试验结果的平均值，1 英尺·磅＝1.558J）

·与 Cr-Ni 奥氏体不锈钢相比，对晶间腐蚀更敏感（见图4.7）[7A]。

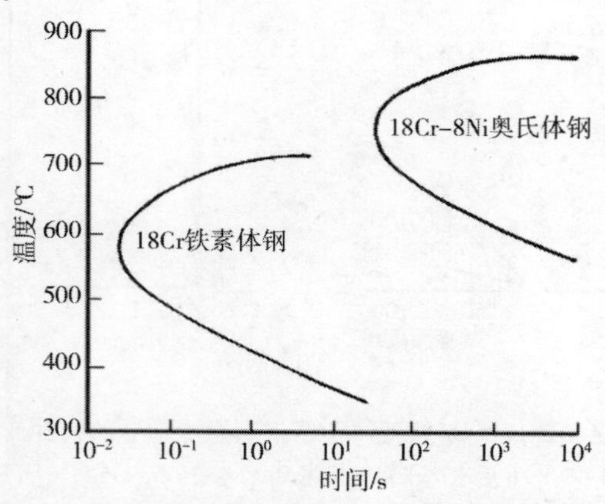

图 4.7 18％Cr 铁素体不锈钢与 18％～8％奥氏体不锈钢温度－时间－敏化曲线[7A]

由于存在上述三方面缺点，特别是高温脆性和脆性转变温度高，室温韧性低以及对晶间腐蚀敏感，而且经焊接后，这些缺点更加显示出来，使传统铁素体不锈钢性能进一步恶化，严重影响了传统铁素体不锈钢在焊接用途方面的应用。

·冷成型性需进一步改善。虽然低、中铬传统铁素体不锈钢已具有良好的冷成型性，但是，与 18-8 型 Cr-Ni 奥氏体不锈钢相比还有一些差距，n 值较低，但与低碳钢相近，已无太大提高余地，而 r 值与低碳钢相比，尚有很大潜力，有待进一步提高(图 4.8)[7B]，同时，深冲件表面易出现皱折❶，钢的抗皱性尚需进一步改善，图 4.9 系 1Cr17(430)不锈钢锅深冲后的表面皱折。

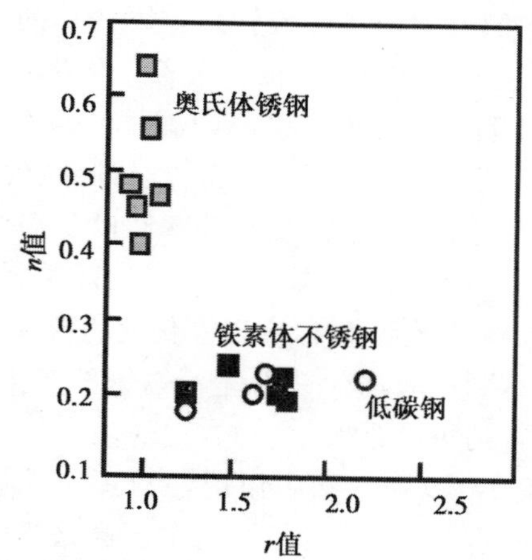

图 4.8 奥氏体和铁素体不锈钢 n 值和 r 值的变化[7B]

(n 值:塑性应变比;r 值:加工硬化系数)

❶ 皱折不仅损伤表面外观，严重处易产生破裂，而清除皱折不仅费力且不经济，而且严重者也难以根除。

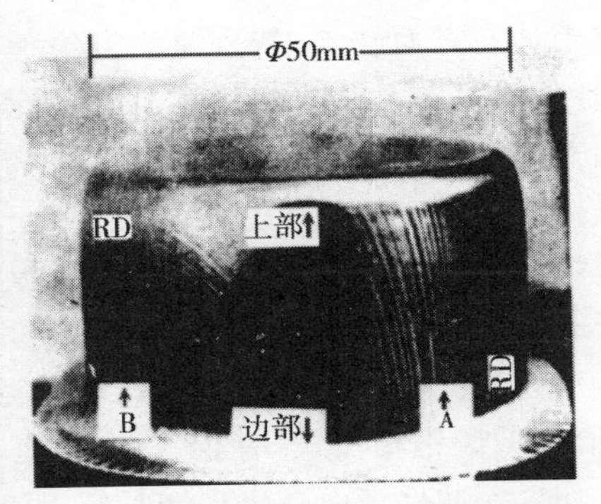

图 4.9 1Cr17 不锈钢锅深冲后的表面皱折

RD—皱折;A—直线皱折;B—弧形皱折

表 4.4-1 中简要列出了传统铁素体不锈钢的缺点与不足以及影响因素、产生原因和改进方向。从表中可看出,除 475℃脆性(α'脆性)和中温脆性(σ 相析出引起的脆性),只要不高于 260℃或 300℃长期使用,便没有任何危险外,高温脆性、脆性转变温度高和室温韧性低、对晶间腐蚀的敏感性以及需要改善的冷成型性(包括抗皱性)等均需采取降低钢中的间隙元素含量,细化钢的晶粒,加入稳定化元素钛、铌以及优化铁素体不锈钢的生产工艺等措施来达到。而现代铁素体不锈钢的产生,就是采取这些措施后所获得的可喜进展。

虽然,对于 475℃脆性和中温脆性只要不在脆性温度范围长期使用就不必有任何担心,但在冶金厂高铬铁素体不锈钢的热轧卷板生产中,则必须考虑解决这一因素所引起的脆性问题,其中热轧后快冷通过脆性区则是最佳途径[1]。

[1] 万一不慎在使用和生产中,高铬铁素体不锈钢出现了 475°(α')和中温(σ,χ)脆性,可高于 α' 和 σ,χ 形成温度加热后快冷,便可自行消除,对钢的性能没有影响。

表 4.4-1 传统铁素体不锈钢的缺点、产生原因和改进方向[8]

缺点与不足	影响因素	产生原因	改进方向
475℃脆性	钢中 Cr、Mo 含量和加热温度,停留时间	α'相的沉淀	不在 α' 相形成温度长期加热或使用
中温脆性	钢中 Cr、Mo 含量、温度和停留时间	$\sigma(\chi)$相的沉淀	不在 $\sigma(\chi)$ 相形成温度长期加热或使用
高温脆性	钢中 Cr、Mo 含量和温度,晶粒尺寸	碳、氮化物析出,晶粒粗大	降低钢中碳、氮含量,细化晶粒
室温韧性低,脆性转变温度高	钢中 C、N、O 量,截面尺寸,有无缺口,晶粒尺寸	碳、氮、氧等的化合物析出,晶粒粗大等	降低钢中间隙元素碳、氮、氧的含量,细化晶粒等
较高的晶间腐蚀倾向	钢中 C 量,敏化温度	富铬的碳化物形成	降低钢中碳量,加入钛、铌等稳定化元素
改善冷成型性(深冲性、抗皱性等)	钢中 C、N、O 和 Cr 量,生产工艺	碳、氮、氧化物析出,晶粒择优取向(织构)	降 C、N、O,加钛、铌,生产工艺优化,获得最佳织构

4.2.2 现代铁素体不锈钢的性能特点

简单说来,现代铁素体不锈钢的性能特点是在较薄截面尺寸条件下,具有优良的综合性能。

(1)高纯铁素体不锈钢

前已述及,高纯铁素体不锈钢系指钢中 $C+N\leqslant150\times10^{-6}$ 的一些牌号,此节主要介绍高纯 Cr18Mo2(Ti,Nb)和高纯 Cr26Mo1(Ti,Nb)两个牌号。高纯 Cr30Mo2(Ti,Nb)则列入超级铁素体不锈钢中加以介绍。

高纯铁素体不锈钢冶炼技术,早期系采用真空感应炉+电子束炉(EB)或真空感应炉+真空自耗等双联工艺,随后国内曾在小型真空感应炉内开发了采用价廉原料直接冶炼高纯

Cr18Mo2 和高纯 Cr26Mo1 的工艺，但由于炉外精炼工艺，特别是 VOD 和 SS－VOD 等工业化生产超低碳、氮和高纯铁素体不锈钢技术的日益成熟，目前高真空双联冶炼高纯铁素体不锈钢的工艺已为炉外精炼技术所代替。图 4.10－1 系几种冶炼高纯铁素体不锈钢的方法和所达到的钢中碳、氮水平。

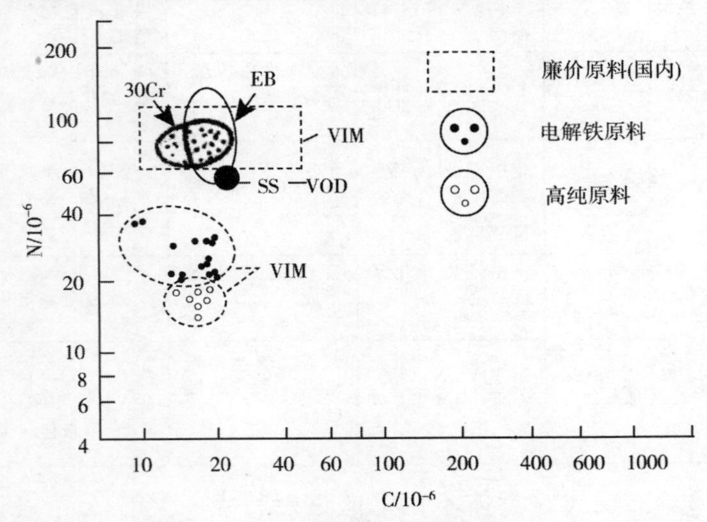

图 4.10－1　几种生产高铬高纯铁素体不锈钢的冶炼方法及其碳、氮水平
EB：电子束炉；SS-VOD：强烈搅拌真空吹氧脱碳精炼；VIM：真空感应炉冶炼

1）高纯 Cr18Mo2

力学性能和脆性转变温度　一些结果见图 4.10－2 至图 4.12。可以看出，适宜的热处理，可以获得满意的塑、韧性（图 4.10－2）；尽量降低钢中的碳、氮含量，适量的含钛量可使此钢的脆性转变温度降到－20℃以下（图 4.11）；在模拟焊接条件（1200℃×10min）并以不同速度冷却，所试验的高纯 Cr18Mo2 钢中仅含 0.001％～0.002％C，但 C＋N 均≤0.015％，不论是否加稳定元素 Ti、Nb，只要有氮化物析出，也同样会显著提高钢

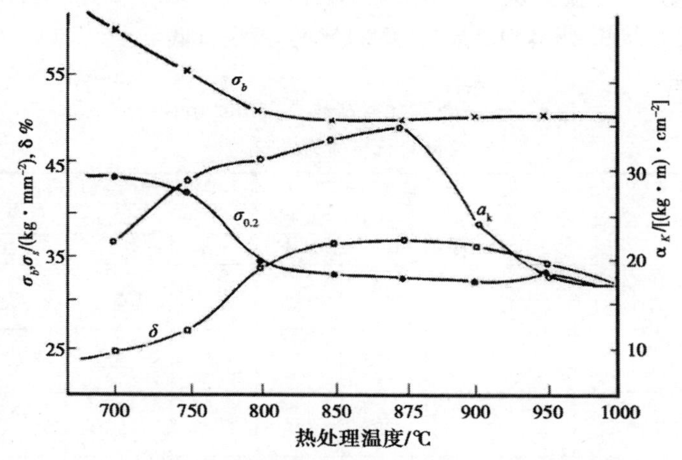

图 4.10－2　热处理温度对高纯 Cr18Mo2 钢力学性能的影响
(α_k 值系 U 形缺口试样)[9]

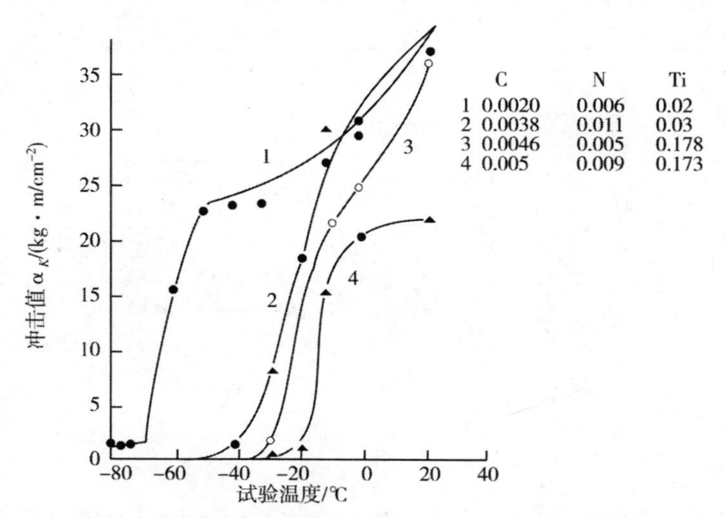

图 4.11　不同碳、氮、钛量的 Cr18Mo2 钢的脆性转变温度[10]

的脆性转变温度(表 4.4—2),而薄截面尺寸(3mm)的高纯 Cr18Mo2 的焊接接头(焊缝和熔合线)脆性转变温度也可低至—20℃以下(图 4.12)。

表 4.4—2　钛和铌对高纯 Cr18Mo2 脆性转变温度和析出物的影响[11]

钢中碳、氮、钛、铌量	脆性转变温度/℃			析出物(TEM 分析)		
	1200℃×10min,热处理			1200℃×10min,热处理		
	水冷	空冷	炉冷	水冷	空冷	炉冷
C 0.001%,C+N 0.0015%	0	12	114	Cr2N	Cr2N	Cr2N
C 0.001%,C+N 0.0081%,Nb 0.18%	—30	—18	124	无	无	Cr2Nb2N2
C 0.001%,C+N 0.015%,Nb 0.36%	0	56	186	NbN	NbN+Cr2Nb2N2	NbN+Cr2Nb2N2
C 0.002%,C+N 0.014%,Ti 0.24%	62	83	125	TiN	TiN	TiN
C 0.001%,C+N 0.008%,Ti 0.40%	100	120	125	TiN	TiN	TiN

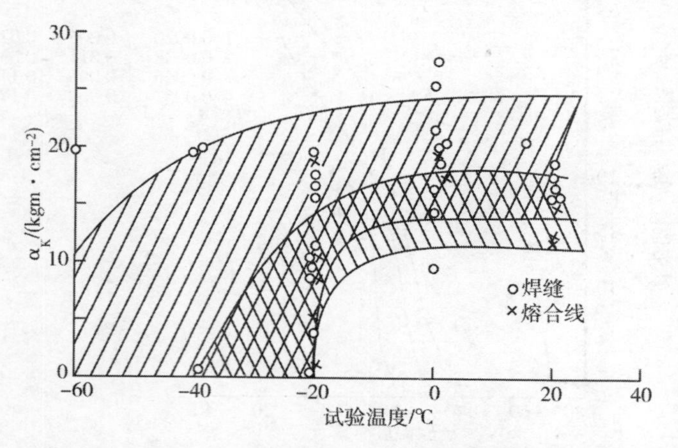

图 4.12　高纯 Cr18Mo2 薄板(3mm)焊后脆性转变温度(C+N=0.08%~0.0148%)[12]

耐蚀性 高纯 Cr18Mo2 的耐全面腐蚀和耐局部腐蚀性均优于 0Cr18Mo2 和 00Cr18Mo2，在许多条件下与 316(0Cr17Ni14Mo2)不锈钢相当或稍优。高纯 Cr18Mo2 不锈钢耐氯化物应力腐蚀性能优良。一些经验结果见图 4.13、图 4.14 和表 4.5。

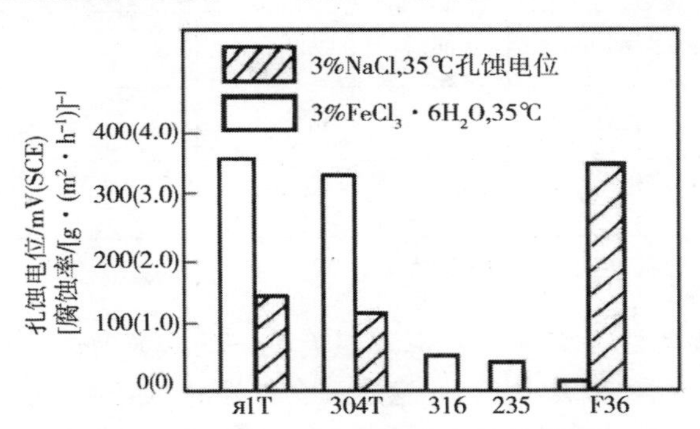

图 4.13 高纯 Cr18Mo2 的耐点蚀性能(235 和 F36 均为高纯 Cr18Mo2，$Я_1$T 为 1Cr18Ni9Ti)[13]

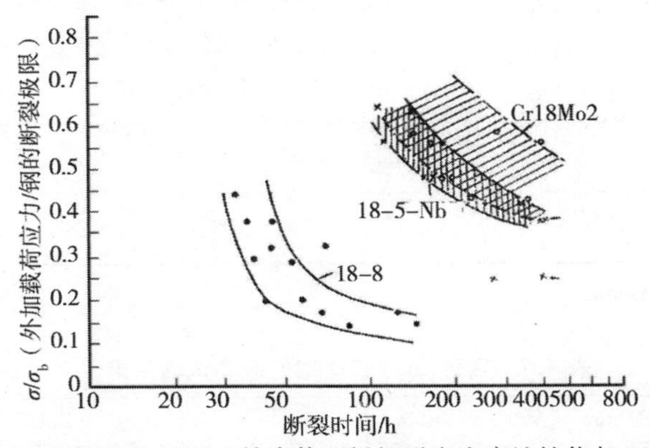

图 4.14 高纯 Cr18Mo2 铁素体不锈钢耐应力腐蚀性能与 18-8 和 18-5-Nb 钢对比结果[14]

(18-5-Nb：00Cr18Ni6Mo3Si2Nb，含 0.08%～0.15%N；液滴 NaCl 浓度：0.1%NaCl；液滴速度：1～2 滴/min；试验温度：80～300℃；试样尺寸：0.5mm×2mm 带状样品；试样状态：冷轧后退火态)

表 4.5 退火态 Cr18Mo2 钢的耐应力腐蚀性能[15]

钢　号	沸腾 35%$MgCl_2$，恒应力下		沸腾 42%$MgCl_2$，155℃	含 Cl^- 200×10^{-6}，[O](0.3～6)×10^{-6}，350℃ 水
	400MPa	300MPa	恒变形 U 形试样	
高纯 Cr18Mo2	6000h，↑①	3000h，↑	500h，↑	1250h，↑
0Cr18Ni9(304)	127h，SCC②	41h，SCC	10h SCC	25h SCC
1Cr17Ni12Mo2 (316)	80h，SCC	43h，SCC	10h SCC	120h SCC

① ↑未破裂；②SCC－应力腐蚀破裂。

冷成型性　高纯 Cr18Mo2 具有良好的冷成型性，一些试验结果见表 4.6 和表 4.7。此钢还具有良好的切削性，见图 4.15。

表 4.6 两种 Cr18Mo2 钢的冷弯、杯突试验结果[16]

钢　号	热处理条件	样品厚度/mm	冷弯 弯角	冷弯 结果	平均反复弯曲次数	杯突试验平均压入深度/mm
00Cr18Mo2①	900℃×200min 空冷	2.5	180°	无裂纹	6	10
高纯 Cr18Mo2	875℃×20min 水冷	1.75	180°	无裂纹	6	10
1Cr18Ni9Ti	1100℃×20min 水冷	3.0	180°	无裂纹	6	10

①00Cr18Mo2，C＋N≤450×10^{-6}。

表 4.7 两种 Cr18Mo2 钢的深冲试验结果[17]

样品直径/mm	90	95	100	105	110	115	120
深冲系数	1.8	1.9	2.0	2.1	2.2	2.3	2.4
00Cr18Mo2①	好	好	好	好	破裂	—	—
高纯 Cr18Mo2	好	好	好	好	好	好	好
1Cr18Ni9Ti	好	好	好	破裂	—	—	—

① 00Cr18Mo2，C＋N≤450×10^{-6}。

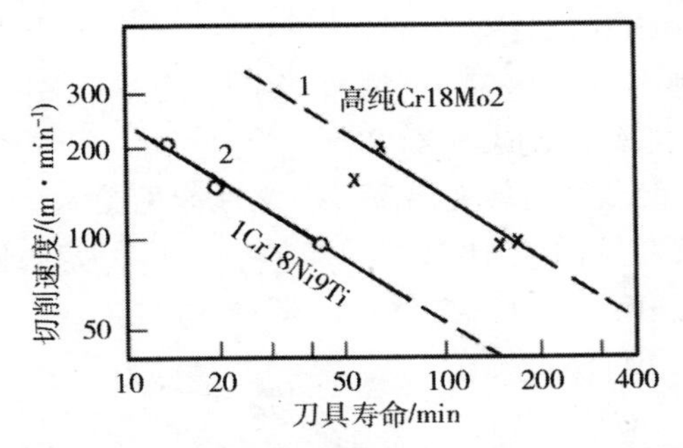

图 4.15　高纯 Cr18Mo2 钢的切削性能，与 18-8 Cr-Ni 钢对比试验结果[18]

1 —高纯 Cr18Mo2；2 — 1Cr18Ni9Ti

焊接性　高纯 Cr18Mo2 焊接性良好，焊后脆性转变温度≤－20℃（图 4.12），含稳定化元素 Ti、Nb 时，没有晶间腐蚀敏感性。当采用奥氏体不锈钢作为焊接填丝时，焊后可获更为满意的脆性转变温度和韧性（图 4.16）。

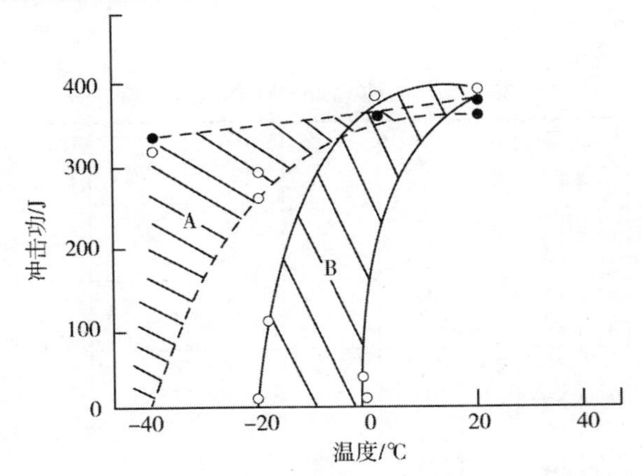

图 4.16　高纯 Cr18Mo2（YUS 190L）12mm 板材

对接焊后的冲击试验结果（V 形缺口）[19]

A—TIG 焊，第一层用高纯 Cr18Mo2 填丝打底，第二层用 00 Cr18Ni13Mo2 填丝；

B—TIG 焊，全部用高纯 Cr18Mo2 填丝

2)高纯 Cr26Mo1

国内牌号为 0027Mo，国外 VOD 冶炼的牌号为 UNS S44625，日本牌号为 SUS XM27。

力学性能和脆性转变温度 力学性能见图 4.17 和表 4.8。脆性转变温度见图 4.18 和图 4.19。一般认为高纯 Cr26Mo1 截面尺寸适用于≤6 或≤7mm 板、带材、管材。

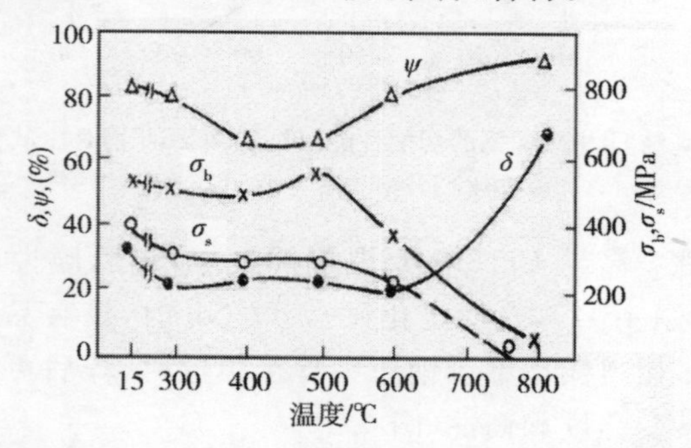

图 4.17 高纯 Cr26Mo1 钢的室温和中、高温力学性能[20]

表 4.8 高纯 Cr26Mo1 的力学性能

材料规格	热处理条件	取样方向	σ_b/MPa	$\sigma_{0.2}$/MPa	δ(%)	φ(%)	α_K/(J·cm^{-2})	HB
3mm 板材	750℃×2h，空冷	纵向	500	350	35	—	—	—
	950℃×0.5h，空冷	纵向	470	330	39	—	171.5	
	950℃×0.5h，空冷+650℃×2h，空冷	纵向	500	350	34	—		
4mm 板材	920℃，水冷	纵向	441～470	294～351	>20	—	196～294	

续表

材料规格	热处理条件	取样方向	σ_b/MPa	$\sigma_{0.2}$/MPa	δ(%)	φ(%)	a_K/(J·cm^{-2})	HB
Ø89mm×7mm管材	860℃，水冷	横向	470～486	265～362	35～37.6	63.8～72.9		155～161
		纵向	469～491	277～310	31.3～46.0	90.3～95.4		158～160
3mm板材	800℃×0.5h，水冷						170	
	800℃×0.5h，空冷						168	
Ø15mm×1.5mm管材	1020℃×0.5h，水冷		520	370	39			

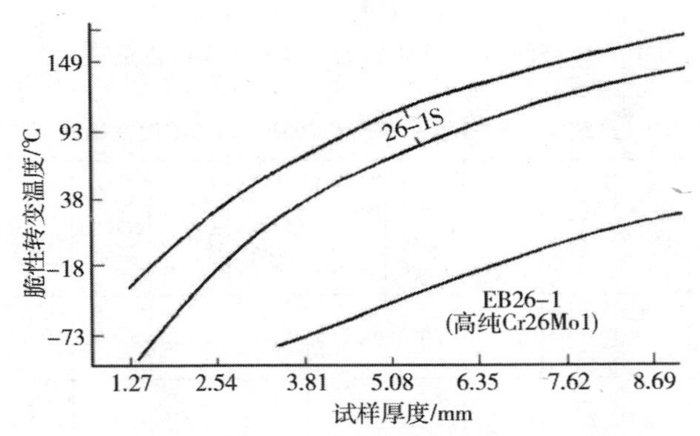

图 4.18　板材厚度对脆性转变温度的影响[21]

耐腐蚀性能　高纯 Cr26Mo1 耐蚀性优良，即使在 65%沸腾 HNO_3 和 NaOH 中亦然(见表 4.9 和表 4.10)；在耐点蚀、耐缝隙腐蚀、耐应力腐蚀等局部腐蚀中均既优于 0Cr18Ni10 也优于 0Cr17Ni14Mo2。一些结果见表 4.11 和表 4.12。

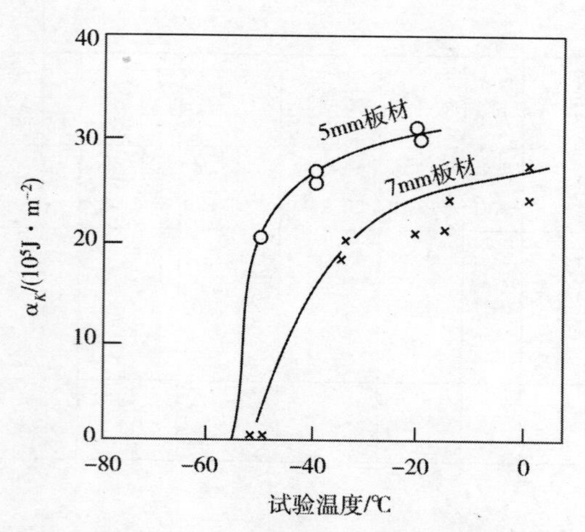

图 4.19　高纯 Cr26Mo1 钢的韧性随试验温度的变化[22]

表 4.9　高纯($C+N=120\times10^{-6}$)Cr26Mo1 钢的耐蚀性($mm\cdot a^{-1}$)

钢　种	30％甲酸①	60％甲酸①	47.5％醋酸＋2.5％甲酸①	71.5％醋酸＋3.8％甲酸①	99.5％醋酸＋4％甲酸①	85％ H_3PO_4 110℃	65％ $HNO_3$①	25％ NaOH 100℃	5％草酸①	10％草酸①
高纯 Cr26Mo1	0.009	0.095	0.006	0.004	0.011	0.120	0.120	0.001	0.038	0.153
0Cr18 Ni10	1.50	2.2	0.330	0.320	0.320	2.20	0.275	0.051	0.425	0.945
00Cr18 Ni10	—	—	0.250	0.190	—	—	0.165	—		
0Cr18 Ni12Mo2	0.690	0.910	0.010	0.023	0.100	0.20	0.640	0.025		
00Cr18 Ni13Mo2	—	—	0.014	0.046	—	—	0.160	—		

①沸腾温度。

表 4.10 高纯 Cr26Mo1 不锈钢在 NaOH 中的耐蚀性

介　质	温度/℃	试验时间/d	腐蚀率/($mm \cdot a^{-1}$)
25%NaOH	20	7	<0.00254
	66	7	<0.00254
	100	28	<0.00254
	106	7	<0.00254
45%NaOH	66	7	<0.00254
50%NaOH	82	—	无
70%NaOH	100	7	<0.00254
75%NaOH	207	7	7.408
25%NaOH+0.1%NaCl	沸	7	<0.00254
45%NaOH+2.5%NaCl	66	7	<0.00254
50%NaOH+3%NaCl	66	28	<0.00254
I 效蒸发器碱液	142	72	0.10*
I 效蒸发器碱液	185	72	0.38*

* 流速 4.6m/s。

表 4.11 高纯 Cr26Mo1 钢的耐点蚀和耐缝隙腐蚀性能①

材　料	临界点蚀电位/mV(SCE)			临界缝隙腐蚀温度/℃
	pH10	pH6	pH2	
0Cr18Ni10	+40	−50	−50	<−2.5
0Cr18Ni12Mo2	+120	+10	−20	2.5
高纯 Cr26Mo1	+400	+420	+430	20～25

①在 38℃饱和 NaCl 溶液中。

表 4.12　退火态高纯 Cr26Mo1 钢的耐应力腐蚀性能(破裂时间)①

钢　号	45% $MgCl_2$ 155℃	62% $CaCl_2$ 150℃	28% NaCl 105℃	60% $CaCl_2$ + 0.1% $MgCl_2$ 100℃	含 200×10^{-6} Cl^- $(0.3\sim6)\times10^{-6}$ [O]的 350℃ 高温水
高纯 Cr26Mo1	>500	—	无 SCC	—	>2000
0Cr18Ni9②	2～10	21	120	<24	25
0Cr18Ni12Mo2②	10～16	21	720	<24	120

①均为 U 形试样；②固溶处理态。

冷成型性和焊接性能　高纯 Cr26Mo1 的冷加工硬化倾向既低于 304，也低于 430(图 4.2)，薄板冷弯后回弹比 18-8 Cr-Ni 奥氏体不锈钢小，易于冷加工，其成型性也较好。高纯 Cr26Mo1 的焊接性良好，焊后焊缝和热影响区均有满意的冲击韧性(见图 4.20)。

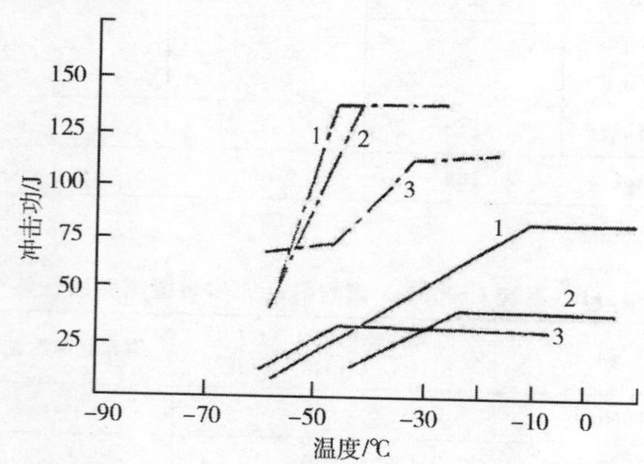

C+N	1	2	3	试样厚度/mm
-170×10^{-6}	母材	热影响区	焊缝	4.8
-50×10^{-6}	母材	热影响区	焊缝	6.4

图 4.20　焊接对不同 C+N 含量的高纯 Cr26Mo1 钢焊接接头韧性的影响

(2)超级铁素体不锈钢

超级铁素体不锈钢的化学成分特点是钢中 Cr%＋3.3×Mo%≥35。

本节主要介绍高纯 Cr30Mo2、00Cr28Ni4Mo2 和 00Cr29Mo4Ni2 三个牌号。

1)高纯 Cr30Mo2

力学性能和脆性转变温度 一些试验结果见表 4.13、图 4.21和图 4.22。从图中可知，高纯 Cr30Mo2 的室温韧性可达 $10^5 J/m^2$(V 形和 U 形缺口)。脆性转变温度 3mm 冷轧板可达 －100℃以下，而 10mm 热轧板也可达－20℃。

表 4.13 高纯 Cr30Mo2 的室温力学性能

材料和状态	$\sigma_{0.2}$/MPa	σ_b/MPa	δ(%)	φ(%)	HV
热轧板，8mm 退火态①	329～588	529～676	21～22	60～70	190～280
冷轧板，3mm 退火态①	392～844	539～863	32	53～72	180～300
冷轧板焊后退火态①	392～412	539～559	—	—	—

① 900℃×10～15min，水冷。

耐腐蚀性能 在各种大气和各种酸、碱、盐介质中，高纯 Cr30Mo2 耐全面腐蚀和耐局部腐蚀性能均远远优于 316 型不锈钢，在含氧化剂($NaClO_3$)的 NaOH 中优于纯镍，一些试验结果见图 4.23～图 4.27 和表 4.14。

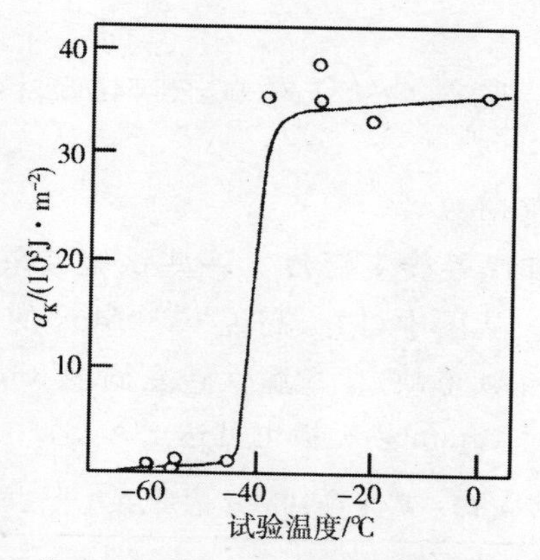

图 4.21　高纯 Cr30Mo2 钢的脆性转变温度(棒材)[22]

(1000℃×30min,水冷)

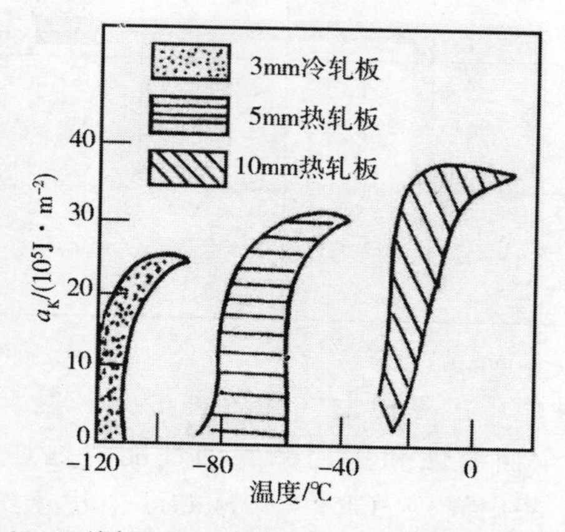

图 4.22　不同厚度的高纯 Cr30Mo2 钢板材的脆性[23]

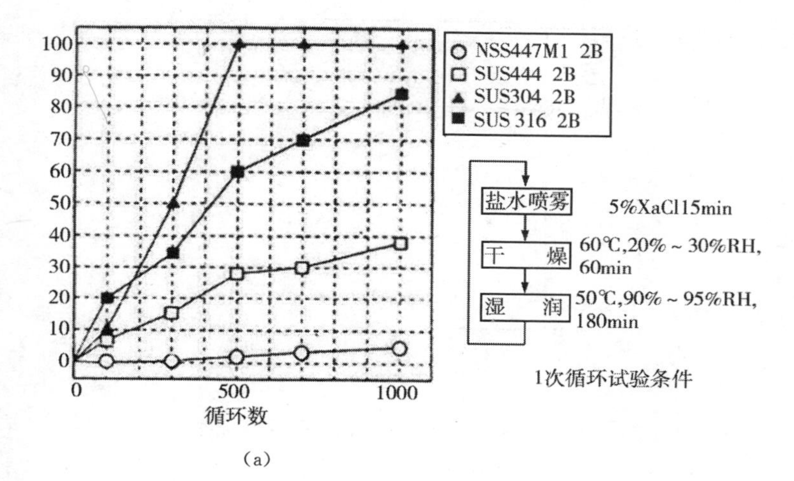

(a)

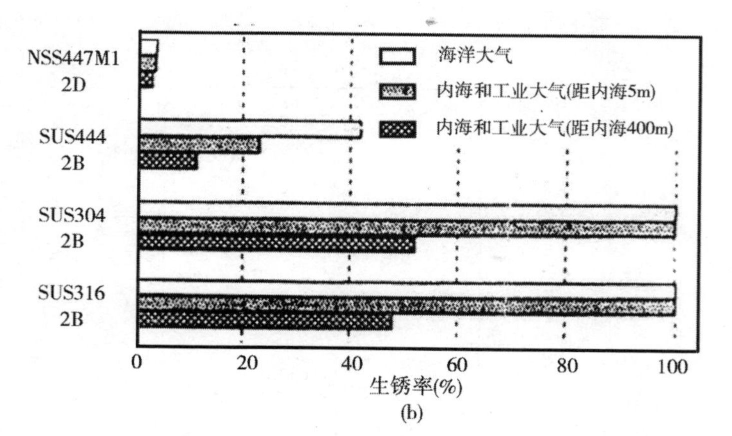

(b)

图 4.23 试验室和实际挂片试验 7 年后高纯 Cr30Mo2(NSS447M1)钢的耐锈蚀性[24]

(a)试验室循环试验;(b)大气挂片试验;

SUS444—0Cr18Mo2;2B、2D 均为板带表面加工等级

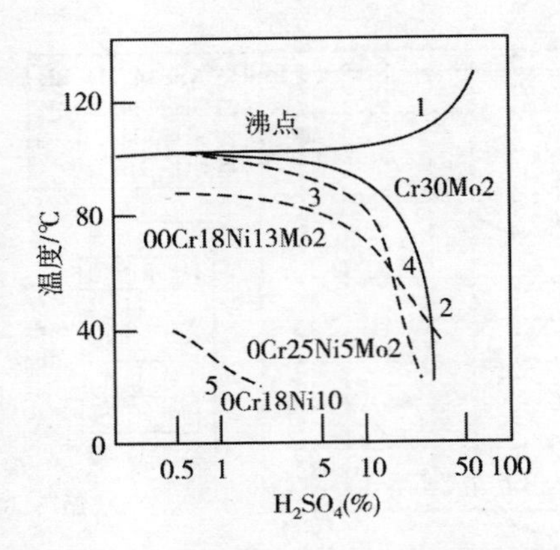

图 4.24 在 H_2SO_4 中高纯 Cr30Mo2 的等腐蚀曲线[25]

［以 0.1g/(m^2·h)为界限］

1－沸点；2－高纯 Cr30Mo2；3－00Cr18Ni13Mo2；4－0Cr25Ni5Mo2；5－0Cr18Ni10

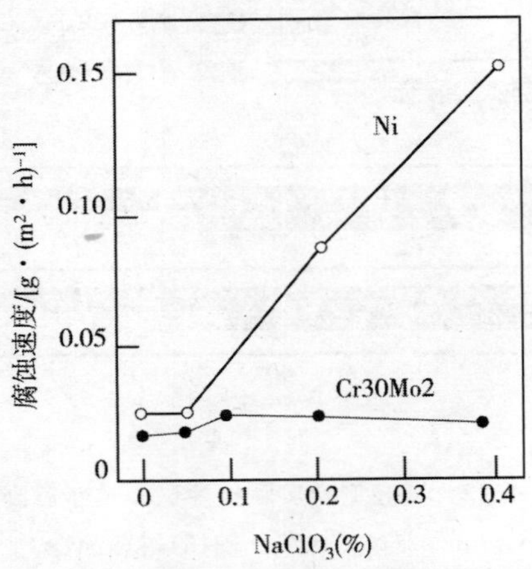

图 4.25 $NaClO_3$ 含量对高纯 Cr30Mo2 钢和纯镍耐 50％NaOH＋5％NaCl(沸腾温度)的影响[25]

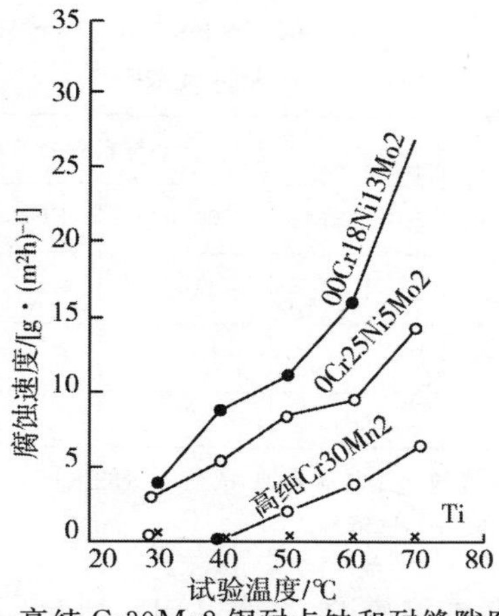

图 4.26　高纯 Cr30Mo2 钢耐点蚀和耐缝隙腐蚀性能

（介质：5％$FeCl_3$＋0.05％HCl 溶液）

×　无局部腐蚀；○　仅有缝隙腐蚀；●　点蚀＋缝隙腐蚀

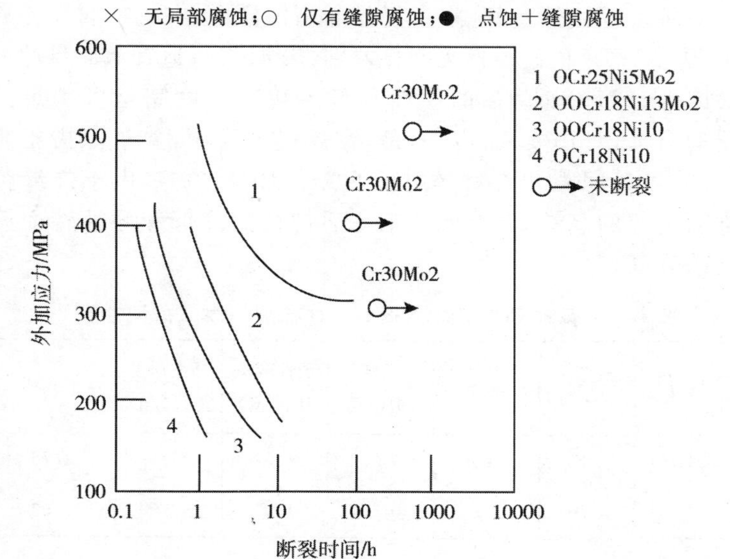

图 4.27　在 $MgCl_2$（42％，沸腾温度）中，高纯 Cr30Mo2 钢的耐应力腐蚀性能[26]

表 4.14 高纯 Cr30Mo2(NSS 447M1)的耐应力腐蚀和耐晶间腐蚀性能[24]

试验条件①		材料牌号			
		NSS447M1	SUS 444	SUS 304	SUS 316
晶间腐蚀	母材	○	○	○	○
	650°×2h,空冷	○	○	×	×
应力腐蚀		○	○	×	×

注:○ 无裂纹;× 有裂纹。①晶间腐蚀,硫酸+硫酸铜试验;应力腐蚀,20%NaCl+1%Na2Cr2O7,沸腾,U 形样。

冷成型性和焊接性能 表 4.15 列出了高纯 Cr30Mo2(447M1)1.5mm 板材冷成型性数据。试验还表明,高纯 Cr30Mo2 焊接性良好,焊后无晶间腐蚀倾向,在一些腐蚀介质中,焊前、焊后的耐蚀性无明显差别(表 4.16);适宜截面尺寸的高纯 Cr30Mo2 钢焊后的韧性和脆性转变温度完全可满足使用的需求(见图 4.28)。但是,在焊接过程中,要采取措施防止碳、氮等间隙元素对焊缝的污染。图 4.29 系由于焊缝污染而引起的高纯 Cr30Mo2 钢焊后韧性的降低和脆性转变温度的升高。

表 4.15 高纯 Cr30Mo2(NSS 447M1)钢的冷加工成型性能[27]

材料	表面	板厚/mm	加工硬化系数(*n* 值)	塑性应变比(*r* 值)	杯突深度值(*Er*)/mm	扩孔比
NSS447M1	2B	1.5	0.23	1.03	11.2	1.76
304	2B	1.5	0.59	1.03	14.3	1.07

表 4.16　高纯 Cr30Mo2 钢母材与焊后的耐蚀性①

材　料	介　质							
	65%$HNO_3$②		10%NaOH+15%NaCl③(96h)		50%NaOH+6%NaCl③(96h)		50%NaOH+5%NaCl+0.05%$NaClO_3$③	
	母材	焊后	母材	焊后	母材	焊后	母材	焊后
高纯Cr30Mo2	0.00020	0.00022	0.0029	0.0069	0.0050	0.0090	0.020	0.017
00Cr17Ni13Mo2.5	0.0012	0.0014	0.0080	—	3.860	—	—	—
00Cr25Ni5Mo1.5	0.0043	0.0047	—	—	—	—	—	—
00Cr20Ni30Mo2Cu3	—	—	0.0093	—	0.1329	—	—	—
纯　镍	—	—	0.0023	—	0.0025	—	0.025	—

①均为沸腾温度；②英寸/月；③g/(m^2·h)。

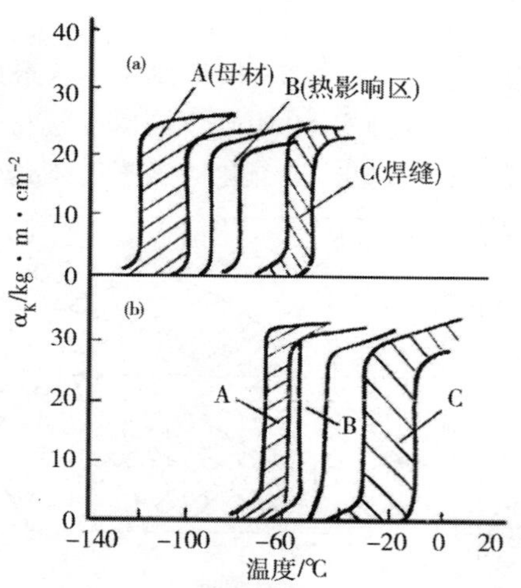

图 4.28　高纯 Cr30Mo2 钢 4mm 热轧板(a)和 8mm 热轧板(b)母材、焊缝、热影响区的脆性转变温度[23]

A—母材；B—热影响区；C—焊缝

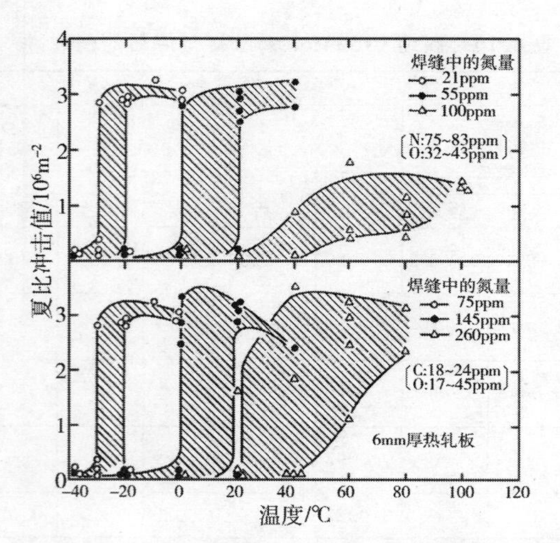

图 4.29　碳、氮、氧含量对高纯 Cr30Mo2 焊缝韧性和脆性转变温度的影响[28]

图 4.30 指出了 1Cr17(430)和二种高纯铁素体不锈钢高纯 Cr26Mo1(XM27)和高纯 Cr30Mo2 不同厚度板材焊后焊缝的脆性转变温度，可以明显看出，高纯化对铁素体不锈钢的韧性的改

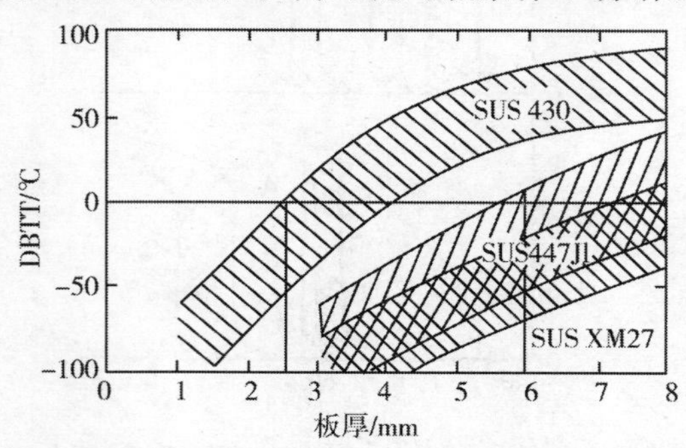

图 4.30　不同板材厚度的高纯 Cr26Mo1(XM27)和高纯 Cr30Mo2 (SUS 447 J1)[29] 焊后焊缝的脆性转变温度并与 1Cr17(430)相对比(夏比冲击)

善是非常显著的,如果以摄氏零度为使用界限的话,1Cr17 焊材仅能用于厚度≤2.5mm,而高纯、高铬的 Cr26Mo1 和 Cr30Mo2 则可用到 6mm,若为 3mm 薄板则可用到−50℃以下。

由于薄截面尺寸的高纯 Cr30M02(NSS 447M1)综合性能优良,又不含镍且成本低于 0Cr17Ni12Mo2)(316)不锈钢,国外(例如日本)已用于沿海大型国际机场的屋顶材料。

2)00Cr29Mo4Ni2 和 00Cr28Ni4Mo2Nb

这两个牌号的C+N 分别≤0.025%和≤0.045%。

力学性能和脆性转变温度 一些试验结果见表 4.17、图 4.31及图 4.32。可以看出:两种超级铁素体不锈钢的韧性和脆性转变温度均受钢的截面尺寸和冷却速度的影响,适宜的截面尺寸条件下,两种钢均具有足够的室温韧性和较低的脆性转变温度。

表 4.17 两种超级铁素体不锈钢的力学性能

材料	σ_b/MPa	$\sigma_{0.2}$/MPa	δ(%)	ψ(%)	硬度/RB
00Cr28Ni4Mo2	647	567	26	70	83～94
00Cr29Mo4Ni2	715	585	22	97	95
00Cr29Mo4Ni2 焊管,壁厚 0.5	650	583	27	—	201 HV
00Cr29Mo4Ni2 焊管,壁厚 0.7	655	603	24	—	215 HV

耐腐蚀性能 00Cr29Mo4Ni2 和 00Cr28Ni4Mo2Nb 两种超级铁素体不锈钢耐全面腐蚀、耐点蚀和缝隙腐蚀以及耐应力腐蚀的性能见表 4.18～表 4.20 和图 4.33。

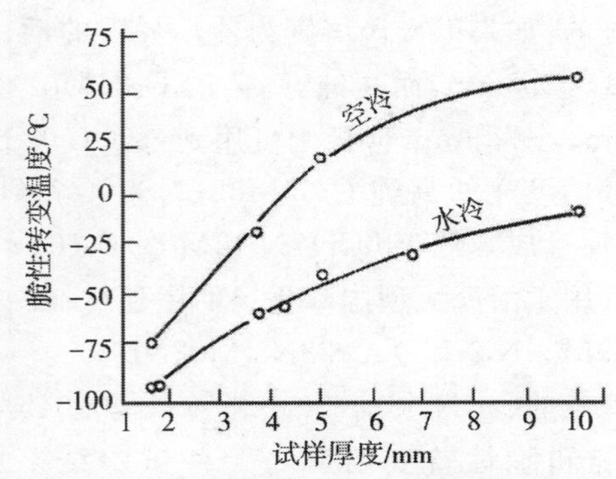

图 4.31　试样厚度、冷却速度对 00Cr29Mo4Ni2 钢脆性转变温度的影响[30]

（钢中含 0.004% C，0.0146% N）

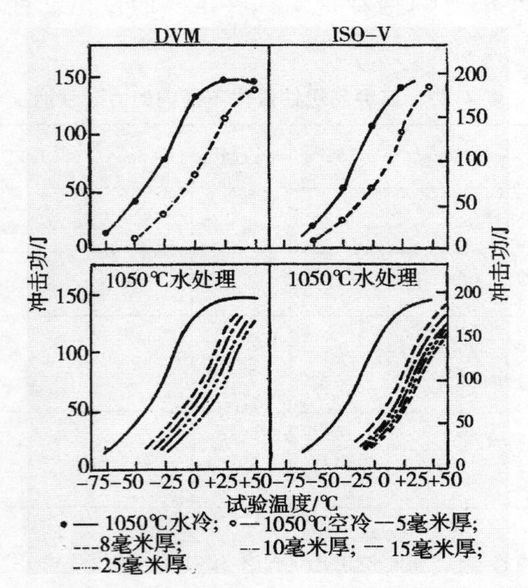

图 4.32　温度、试样厚度、冷却速度对 00Cr28Ni4Mo2 钢韧性的影响[31]

（DVM，ISO－V 为不同标准）

表 4.18 耐一般腐蚀性能①[32]

材料牌号	介质(均为沸腾温度)						
	65% HNO_3	50% H_2SO_4 + $Fe_2(SO_4)_3$	甲酸 45%	草酸 10%	醋酸 20%	H_2SO_4 10%	盐酸 1%
AISI 304	0.2	0.6	44	15	0.1	400	81
AISI 316	0.3	0.6	13	2.4	0.1	22	71
Carpenter20Cb3 (0Cr29Ni34 Mo2Cu3Nb)	0.2	0.2	0.2	0.2	0.1	1.1	0
Hastelloy C②	11.4	6.1	0.1	0.2	0	0.4	0.3
Ti	0.3	5.9	22	24	0	160	5.6
00Cr28Ni4Mo2	0.2	0.3	0.1	0.1	0	0.2	0
高纯 Cr29Mo4	0.1	0.2	0.1	0.3	0	—	0.2
00Cr29Mo4Ni2	0.1	0.2	0.1	0.1	0	0.2	0.2

①计量单位为$(mm \cdot a)^{-1}$。

②0Cr16Ni60Mo16W4。

表 4.19 00Cr29 Mo4Ni2 和 00Cr28Ni4Mo2 钢耐应力腐蚀性能①

材料 \ 介质	45%MgCl2 155℃	在 NaCl 中灯芯试验,100℃	26% NaCl,充空气,102℃	26% NaCl(在高压釜中)	
				155℃	200℃
OCr18Ni10(304)	SCC (<3h)	SCC (<72h)	SCC (72h)	SCC (250h)	SCC (48~72h)
OCr20Ni33 Mo2Cu3Nb (Carpenter 20Cb—3)	SCC (<40h)	无 SCC (864h)	无 SCC (2544h)	—	无 SCC (655h)
00Cr29Mo4Ni2	SCC (3h)	无 SCC (3360h)	无 SCC (252h)	无 SCC (487h)	无 SCC (655h)
00Cr28Ni4Mo2	SCC	无 SCC	无 SCC	无 SCC	无 SCC

①除灯芯试验外,均为 U 形试样。

表 4.20　不锈钢的耐点蚀和耐缝隙腐蚀性能[33]

试验介质 / 材料牌号	$2\%KMnO_4-NaCl$ (pH＝7.5，无缝隙样)				$10\%FeCl_3\cdot6H_2O$ (pH＝1.6，有缝隙样)	
	室温	50℃	75℃	90℃	室温	50℃
AISI304(0Cr18Ni10)	F				F	
AISI316L (0OCr18Ni13Mo2)	F				F	
Capenter20Cb－3	F				F	
Inconel625 (Cr21Ni65Mo9Nb4)	R	R	R	R	R	F
Incoloy825 (0Cr20Ni40Mo3Cu2Ti)	R	R	F		F	
HastelloyB (0Ni68Mo28Fe5)	F (一般腐蚀)				F (一般腐蚀)	
HastelloyC (0Cr15Ni60Mo16W4)		R	R	R	R	R
HastelloyG (0Cr22Ni50 Mo6Cu2Nb2)				R	F	
Ti	R	R	R	R	R	R
00Cr18Mo2Ti	F				F	
高纯 Cr26Mo1	R	R	F	F	F	F
高纯 Cr28Mo2	R	R	F	F	R	F
00Cr28Ni4Mo2Nb	R	R	F	F	R	F
高纯 Cr29Mo4	R	R	R	R	R	R
00Cr29Mo4Ni2	R	R	R	R	R	R

注：F 受蚀；R 耐蚀。

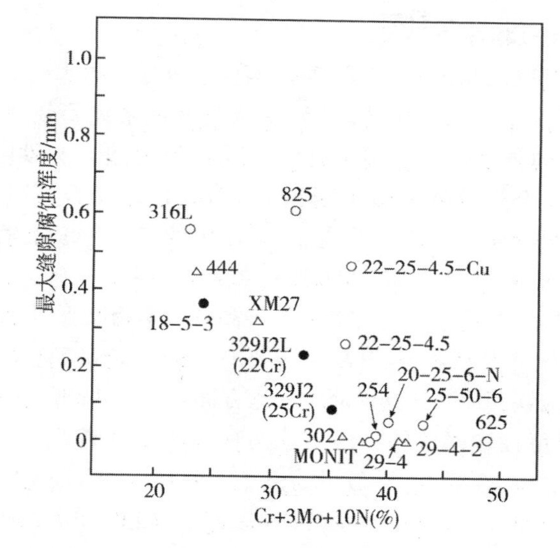

图 4.33　在 35℃海水中,经一年试验,超级铁素体不锈钢(29-4-2 和 MONIT)的缝隙腐蚀深度并与几种奥氏体和双相不锈钢进行对比的结果[34A]

(图中数字为钢中 Cr-Ni-Mo 量,如 22-25-4.5-Cu 为 Cr22Ni25Mo4.5Cu)

○—奥氏体不锈钢;△—铁素体不锈钢;●—双相不锈钢

从表 4.18～表 4.20 中的结果可看出 00Cr29Mo4Nb 和 00Cr28Ni4Mo2Nb 具有优良的耐蚀性,在耐点蚀和缝隙腐蚀方面,00Cr29Mo4Ni2 还优于 00Cr28Ni4Mo2 并且还超过了高镍耐蚀合金 Capenter20Cb－3(00Cr20Ni35Mo3Cu4Nb)和 Inconel 625(0Cr21Ni65Mo9Nb4)。从图 4.33 在实际海水中一年的试验结果表明,超级铁素体不锈钢 29-4-2(00Cr29Mo4Ni2),MONIT(00Cr25Mo4Ni4),高纯 Cr30Mo2、Cr29Mo4(图中 302 和 29-4)均优于所有高牌号的奥氏体不锈钢,且与超级奥氏体不锈钢,如 254 SMO(图中 254),00Cr20Ni25Mo6N(图中 20-25-6-N)以及高镍耐蚀合金 00Cr21Ni65Mo9Nb4(图中 625)相

比，耐蚀性也相同或稍优。

由于 00Cr29Mo4Ni2 和 00Cr28Ni4Mo2 耐海水腐蚀和磨蚀的性能优异，因此这两个牌号和其他超级铁素体不锈钢牌号的薄壁焊管国外早已大量用于海水冷凝器等用途。文献[34B]指出，从第一个超级铁素体不锈钢 Cr29Mo4(29-4C)1974 年用于海水冷凝器管以来，到目前为止，所使用的各种超级铁素体不锈钢冷凝管长度已高达近 60000000 英尺(1 英尺＝0.3048m)，而 1998 年以来，在用于冷凝器管的各种高合金不锈钢管中，超级铁素体不锈钢用量占了 82%，其中主要是 00Cr27Mo3Ni3Ti/Nb(UNS S 44660)超级铁素体不锈钢。而我国这方面的工作才刚刚起步。

冷成型性和焊接性 由于这两种钢的强度高，变形抗力大，因此，冷、热成型均需较大外力。由于 00Cr29Mo4Ni2 和 00Cr28Ni4Mo2Nb 钢中含 Cr、Mo 量较高，因此对 α'相和 $\sigma(\chi)$相的析出非常敏感(见图 4.34)[30]，为此，焊接工艺也需采取相应的防止措施❶。

(3)现代中铬铁素体不锈钢

化学成分中以低碳(≤0.08%)和超低碳(≤0.03%)为特征。本节主要介绍 430LX(包括 00Cr17Ti，00Cr17Nb)和 430J1L(即 00Cr17CuNb)以及 00Cr18Mo1.5Ti，同时也涉及了 430(1Cr17)和 436(1Cr18Mo1.5Ti)。而现在大量生产的 430 钢中含碳量仅 0.04%～0.06%且多经过炉外精炼并采用近代的连铸、连轧和连续酸洗以及光亮热处理等先进生产技术，实际上它已经是现代铁素体不锈钢中的一员。

力学性能和脆性转变温度 430 和 430LX(00Cr17Ti)、00Cr17CuNb、00Cr18Mo1.5Ti 等的力学性能见表 4.21 和图 4.35。一些试验指出，由于钢中 C、N 降低以及加入 Ti、Nb 或

---

❶ 热轧板卷生产在冷却过程中也要迅速通过 α'相和 $\sigma(\chi)$折出的脆性区。

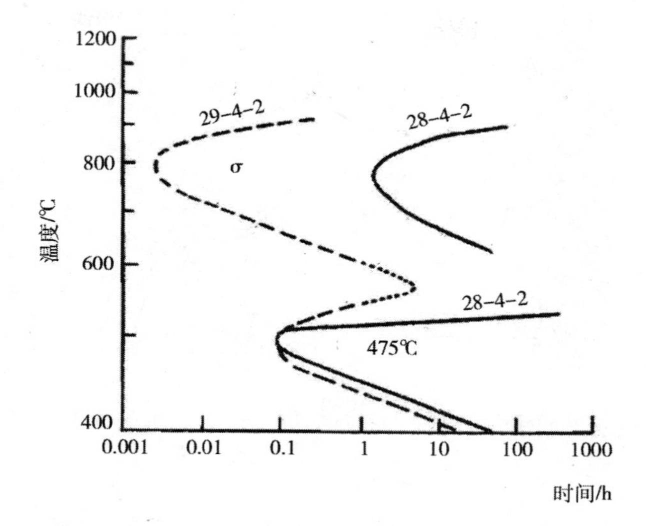

图 4.34 含 C+N=0.015%的两种超级铁素体不锈钢的 α'相 $\sigma(\chi)$相的析出行为和脆化倾向(脆化区冲击功≤50J)

28-4-22:00Cr28Ni4Mo2Nb;29-4-22:00Cr29Ni4Mo2

Nb、Cu 复合加入,所以 00Cr17Ti、00Cr17Nb 和 00Cr17CuNb 的脆性转变温度显著下移,室温韧性也显著提高。

表 4.21 00Cr17Ti 和 00Cr17CuNb 钢的力学性能

钢 号	$\sigma_{0.2}$/MPa	σ_b/ MPa	δ(%)	HV
1Cr17	333	490	30	149
00Cr17Ti	274	470	33	—
00Cr17CuNb	343	510	31	155
1Cr18Mo1.5Ti	328	485	33	—
00Cr18Mo1.5Ti	311	460	34.2	160

耐腐蚀性能 耐全面腐蚀性能,现代铁素体不锈钢 00Cr17Ti、00Cr17Nb 和 00Cr17CuNb 优于 1Cr17(430),耐晶间腐蚀性能也优于 1Cr17,因为 1Cr17 不含稳定化元素,即使钢中

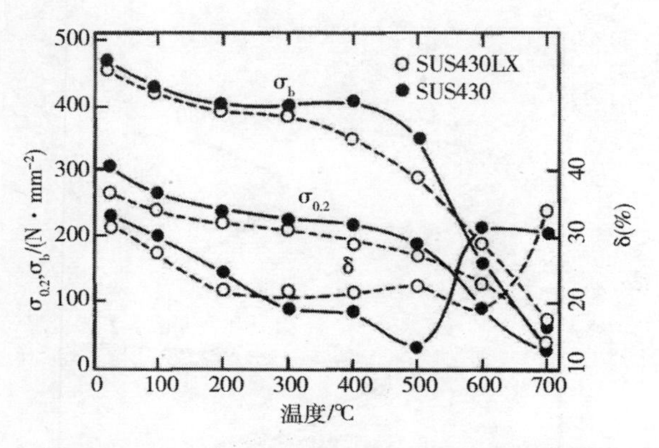

图 4.35　Cr17(430)和 00Cr17Ti(430LX)的高温瞬时力学性能(1.6mm 板材)[35]

C+N 仅 0.009%,空冷和炉冷态也仍有晶间腐蚀的敏感性(见表 4.22)。00Cr17Ti、00Cr17Nb 和 00Cr17CuNb 的耐点蚀性能也优于 1Cr17。

表 4.22　钢中含 C+N 达 0.009%的 Cr17 钢的晶间腐蚀①

钢中主要成分	热处理 1200℃×5min 加热	晶界析出物	晶间腐蚀倾向①
Cr,16.4% C+N,0.009%	水冷	无	○ ○
	空冷	$Cr_{23}C_6$,微细,连续	× ×
	炉冷	$Cr_{23}C_6$,粗大,连续	× ×

注:① 硫酸+硫酸铜法,冷弯;o 无裂纹;× 有裂纹。

冷成型性　00Cr17Ti、00Cr17Nb 和 00Cr17CuNb 以及 00Cr18Mo1.5Ti 等的冷成型性和抗皱性较 1Cr17 和 1Cr18Mo1.5Ti(436)钢有了显著的改善,以适应厨房设备和用具、家用电器、汽车、建筑装饰等对深冲性和抗皱性的需求。所采取的措施主要是钢的化学成分的最优化和钢的生产工艺的最佳化。

· 化学成分的最优化：通过炉外精炼工艺，最大限度地降低钢中碳、氮含量，有的牌号实际上已经达到了 $C+N\leqslant150\times10^{-6}$ 的高纯化水平；单独和复合加入 Ti、Nb 等稳定化元素，同时加入 Nb、Cu 进行复合合金化等。

· 生产工艺的最佳化：在钢的冶炼过程中，控制浇注前的钢水过热度并在连铸过程中采用电磁搅拌以破坏板坯柱状晶，增加等轴晶比例；在热加工过程中，控制板坯加热温度、热轧和终轧温度以及变形量；在冷轧过程中，控制轧制道次和冷变形总量；在板、材热处理工艺上，控制适宜的退火温度，在不产生高温脆性和晶粒粗大的前提下，可适当提高钢的退火温度，保证充分再结晶以获得有利的组织结构，但要防止"过退火"而引起的表面橘皮状缺陷。

表 4.23 列出了 1Cr17、00Cr17Ti、00Cr17CuNb 和 1Cr18Mo1.5Ti、00Cr18Mo1.5Ti，钢的冷成型性参数。图 4.36 还给出了这几种钢的 *r* 值和抗皱性的关系中所处的位置。研究表明，为了提高铁素体不锈钢的深冲性，除材料本身的性能外，冷成型时的润滑条件也有很大的影响（图 4.37）。由于 00Cr18Mo1.5Ti 钢具有优异的冷成型性，国外已制成（深冲）具有凹凸复杂形状的汽车燃油箱。

表 4.23　00Cr17Ti 和 00Cr17CuNb 钢的冷加工成型性参数[36]

材料	板厚/mm	*r* 值	*n* 值	埃里克森杯突值（*Er*）/mm	扩孔比	锥形杯突值（CCV 值）/mm
1Cr17 (SUS430)	0.7	1.3	0.22	9.0～10.3	96～99	28.0～28.5
	0.8			8.4～10.2	35～40,96	39.5～40.41
	1.0	1.0	0.20	8.4～9.4	79	48.5

续表

材料	板厚/mm	r值	n值	埃里克森杯突值(Er)/mm	扩孔比	锥形杯突值(CCV值)/mm
00Cr17Ti	0.6			10.2,11.0	108	
(SUS430LX)	0.7			10.0～11.0	129	59.6
	0.8			9.7		
	1.0	1.60	0.20	9.9		
	1.4	1.7(Ti)①,1.7(Nb)①	0.26①	11.6		59.6
	1.6	1.7(Ti)①,1.7(Nb)①	0.26①	12.0		60.7
00Cr17CuNb	1.0	1.99,1.60		10.4	108	38.4
(SUS430J1L)	0.8	1.60	0.20	9.8		
1Cr18 Mo1.5Ti	0.8	1.5	0.23	—	—	—
00Cr18 SMo1.5Ti		2.6③ (1.5)②	0.23②	9.5②	—	27.4②

① 1.5mm 板；②为 RSX－1 数据；③为高纯化时数据。

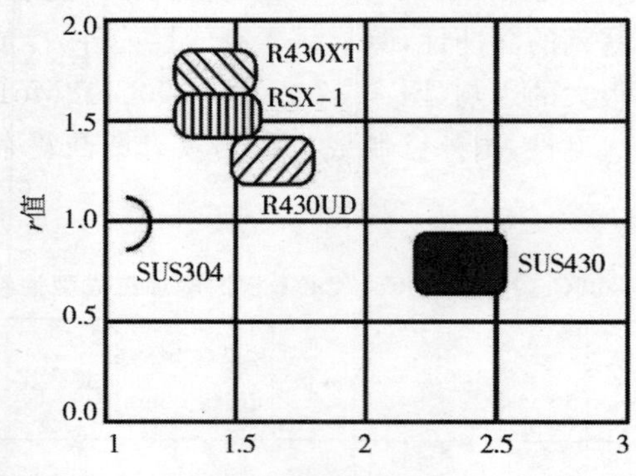

图 4.36　R430UD、R430XT 和 RSX－1 三种现代铁素体不锈钢的 r 值与抗皱性的关系[37]

R430UD：生产工艺优化的超低碳氮 00Cr17；RSX－1；生产工艺优化的 18Cr－1.5Mo-Ti；R430XT：生产工艺优化的 00Cr17Ti

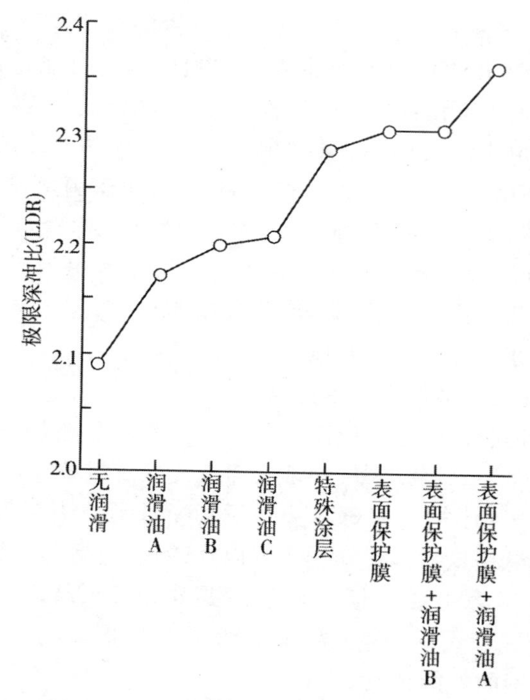

图 4.37　润滑因素对 430 铁素体不锈钢极限深冲比(LDR)的影响

焊接性能　由于 00Cr17Ti、00Cr17Nb、00Cr17CuNb 和 00Cr18Mo1.5Ti 等钢中的碳、氮含量都很低，而且还都含有适量的 Ti、Nb 或 Ti+Nb，因此，焊后均无晶间腐蚀敏感性；当截面尺寸适宜时，它们的焊后脆性转变温度均较低，它们的韧性完全可满足使用的需求，焊前均不需预热，焊后也均不需热处理。

由于这几种现代中铬铁素体不锈钢，钢中碳、氮量很低，焊接过程中防止污染非常重要，需要采取相应的应对措施。

大量研究已证明，由于激光焊接焊速快、加热范围小等特点，特别适于薄截面尺寸的铁素体不锈钢的焊接，国外用激光焊接 00Cr18Mo1.5Ti 汽车燃油箱，效果良好，这可能是进一步改善现代铁素体不锈钢焊后使用性能的重要方向。

现代中铬铁素体不锈钢牌号很多，钢中约 17%Cr 含 Ti、Nb、Ti+Nb，Cu+Nb 和含少量的钼者，多用于厨房设备、用具，家用电器，建筑内装饰和汽车部件等；约含 2% Mo 的 00Cr18Mo2（包括高纯牌号和含 Ti、Nb 者）多用于耐应力腐蚀的热水器和水箱、热交换器等；约含 22%Cr，1.5% Mo 的牌号，主要用于建筑外装饰和屋顶材料等。

(4)现代低铬铁素体不锈钢

此类钢碳含量处于低碳（≤0.08%）和超低碳（≤0.03%）的水平，除 00Cr12(410L)外，一般均含有稳定化元素 Ti、Nb 或 Ti、Nb 复合。个别牌号，如 3CR12(00Cr12NiTi)还含有少量镍。

现代低铬铁素体不锈钢主要以代碳钢（包括各种涂层碳钢）和低合金钢为主要目标。本节主要介绍 00Cr12、0Cr11Ti 和 00Cr11Ti 等牌号，同时也简单介绍了含少量镍的 00Cr12NiTi (3CR12)钢的性能特点。

1)00Cr12、0Cr11Ti 和 00Cr11Ti

力学性能和脆性转变温度 几种现代低铬铁素体不锈钢的室温、高温力学性能和脆性转变温度见表 4.24 和 4.25，以及图 4.38 和图 4.39。从表 4.25 的结果可看出，用 Ti、Nb 双稳定化的 00Cr11NbTi(466)有最低的脆性转变温度。

表 4.24 几种现代低铬铁素体不锈钢的室温力学性能

钢 号	$\sigma_{0.2}$/Mpa	σ_b/ MPa	δ(%)	HV
00Cr12	275	420	35	130
0Cr11Ti	265	460	32	140
00Cr11Ti	235	410	37	123

表 4.25　脆性转变温度(TIG 焊后,V 形缺口)/℃

钢　号	1.5mm 带材	1.9mm 带材
0Cr11Ti(Ti 0.25%)	−12～2	10～16
0Cr11Ti(Ti 0.16%)	−29～−46	—
0Cr11Nb(Nb 0.4%)	−23～1	−7～38
00Cr11NbTi(0.28%Nb+0.1%Ti)	−37～−40	−29～−43
00Cr11NbTi(0.18%Nb+0.1%Ti)	−46～−56	—

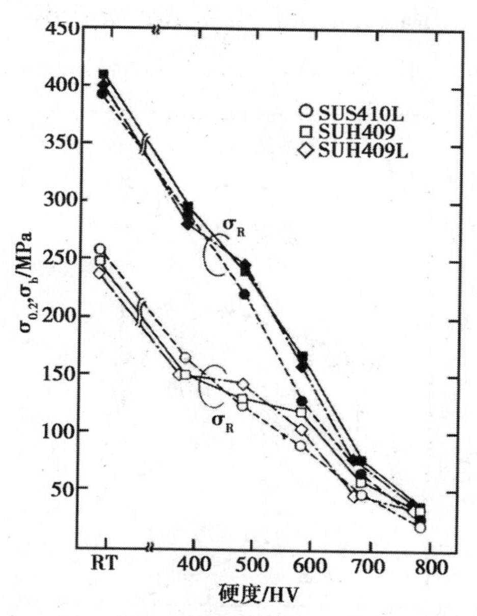

图 4.38　三种低铬铁素体不锈钢的高温瞬时强度[39]

耐腐蚀性能　由于现代低铬铁素体不锈钢大量用作汽车排气系统构件,因而在模拟汽车冷凝中进行了大量试验。图 4.40 和图 4.41 系一些试验结果。模拟汽车的使用条件,还在大气中

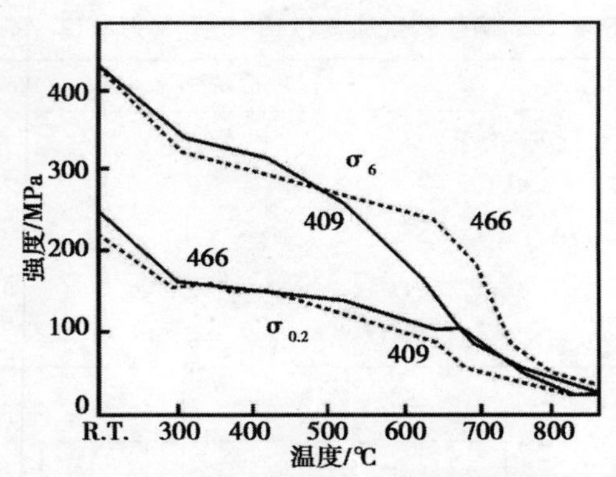

图 4.39　0Cr11Ti(409)和 00Cr11NbTi(466)的高温瞬时强度[40]

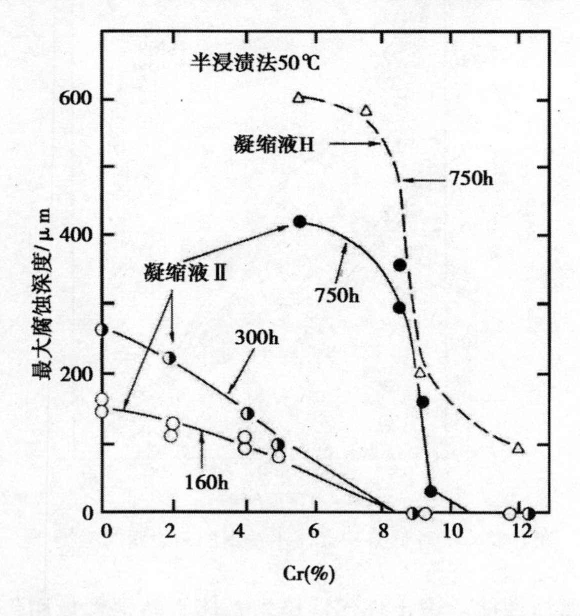

图 4.40　低铬铁素体不锈钢中含铬量对耐模拟汽车冷凝液腐蚀的影响[41]

冷凝液Ⅰ：CI^-，SOI_4^{-2}，CO_3^{-2} HCL 等(pH8.5)；冷凝液Ⅱ：冷凝液浓度为Ⅰ的 6 倍(pH4.2)

进行了抗氧化试验和空气与溶液循环交替条件下的试验，结果见图 4.42 和图 4.43。为了防止晶间腐蚀，在汽车构件中使用的所有现代低铬铁素体不锈钢均含有稳定化元素。

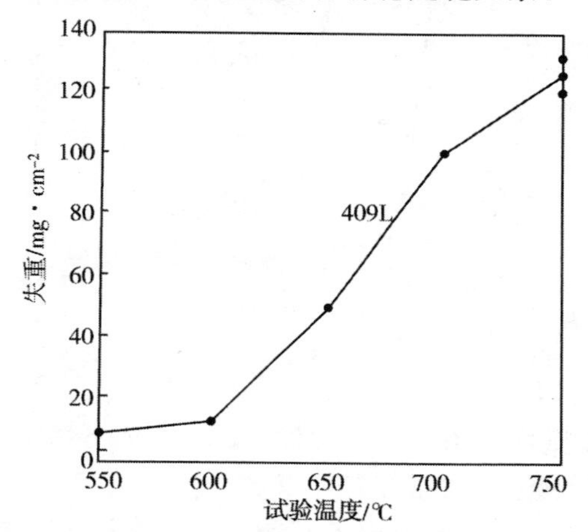

图 4.41 在空气—溶液交替循环试验条件下，温度对 00Cr11Ti 钢耐蚀性的影响

（介质：饱和 NaCl 溶液，550～750℃的高温和大气中；循环：溶液中 5min＋高温下 2h＋大气中 5min，共 10 个循环；试样条件：1mm×20mm×30mm，400 号砂纸抛光）

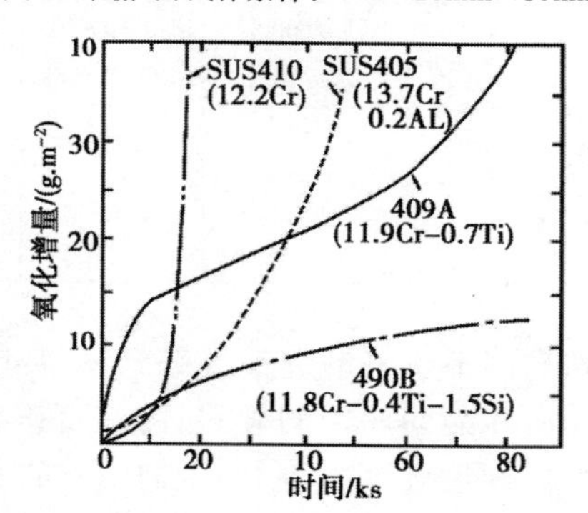

图 4.42 几种低铬铁素体不锈钢的抗氧化性[43]

［1000℃ 3%(体积) H_2O+O_2］

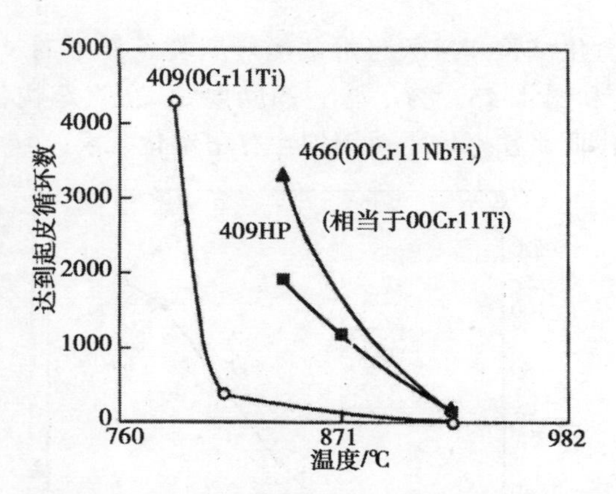

图 4.43　Cr11 型钢在静止的空气中的循环氧化腐蚀结果[43]

冷成型性和焊接性能　现代低铬铁素体不锈钢由于铬量低且低碳、超低碳，加之很多牌号又含 Ti、Nb，因而冷成型性和焊接性均优良。表 4.26 列出了两种现代铁素体不锈钢的冷成型性参数。

表 4.26　二种低铬铁素体不锈钢成型性能参数[44]

钢　号	板厚/mm	n 值	r 值	杯突深度值，Er/ mm	锥形杯突值，CCV /mm	扩孔比	弯曲性
00Cr12	0.8	0.22	1.1	10.1	39.1	1.1	良好
	1.5	0.22	0.8	11.3	62.0	1.1	良好
00Cr11Ti	0.8	0.24	1.7	11.2	38.0	1.4	良好
	1.5	0.24	1.2	11.9	61.1	1.5	良好

现代低铬铁素体不锈钢的焊接性在铁素体不锈钢中最佳，焊后没有热裂倾向和晶间腐蚀的敏感性，超低碳低铬铁素体不锈钢焊后热影响区硬度无明显变化（见图 4.44 和图 4.45），焊后韧性可满足使用需求。表 4.27 列出了高频焊管的力学性能和压扁、扩口的结果。

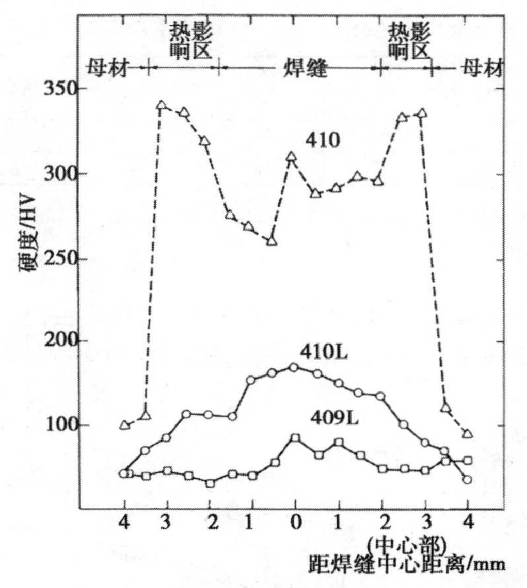

图 4.44　1Cr13(410)和两种超低碳低铬铁素体不锈钢焊后焊缝热影响区的硬度变化[45]

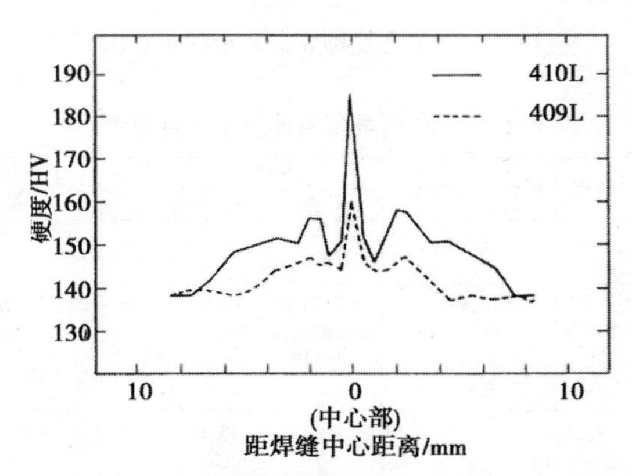

图 4.45　两种低铬铁素体不锈钢高频焊后焊接区的硬度变化[41]

表 4.27　00Cr12 和 00Cr11Ti 钢高频焊管① 性能

钢号	牌号	抗拉试验			压扁②	冲扩③
		σ_b/MPa	$\sigma_{0.2}$/MPa	δ(%)		
00Cr12	410L	380	440	50	良	>1.5D
00Cr11Ti	409L	375	430	46	良	>1.5D

①焊管 ϕ38.1mm×1.5mm；②焊接部压扁；③D 为直径，60°圆锥冲头，冲扩部>1.5D 未裂。

应用　表 4.28 和图 4.46 相对照，列出了在汽车排气系统中低铬铁素体不锈钢（包括几个中铬牌号）的应用情况[46]。

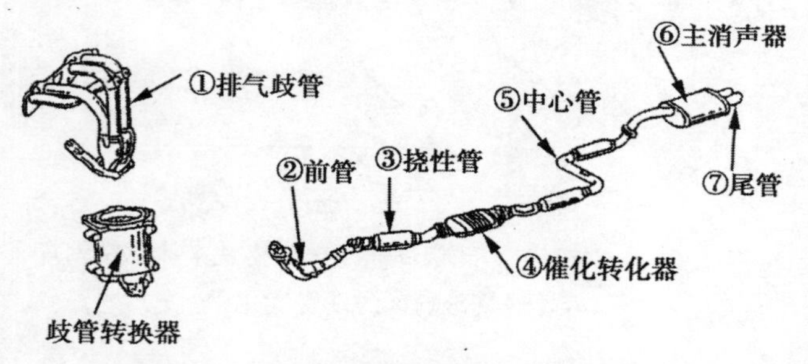

图 4.46　汽车尾气排放系统组件示意图[46]

表 4.28　尾气系统组件及主要材料[46]

组件	排气歧管	前管	挠性管	催化转化器		中心管	主消声器	尾管
				外壳	催化剂载体			
工作温度/℃	950～750	800～600			1000～−1200	600～400	400～100	
性能要求	高温强度 热疲劳寿命 抗氧化 成型性	高温强度 热疲劳寿命 抗氧化 成型性		高温强度 耐高温盐蚀 成型性	抗氧化 抗热震动	耐盐蚀	内壁耐冷凝物腐蚀 外表耐盐蚀	
选用材料	409L SUS430J1L 429 444 SUSXM15J1		304 SUSXM15J1	409L 436J1L	SUH21 20Cr−5Al 陶瓷	409L	409L	409L 409L−AL 436 SUS430J1L SUS436J1L

2)00Cr12NiTi(3CR12)[47]

00Cr12NiTi(3SCR12)系南非在20世纪80年代初开发的牌号,除超低碳、氮外,还含有少量(0.5%～1.5%)的镍和少量钛。由于此钢在适宜热处理态具有铁素体和超低碳马氏体的双相组织,因此,此钢除具有上述现代低铬铁素体不锈钢的性能外,还具有良好的强韧性,且成型性、焊接性和耐磨性优良。由于钛的加入,焊后也没有晶间腐蚀敏感性,此钢即使厚度达30mm,焊后在0℃以下仍具有足够的韧性。在我国,此牌号已开始生产和使用,在欧、美诸国也有类似牌号❶在大量生产和应用。

力学性能 00Cr12NiTi钢的各种力学性能见表4.29、表4.30、表4.31和图4.47。

表4.29 00Cr12NiTi钢的室温力学性能

产品厚度/mm	$\sigma_{0.2}$/MPa	σ_b/MPa	δ(%)	布氏硬度HB	冲击功/J
<3	280/450	>460	≥18	≤220	
3～4.5	300/450	>460	≥18	≤220	35
>4.5～12	300/450	>460	≥20	≤220	35
>12	300/450	>460	≥20	≤250	35

表4.30 00Cr12NiTi钢的高温瞬时力学性能

温度/℃	100	200	399	400	500
σ_b/MPa	545	464	415	368	333
$\sigma_{0.2}$/MPa	350	308	280	262	236
杨氏弹性模量/GPa	231	215	184	202	150

❶ 00Cr12Ni(UNS S 41003)。

表 4.31　有代表性的蠕变性能①

温度/℃	σ_1/MPa		
	1000h	5000h	10000h
400	315	283	270
450	195	151	134
500	88	65	56
550	34	29	28

①σ_1 产生 1%形变时的强度。

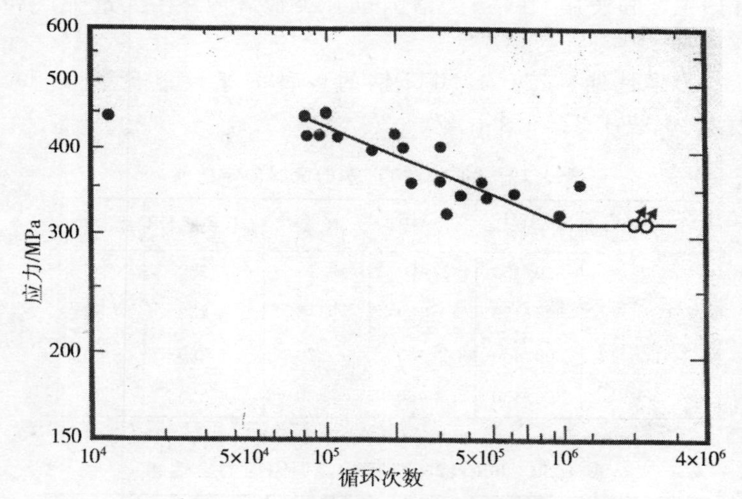

图 4.47　00Cr12NiTi 钢的焊接接头的疲劳强度

（采用奥氏体不锈钢焊条焊接）

耐腐蚀和磨蚀性能　此钢的耐蚀性虽然低于含铬量高的一些牌号，例如 430(1Cr17)，但是其耐蚀性则远高于低碳钢和耐蚀低合金钢，此钢主要用于不以表面美观为主要要求的弱腐蚀环境中。

在大气中的耐蚀性　图 4.48 系在南非大气条件进行 20 年

试验所取得的结果，从图 4.48 中的结果可以看出，00Cr12NiTi 钢的耐蚀性比低碳钢和 CORTEN❶（科尔坦合金）高几个数量级。但是，不推荐将 00Cr12NiTi 钢用于腐蚀环境中的装饰用途，因为 00Cr12NiTi 表面常会形成一层虽不影响结构稳定性的锈蚀，会影响美观。如果使用时美观很重要，当选用 00Cr12NiTi 钢时表面需加涂层。

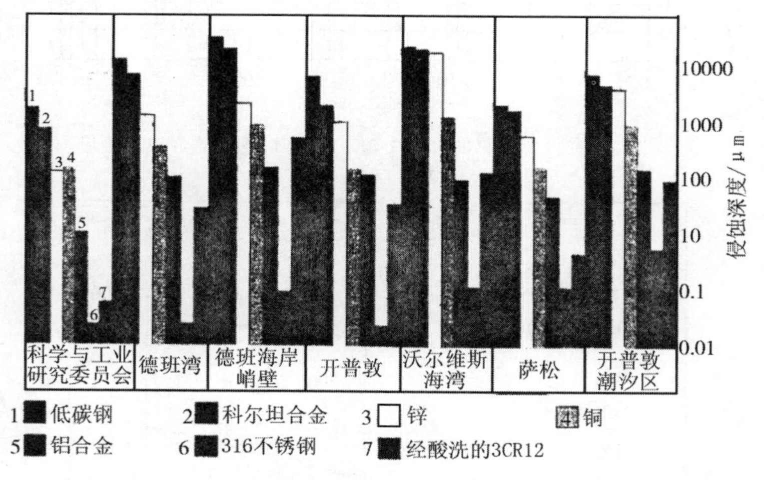

图 4.48　00Cr12NiTi 钢经 20 年大气腐蚀试验后的耐蚀性并与其他材料进行对比的结果

耐点蚀性　图 4.49 系 00Cr12NiTi 钢在不同氯化物含量条件下（+350mV，SCE）钢的临界点蚀温度；而图 4.50 则系在含（SO_4^{2-} 和 NO_3）的水溶液中，所允许的最高氯离子含量。

❶　一种耐大气腐蚀的低合金钢（C 0.10%、Mn 0.50%、Si 0.75%、P 0.15%、Cr 0.75%、Cu 0.40%，有时含 Ni 0.60%）。

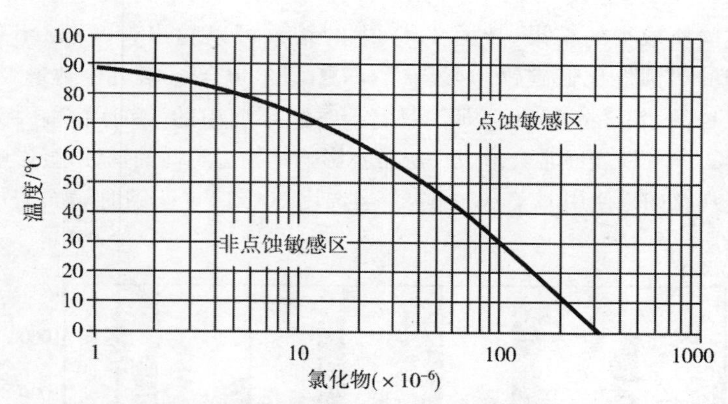

图 4.49　在含氯化物的溶液中，00Cr12NiTi 钢的临界点蚀温度

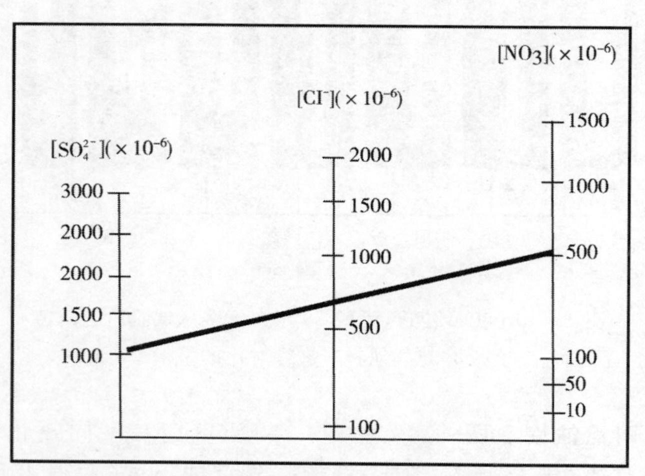

图 4.50　在含 SO_4^{2-} 和 NO_3 的水溶液中，使用 00Cr12NiTi 钢所允许的氯离子含量

耐晶间腐蚀性　00Cr12NiTi 经适宜焊接后，没有晶间腐蚀的敏感性。

耐应力腐蚀性　在含硫化物环境中，00Cr12NiTi 钢会产生应力腐蚀，故不推荐无涂层的 00Cr12NiTi 钢在这种用途中使用。

耐磨蚀性 00Cr12NiTi 钢的耐磨蚀性远远优于表面无涂层和有涂层的低碳钢和低合金钢。图 4.51 系耐磨试验结果，由于此钢耐湿态滑动磨损性优良，所以特别适用于矿石等的贮存、处理和运输等的设备。但此钢不适用于干磨损条件。

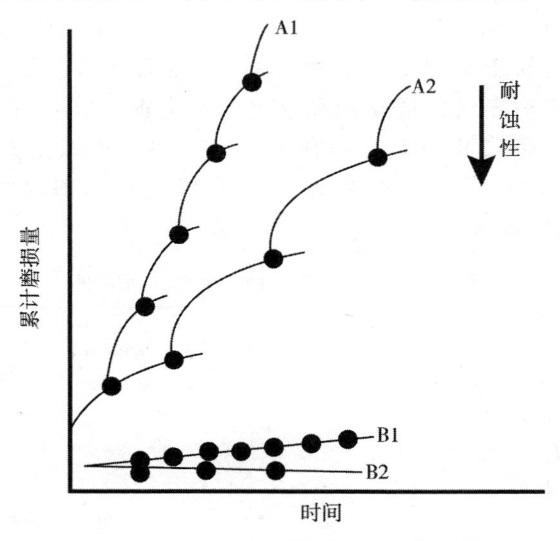

图 4.51 00Cr12NiTi 钢的耐磨性与低碳钢的对比结果

A—低碳钢；B—00Cr12NiTi 和不锈钢；1—磨损频率高；2—磨损频率低

冷热加工和成型性能 00Cr12NiTi 具有良好的冷、热加工和成型性。

此钢有良好的冷成型性，但弯曲时回弹性较大，苛刻的冷成型过程中需中间退火。

焊接性 具有良好的焊接性，可采用通用的焊接方法

(MMA/SMAW, MIG/GMAW, TIG/GAW, FCAW 和 PAW)[1]进行焊接,且可与低碳钢和不锈钢进行焊接并建议采用 AWS 309 C 型焊条,00Cr12NiTi 不锈钢同材焊接,可采用 E308L 和 E316L 焊接材料,热输入应控制在 0.5～1.5kJ/mm 之间,焊后需经酸洗钝化处理以去掉焊接接头表面的氧化皮和贫铬层。

00Cr12NiTi 钢易于生产,且成本低廉,使用性能优良且使用工艺易于掌握。主要用于不锈、耐磨蚀等用途,代替有涂层和不加涂层的低碳钢和耐蚀低合金钢,其寿命周期成本较低。00Cr12NiTi 钢是一种具有广阔发展前景的现代低铬铁素体不锈钢,表 4.32 列入了 00Cr12NiTi 钢国内外的一些应用实例,供参考。

表 4.32　00Cr12NTi 钢的一些应用实例

铁路车辆:矿石车和罐车运煤车车皮,较碳钢车皮重量减轻;寿命延长,运煤车预期 00Cr12NiTi 车皮可用 32 年(碳钢 14～17 年),维护成本低,其中以运送甜菜、甘蔗等的车皮更为显著
汽车:大轿车、轿车、货车、公交车、电车、救护车、垃圾车、跑车的车身底盘、骨架和外部面板
市政设施:电话分线箱、TV 开关装置、交通控制信号和电子里程指示盘等,寿命可达 20 年;人行道、楼梯、大型建筑物入口、高水平的照明灯柱、发射天线等

[1] MMA/SMAW——手工电弧焊/焊条手工电弧焊;MIG/GMAW——熔化极惰性气体保护焊/熔化气体保护焊;TIG/GAW——钨极氩弧焊/气体保护电弧焊;FCAW——药芯焊丝电弧焊;PAW——等离子弧焊。

主要参考文献

1 Pikering, F B. Physical. Metallugy and the Design of Steels, 1978,181

2 Hoar, T P, et al. Proceedings 8th Meeting International Committee of Electrochemical Thermo dynamics and Kinetics, Madrid, 1956, London: Butterwaths, 1958, 273,291

3 Davison, R M, et al. Metal Handbook, Corrosion, 1987, 13:547

4 Tanikowski, D S. STAINLESS STEEL WORLD. March, 2006,43

5 lena, A J. Trans, AIME, 1954, 200:607

6 Semchysher, M A. Symp, Toward Improved Ductility in Toughness 1971,217,253

7A Cowan, R L. Advances in Corr. S cience and Tech. ,New York: Plenum, press, 1973, 3:293

7B Shimada, Y. Stainless Steel. Press Technology, 1993, 31(5): 47

8 陆世英. 不锈. 2005,(3)13/19

9 陆世英，等. 不锈钢. 北京:原子能出版社,1995. 135

10 陆世英，等. 不锈钢. 北京:原子能出版社,1995. 136

11 刘斌,等. 第七届全国不锈钢年会论文集. 北京:原子能出版社,1988. 27

12 陆世英,等. 不锈钢应力腐蚀事故分析与耐应力腐蚀不锈钢. 北京:原子能出版社,1985. 190

13 陆世英,等. 不锈钢. 北京:原子能出版社,1995. 138

14 陆世英,等. 不锈钢. 北京:原子能出版社,1995. 139

15 陆世英,等.不锈钢.北京:原子能出版社,1995.137
16 陆世英,等.不锈钢.北京:原子能出版社,1995.138
17 陆世英,等.不锈钢.北京:原子能出版社,1995.139
18 陆世英,等.不锈钢.北京:原子能出版社,1995.139
19 Katauni, Ymamoto, et al. NACE Corrosion/80,V4,Paper No.92
20 阿部征三郎.製铁研究(日).1977 ,(292)
21 今川.防蝕技術(日).1980,(5)227/230
22 四川长城钢厂,等.超纯高铬铁素体不锈钢的性能和工业应用,1980
23 下尹三郎.日本金属学会会报(日).1977,16:167
24 白山 和.日新製鋼技报(日).2001,(81):45
25 阿部良一 R.D.1976,26:(2):15
26 中国特钢协不锈分会编.不锈钢实用手册.北京:中国科学技术出版社.2003,663
27 自由 和.日新製鋼技报(日).2001,(81):43
28 ステソしス协会编.ステソしス钢便览(第三版)1995,544
29 ステソしス协会编.ステソしス钢便览(第三版)1995,542
30 Nickol,T J, Met. Trans., 8A(2), 1977,229,237
31 Ruddf Oppenheim, DEW-Technische Rerichee, 8 Band, Heft 2,1982,97,100
32 Streicher, M A. Stainless Steel/77. 1977,1
33 lennartz,G DEW-Techn, Ber. 1971,11(4):71,77
34A Tutill,A T. Mater. Perfor., 1988,27: 47
34B Tverberg,J C, et al. STAINLESS STEEL WORLD, Oct. 2005,57
35 ステソしス协会编.ステソしス钢便览(第三版).1995,527
36 ステソしス协会编.ステソしス钢便览(第三版).1995,534

37 Tatsuo KawasaKI. Kawasaki steel report. 1999,(40):12
38 荒川基彦. 铁と钢. 1977,63:824
39 中村定幸. 日新製鋼技报(日). 1990,62:128
40 Hua, M, et al. Mechnical Working and Steel Processing Conference, cleveland, OH, 1996
41 富士川尚男. 住友金属(日). 1989,41:215
42 池 体大. 日本金属学会誌. 1981,45:510
43 Allegheny Ludlum Steel Co. "Prelimiary Date Bulletin: Stainles Steel, AL 466, Pittsburgh, PA. 1988
44 ステソレス協会编. ステソレス鋼便览(第三版). 1995,(1):623
45 宇都武志. 材料とフロャス. 1991,1:870
46 菊池正夫. 特殊鋼(日). 2000,49:13
47 COlUMBUS STAINLESS ,3CR12, 1. 4003, S41003, 410S, Technical Data, Oct, 2004

5 奥氏体不锈钢的发展和性能特点

奥氏体不锈钢在高温和室温下均具有奥氏体组织，没有组织转变，因此，奥氏体不锈钢也是一类不能通过热处理来使钢强化的不锈钢，但由于奥氏体不锈钢易于冷作硬化，所以奥氏体不锈钢可以通过冷作硬化（冷变形）来提高它的强度。此类钢的固溶态强度偏低，曾经是铬镍奥氏体不锈钢的一大弱点。

为了解决奥氏体不锈钢的敏化态晶间腐蚀和提高钢的耐蚀性，现代奥氏体不锈钢钢中碳量一般≤0.03%，在提高耐蚀性的同时，钢的强度又有所降低。20 世纪 70 年代以来，控氮（钢中残余氮量在标准允许范围内，例如 N≤0.10%或 N≤0.12%）或加氮合金化（在常压下，向钢中可加入的最大氮量，例如≤0.40%或 0.50%）奥氏体不锈钢的出现，通过加氮的固溶强化等手段，也可获得相当高的强度，而通过高压下加氮，所获得的高氮（在加压下可获得的氮量，即 N>0.4%或≥0.5%）奥氏体不锈钢，更可获得非常高的强度和良好的断裂韧性。加氮固溶强化和冷作硬化相结合，使一些奥氏体不锈钢进入了高强度不锈钢的行列。

铬镍奥氏体不锈钢是现有五大类不锈钢中综合性能最好，牌号最多，品种、规格最全，适用范围最广，发展最快，产量最大，消费领域最宽的一类不锈钢。在世界范围内和在各主要不锈钢产钢国中，铬镍奥氏体不锈钢的产量一般占不锈钢总产量的 50%以上。

由于镍是稀缺且价贵的元素，特别是在战时尤为紧缺。近若干年来，在 20 世纪 40 年代就问世的以锰、氮代镍的铬锰（氮）系奥氏体不锈钢也有了一定程度的发展，特别是高氮高强度铬锰奥氏体不锈钢的出现以及高氮无锰奥氏体不锈钢研究所取得的进展都引起了人们的广泛关注。

最早问世的以锰、氮代镍的标准铬锰奥氏体不锈钢(美国的AISI200 系钢),欧洲和日本年产量很少,美国年产量也仅占全部不锈钢产量的 2%左右。

5.1 发展简况

图 5.1 列出了奥氏体不锈钢的发展简况。

从图 5.1 中可看出:

为解决铬镍奥氏体不锈钢的焊后晶间腐蚀,自出现超低碳(≤0.03%)不锈钢以来,至今所开发的铬镍奥氏体不锈钢基本上都是超低碳型的,而且高镍含量者和一些专用的牌号,钢中的含碳量还要求更低(C≤0.01%或 C≤0.02%)。

氮作为重要的元素,获得了广泛的应用,有些牌号含氮量已达到了常压下氮在奥氏体钢中固溶量的极限水平。氮的广泛应用充分显示了氮在 Cr-Ni 奥氏体不锈钢中极其有益且利远远大于弊的重大作用。

为提高奥氏体不锈钢的耐蚀性,钢中的铬、钼含量不断提高,特别是超级奥氏体不锈钢的问世,钢中的钼量已达到近 8%的水平;钢中的铬量也从过去的约 25%提高到了近 28%,甚至高达 33%,为获得单一、稳定的奥氏体组织,铬量≥28%的钢中镍量约达 31%,实际上已进入铁镍基耐蚀合金的行列[1]。超级奥氏体不锈钢的问世还填补了不锈钢与高镍耐蚀合金之间几十年来所存在的没有高耐蚀性不锈钢的空白。

为适应一些特殊和专门用途的需求,出现了许多专用不锈钢,如核级(NG)不锈钢、尿素级(UG)不锈钢、硝酸级不锈钢以及高温强氧化酸介质用不锈钢等等。

---

[1] 例如,德国牌号 Nicrofer3033(00Cr33Ni31Mo1.6Cu0.6N0.4)和瑞典牌号 Sanicro 28(00Cr27Ni31Mo3Cu)在图 5.1 中未标出。

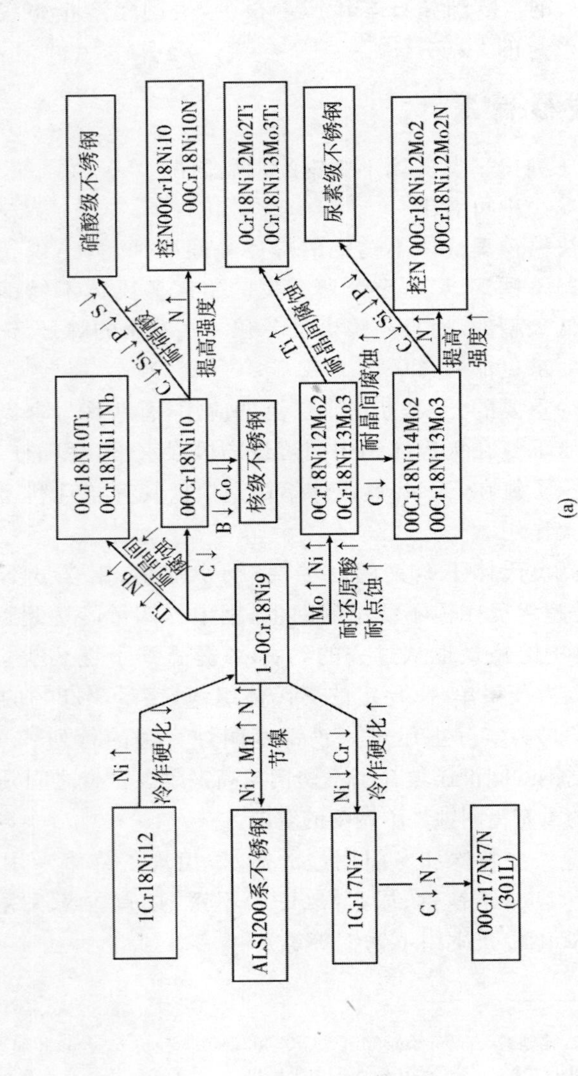
1Cr18Ni12
Ni↑
冷作硬化↓
ALSI200系不锈钢
Ni↓Mn↑N↑
节镍
1Cr17Ni7
Ni↓Cr↓
冷作硬化↑
C↓N↑
00Cr17Ni7N
(301L)
1-0Cr18Ni9
Ti↑Nb↑
耐晶间腐蚀
0Cr18Ni10Ti
0Cr18Ni11Nb
C↓
00Cr18Ni10
B↓Co↓
核级不锈钢
C↓Si↓P↓S↓
耐硝酸
硝酸级不锈钢
N↑
提高强度↑
控N00Cr18Ni10
00Cr18Ni10N
Mo↑Ni↑
耐还原酸
耐点蚀↑
0Cr18Ni12Mo2
0Cr18Ni13Mo3
Ti↑
耐晶间腐蚀
0Cr18Ni12Mo2Ti
0Cr18Ni13Mo3Ti
C↓
耐晶间腐蚀↑
00Cr18Ni14Mo2
00Cr18Ni13Mo3
C↓Si↓P↓
尿素级不锈钢
N↑
提高强度↑
控N 00Cr18Ni12Mo2
00Cr18Ni12Mo2N

(a)

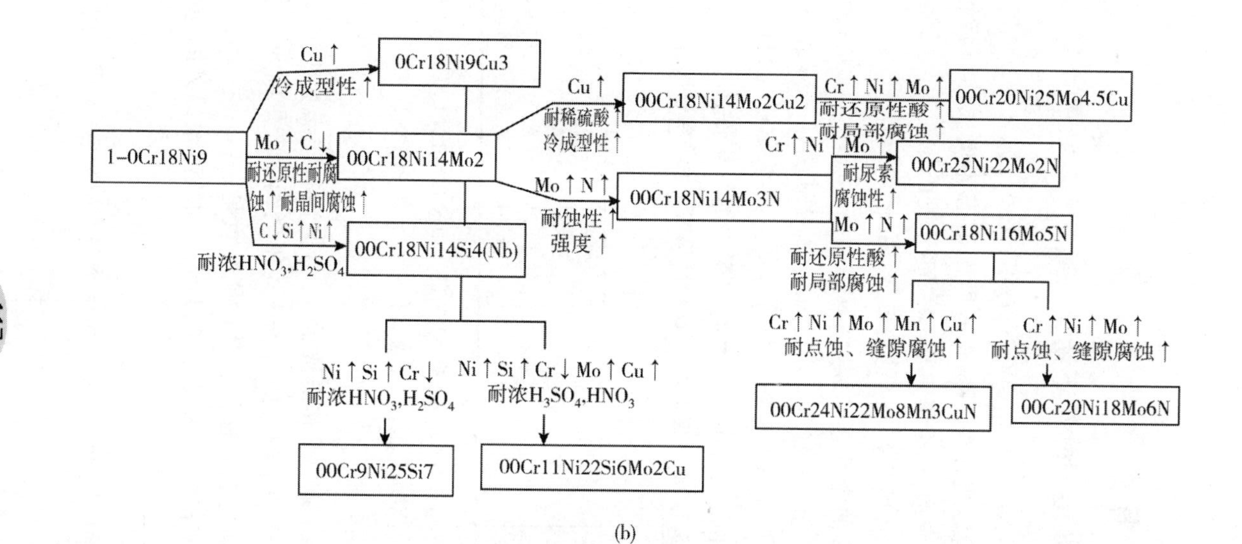

图5.1　奥氏体不锈钢发展简图

5.2 性能特点

5.2.1 18-8 型 Cr-Ni 不锈钢

(1)1Cr17Ni7(301)和 00Cr17Ni7N(301L)

均为亚稳定奥氏体不锈钢。即固溶态为奥氏体,但经过冷加工,根据冷变形量,会有部分或大部分奥氏体变为马氏体而使钢的强度、硬度显著提高(见表 5.1、图 5.2[1] 和图 5.3),但是,仍保留有足够的塑性。降碳、加氮的 00Cr17Ni7N 以氮代碳,既保留了 1Cr17Ni7 的特性,又提高了钢的耐蚀性和焊接性。这两种 17-7 型不锈钢主要用于制造冷加工态承受较高载荷,以减轻装备重量并在大气中不生锈和耐腐蚀的结构件。

表 5.1 经冷变形的 1Cr17Ni7 钢的室温力学性能

试验状态	σ_b/MPa ≥	$\sigma_{0.2}$/ MPa ≥	δ_5(%) ≥	备注
1/4 硬化(1/4H)	860	515	25	ASTM A666
1/2 硬化(1/2H)	1030	760	10	ASTM A666
3/4 硬化(3/4H)	1210	930	7	ASTM A666
全硬化	1280	965	5	ASTM A666

(2) 0Cr19Ni9 (304)❶、0Cr19Ni9N (304N)、00Cr19Ni10 (304L)、00Cr19Ni10N (304LN)、0Cr18Ni10Ti (321)、0Cr18Ni11Nb(347)

0Cr19Ni9 是产量和消费量最大、最知名的一种 18-8 型 Cr-Ni 不锈钢。这一个牌号约占奥氏体不锈钢总产量的 80%以上。此钢具有优良的综合性能。其性能特点是:

优良的不锈耐蚀性,在各种大气中和除海水以外的含 Cl^-

❶ 0Cr18Ni8、0Cr18Ni9 和 0Cr19Ni9 以及 0Cr19Ni10 等一般均为 304 钢的化学成分标号。

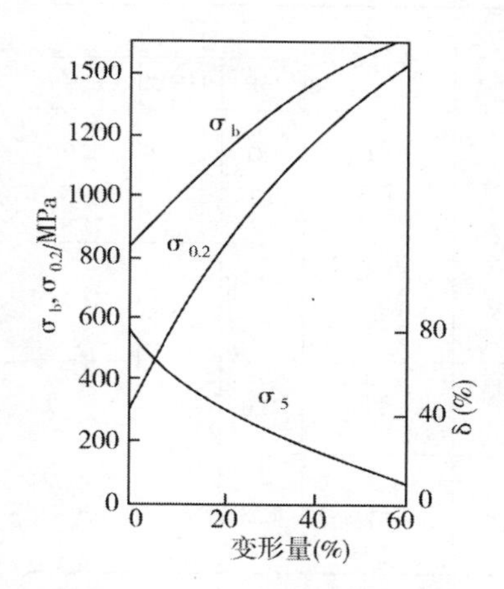

图 5.2 1Cr17Ni7 钢冷作硬化特性[1]

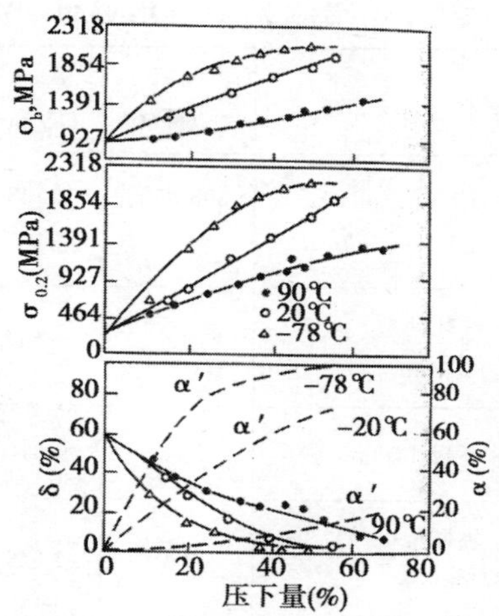

图 5.3 变形温度对 1Cr17Ni7 不锈钢室温力学性能及α′马氏体生成数量的影响[2]

$\leqslant 100\times10^{-6}$或$\leqslant 200\times10^{-6}$的淡水介质中，在浓度≤65％，沸腾温度以下的硝酸中以及在各种弱还原性酸介质和中性盐和碱中均有良好的耐蚀性。

由于 18-8 钢冷、热加工性优良，它可顺利地生产各种冶金产品，如板、管、丝、带、型材(包括异型材)等且力学性能优良(表 5.2)，特别是具有优异的塑、韧性。由于没有脆性转变温度(图 5.4)，18-8 钢也是常用的低温不锈钢之一。通过冷作硬化，0Cr18Ni9 的强度可有明显提高(图 5.5)。随冷变形量增加，钢的硬度增加，延伸率降低，这与冷加工变形量的增加，形变马氏体的大量形成有关。

表 5.2　0Cr19Ni9(304)固溶态的室温力学性能[3]

		$\sigma_{0.2}$ (N/mm²)	σ_b (N/mm²)	δ(%)	硬　度		
					HB	HRB	HV
JIS	304-CS 304-HP	205 以上	520 以上	40 以上	187 以下	90 以下	200 以下
冷轧薄板 0.8mm		253	631	60.7	—	—	156
厚板 12mm		255	579	63	126	—	—
极厚板(1/4t) 200mm		250	549	66	128	—	—

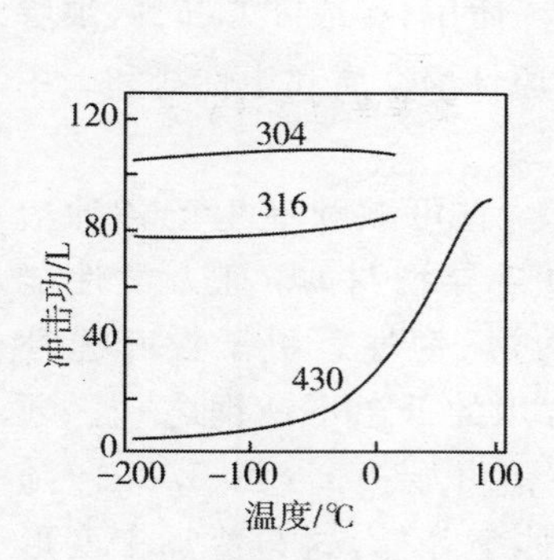

图 5.4　不同温度下,Cr17(430)、18-8(304)、18-12-2(316)不锈钢的韧性变化[4]

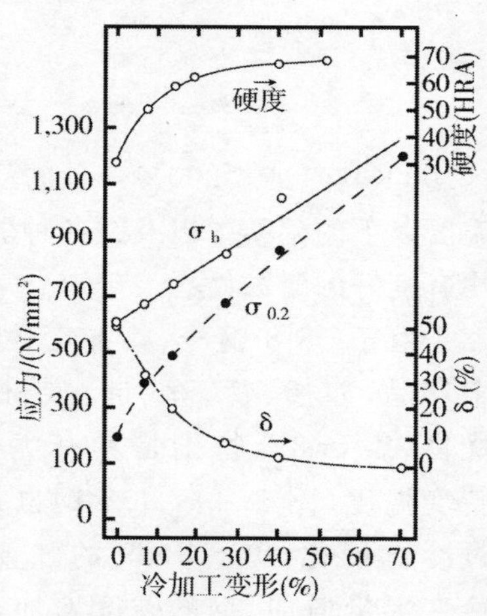

图 5.5　冷加工变形对 304 钢的力学性能的影响[5]

18-8不锈钢还有优异的冷成型性，可以承受各种形式的冷加工成形，特别适用于深冲和深拉伸等冷变形，0Cr18Ni9(304)钢的 n 值、r 值和埃里克森杯突值(Er)可分别达到约0.50、约1.1和14mm。

良好的焊接性，可采用通用的焊接方法进行焊接，焊前不需预热，焊后不需热处理。

0Cr19Ni9性能上的不足主要是当焊接较大截面尺寸时，焊后对晶间腐蚀敏感，在含 Cl^- 的水环境中(包括湿态大气中)对应力腐蚀也非常敏感(图5.6)。而强度偏低和易切削性较差等也需加以改进。

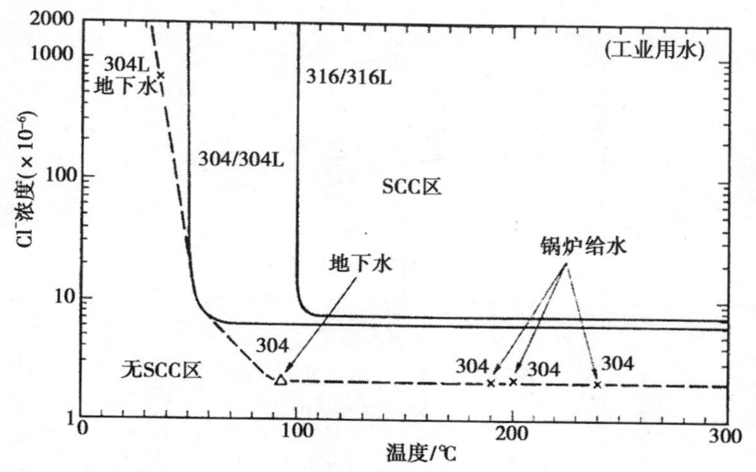

图5.6　304,304L,316,316L　SCC界限的比较[6]
(SCC为应力腐蚀破坏)

含氮牌号0Cr19Ni9N和00Cr19Ni10N，主要是由于氮的固溶强化，提高了0Cr19Ni9和00Cr19Ni10的强度(图5.7)，但并不显著降低钢的塑、韧性。同时钢的耐蚀性也有进一步改善。含氮的0Cr19Ni9N多用于要求600℃强度的高压容器和离心机构件。

含稳定化元素Ti、Nb的1Cr18Ni10Ti、1Cr18Ni11Nb以及

超低碳的 00Cr19Ni10,主要是用于大截面尺寸的焊接件,以防止 0Cr19Ni9(304)的晶间腐蚀的敏感性。1Cr18Ni10Ti 和 1Cr18Ni11Nb 还可用于防止连多硫酸(H_2SxO_6)引起的应力腐蚀和高温下要求高强度的一些用途。但是要防止 1Cr18Ni10Ti 焊接熔合线易产生刀口腐蚀的倾向。

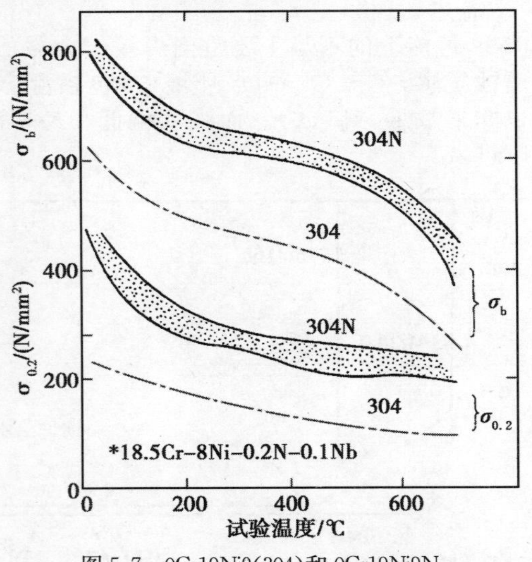

图 5.7　0Cr19Ni9(304)和 0Cr19Ni9N (304N)的强度对比[7]

(3)1Cr18Ni9(302)、1Cr18Ni12(305)、0Cr18Ni9Cu3 和 Y1Cr18Ni9、Y1Cr18Ni9Se

1Cr18Ni9 是 18-8 型不锈钢最古老的一个牌号。耐蚀性、冷成型性能与 0Cr19Ni9 相近。由于此钢含碳量高,一般没有 δ 铁素体且奥氏体稳定,因此,此钢更适于低温和无磁等用途。

1Cr18Ni12 和 0Cr18Ni9Cu3,前者是通过提高 1Cr18Ni9 钢的镍含量,使奥氏体更加稳定,经较大冷变形后,可基本上不产生马氏体相变,既可使钢的冷加工硬化倾向小,更易于冷加工成型,减少中间退火次数。同时,由于固溶态与轧态的透磁率变化很小(表 5.3),较 0Cr18Ni9(304)更适于无磁用途。而 0Cr18Ni9Cu3 则系加入铜使奥氏体更加稳定,冷加工过程转变为马氏体的敏感性降低,从而使钢的冷作硬化倾向和冷作速率以及冷开裂敏感性下降,使此钢在较小变形力作用下可获得最大的冷变形,因此,0Cr18Ni9Cu3 更适于紧固件和深冲、深拉等用途。图 5.8 和图 5.9 系一些试验结果。

表 5.3 1Cr18Ni12(305)与 0Cr18Ni9 透磁率比较[8]

牌 号	固溶化处理					轧 态					
	σ_b/(N/mm²)	$\sigma_{0.2}$/(N/mm²)	δ(%)	硬度 HV	透磁率/μ	压下量(%)	σ_b/(N/mm²)	$\sigma_{0.2}$/(N/mm²)	δ(%)	硬度 HV	透磁率/μ
0Cr18Ni9(304)	579	290	55	155	≤1.005	70	1421	1225	3	435	2.6
1Cr18Ni12(305)	586	262	50	155	≤1.005	70	1254	1137	3	375	≤1.10

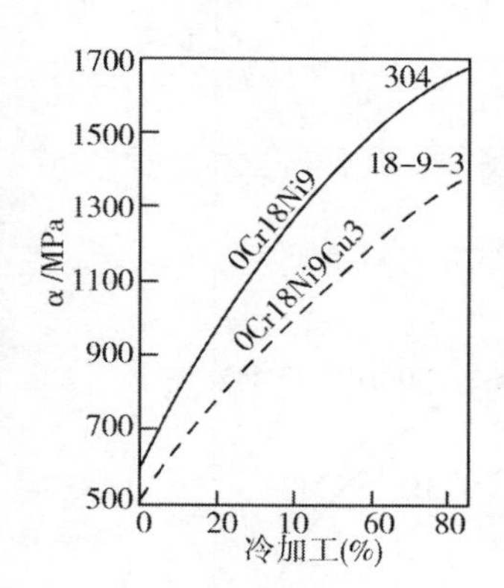

图 5.8 3%Cu 对降低 0Cr18Ni9 不锈钢冷加工强化的影响

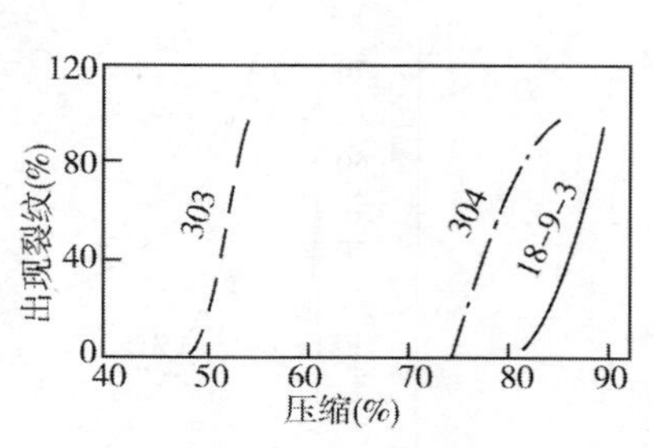

图 5.9 0Cr18Ni9S(303),0Cr18Ni9(304)和 0Cr18Ni9Cu3(18-9-3)钢的冷加工开裂倾向

Y 1Cr18Ni9 是通过调整钢中 P(≤0.20%)和 S(≥0.15%)含量，而 Y1Cr18Ni9Se 则是通过调整 1Cr18Ni9 钢中 P(≤0.20%)和 S(≥0.60%)并加入 Se(≥0.15%)，以使钢具有优良的冷切削加工性。

5.2.2 含钼(2%～4%)的 Cr-Ni 奥氏体不锈钢

此类不锈钢有：0Cr17Ni12Mo2(316)、0Cr17Ni12Mo2N(316N)、00Cr17Ni14Mo2(316L)、00Cr17Ni13Mo2N(316LN)、0Cr19Ni13Mo3(317)、00Cr19Ni13Mo3(317L)、0Cr17Ni12Mo2Ti(316Ti)、0Cr17Ni12Mo2Nb(316Nb)、00Cr18Ni14Mo2Cu2(SUS 316J1L)。

0Cr17Ni12Mo2(316)是最常用的含钼 Cr-Ni 奥氏体不锈钢，其产量在 Cr-Ni 奥氏体不锈钢中仅次于前述的 0Cr19Ni9(304)。

在前述 18-8 型 Cr-Ni 奥氏体不锈钢基础上分别加入 2%～3%和 3%～4%Mo，主要是为了提高钢的耐蚀性，特别是扩大了

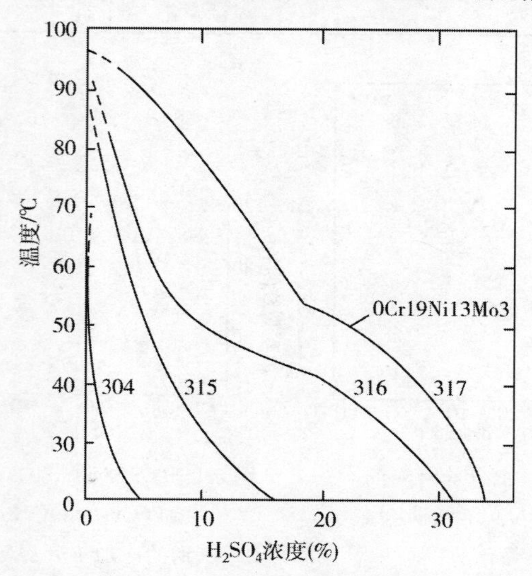

图 5.10 0Cr19Ni13Mo3 在 H_2SO_4 中的等腐蚀图(1.0g/m² · h)[9]

耐还原性酸，如 H_2SO_4（图 5.10）、H_3PO_4 和有机酸，如醋酸、甲酸等的耐全面腐蚀性、耐氯化物点蚀（见表 5.4）[10] 和缝隙腐蚀的性能。而且随钢中钼量的增加，在海洋性大气和海水中的耐蚀性也有所提高。在含 Cl^- 的水介质中，0Cr17Ni12Mo2（316）的耐应力腐蚀范围较 0Cr18Ni9（304）明显扩大（见前面图 5.6）。

表 5.4　常用各类不锈钢耐点蚀性（点蚀电位）①[10]

（介质：1M NaCl＋0.1M $NaHCO_3$）

牌　号	钢　类	主要化学成分（%）			点蚀电位/V
		Cr	Ni	Mo	(SCE)
410	马氏体	12.5	—	—	−0.22
430	铁素体	17.0	—	—	−0.12
431	马氏体	16.5	2.5	—	−0.08
434	铁素体	17.0	—	1.1	−0.08
14-5PH	沉淀硬化	14.0	5.5	1.6	−0.08
304	奥氏体	18.0	10	—	0.07
315②	奥氏体	17.5	10.5	1.5	0.00
316	奥氏体	17.5	11.5	2.7	+0.14
317	奥氏体	18.5	13.5	3.5	+0.30

①点蚀电位越正，钢的耐点蚀性越好；②英国牌号 315S16。

17-12-Mo 型钢较 18-8 型钢的含镍量适量提高，其目的是平衡由于加入强烈形成铁素体元素 2%～4%Mo 的作用，以保证钢具有单一、稳定的奥氏体组织。含氮的 17-12-Mo 型钢，如 0Cr17Ni12Mo2N 和 00Cr17Ni13Mo2N 比不含氮的钢具有更高的强度和更稳定的奥氏体组织以及更佳的耐蚀性。

超低碳 17-12-Mo 型钢，如 00Cr17Ni14Mo2 和 00Cr17Ni13Mo3

以及含钛、铌的0Cr17Ni12Mo2Ti和0Cr17Ni12Mo2Nb则均具有良好的耐敏化态晶间腐蚀性能,可用于大截面尺寸的焊接件用途。

17-12-Mo型Cr-Ni奥氏体不锈钢仍具有优良的塑、韧性和焊接性,由于钼的加入,钢的室温强度和高温强度有所增加,但冷成型性较18-8型Cr-Ni奥氏体不锈钢有所降低。

0Cr18Ni14Mo2Cu2钢由于钼与铜复合的作用,此钢的耐稀H_2SO_4等还原性酸介质较单独加钼者又有所提高,由于铜的存在,此钢的冷成型性也有所改善,但热加工性稍有降低。

5.2.3 δ铁素体对18-8型和18-12-2型不锈钢性能的影响

在1392～1536℃间,碳在铁中会形成δ铁素体(见表1.2),而不锈钢的δ铁素体则系合金元素如Cr、Ni、Mo等固溶于δ铁中所形成的固溶体。δ铁素体中富铬、钼等铁素体形成元素,而Ni等奥氏体形成元素则相对较低。钢中有少量δ铁素体的存在,对钢的性能有着重要影响。下面以18-8和18-12-2型Cr-Ni奥氏体不锈钢为例作一简述。

在Cr-Ni奥氏体不锈钢,特别是常用的1Cr18Ni10Ti(321)、0Cr18Ni10(304)、0Cr18Ni14Mo2等牌号中,固溶态常常存在少量δ铁素体。少量δ铁素体,例如,4%～10%,对焊接材料而言,由于它能降低Cr-Ni奥氏体不锈钢焊接热裂纹敏感性,因而是有益的。但少量δ铁素体又常常给Cr-Ni奥氏体不锈钢带来一些危害。

1)使钢的热塑性降低。钢的表面缺陷增多,不仅修磨量增加,而且会使成品率下降,见图5.11。

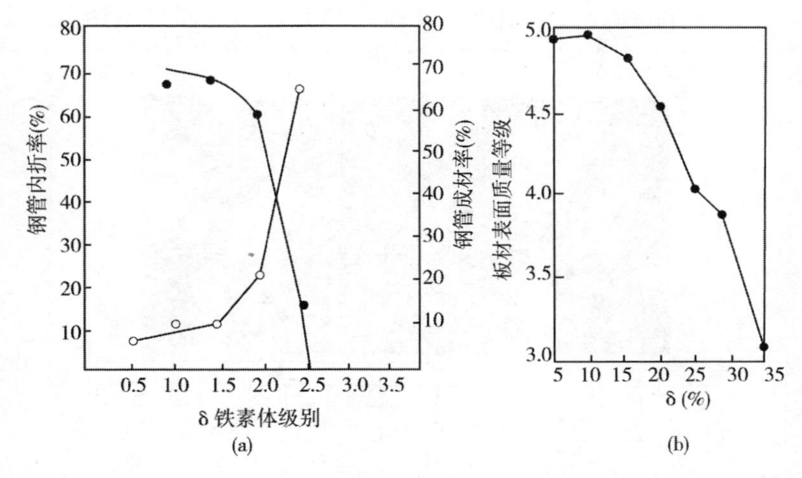

图 5.11　δ 铁素体对 1Cr18Ni9Ti 管材内折率(a)和表面质量(b)的影响[11]

2)使钢的耐点蚀性能下降。表 5.5 系少量 δ 铁素体对 0Cr18Ni12Mo2N(316N)不锈钢点蚀性能的影响。

表 5.5　δ 铁素体对 0Cr18Ni12Mo2N 钢耐点蚀性能的影响

固溶热处理温度	δ 铁素体(%)	耐点蚀性	
		点蚀电位，V(对 SCE)①	腐蚀率②，mdd③
1120℃×6h	0	0.3	7.6
1350℃×0.5h	0.55	0.19	154
1350℃×0.5h+1120℃×6h	0	0.29	4.0

①1M NaCl，45℃，通氮气；②10% $FeCl_3 \cdot 6H_2O$+0.1N HCl，25℃；③mdd mile/dm^2/day。

3)可引起不锈钢的选择性腐蚀。国内、外在大型尿素生产设备用的 00Cr17Ni14Mo2 不锈钢中，曾发现 δ 铁素体的优先腐蚀，因此，尿素级不锈钢中 δ 量要求≤0.6%。

国内在海洋大气中产生腐蚀的0Cr18Ni10(304)不锈钢大型管道焊缝中观察到δ铁素体的优先腐蚀，见图5.12[12]。

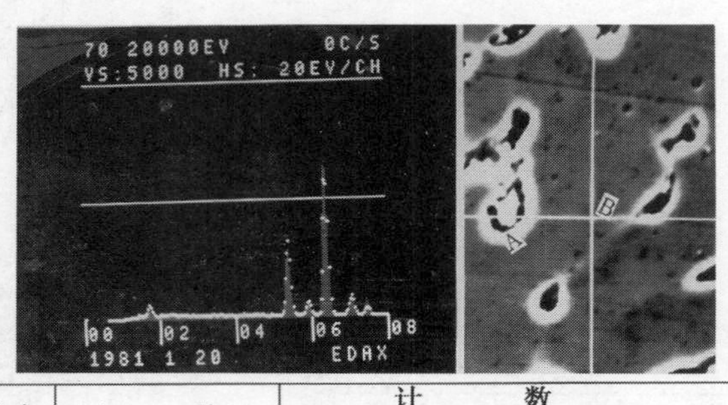

测点	相数	计数			
		Fe	Cr	Ni	Si
A	溶解相(δ)	22779	9219	1488	1910
B	基体(γ)	25114	8395	2669	1511

图5.12　在海洋大气中，0Cr18Ni10(304)不锈钢大型管道焊缝受腐蚀后，钢中δ铁素体的选择性溶解(腐蚀)

(δ铁素体形成元素Cr、Si高而Ni低。Si是由于焊条中Si高所致)

4)影响钢的低温和无磁性能。这主要与δ铁素体有磁性且随钢中δ铁素体量的增加，钢的低温韧性下降有关。为此，无磁和低温(特别是超低温)用途中要严格控制钢中的δ铁素体的数量。

5.2.4　高钼(Mo>4%)奥氏体不锈钢和超级奥氏体不锈钢

(1)00Cr18Ni16Mo5(317LM)、00Cr18Ni16Mo5N(316LMN)和00Cr20Ni25Mo4.5Cu(2RK65,904L)

00Cr18Ni16Mo5和00Cr18Ni16Mo5N　由于比前述17-12-Mo型钢含Mo量更高，因而在耐还原性酸和耐局部腐蚀方面，性能又有进一步提高，可用于更加苛刻的腐蚀环境中。含氮

00Cr18Ni16Mo5N 钢，由于氮的加入，奥氏体更加稳定；由于铁素体的生成，σ(χ)等脆性相的析出受到一定抑制。

00Cr20Ni25Mo4.5Cu 由于此钢含有更高的 Cr、Ni、Mo 等元素，加之 Mo 与 Cu 的复合作用，使 00Cr20Ni25Mo4.5Cu 既在 H_2SO_4、H_3PO_4、甲酸、乙酸等腐蚀介质中耐全面腐蚀，又在含 Cl^- 水介质中耐点蚀、缝隙腐蚀和应力腐蚀的能力有显著提高，图 5.13～图 5.16 系在不同温度 H_2SO_4、H_3PO_4 和含 F^- 50％H_3PO_4 中耐全面腐蚀和在氯化物水介质中耐应力腐蚀的试验结果。可以看出，00Cr20Ni25Mo4.5Cu 又比 18-12-2 型不锈钢的耐蚀范围有所扩大。

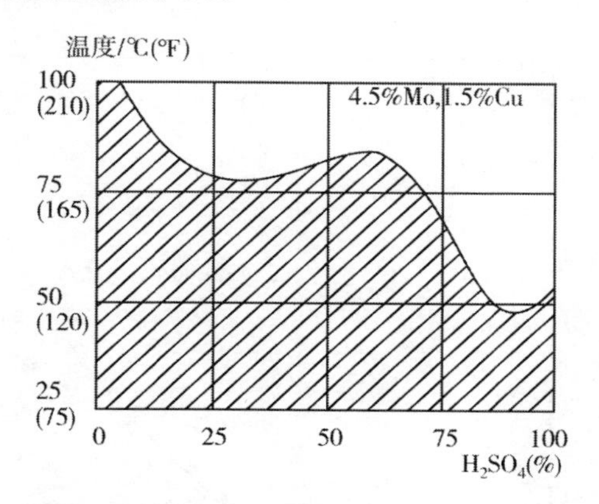

图 5.13 00Cr20Ni25Mo4.5Cu 在 H_2SO_4 中的腐蚀
(阴影区内的腐蚀速度＜0.3mm/a)[13]

当 Cr17Ni14Mo2 和 Cr17Ni13Mo3 以及 00Cr18Ni14Mo2 等耐蚀性不能满足使用要求时，此类含 Mo 约 4.5％的高 Mo 不锈钢则是可供选择的理想牌号。

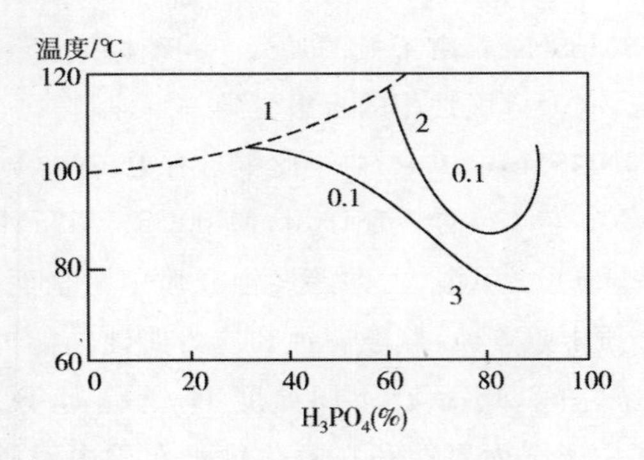

图 5.14　00Cr20Ni25Mo4.5Cu 在 H_3SO_4 中的腐蚀图(≤0.1mm/a)[14]

1—沸点曲线；2—00Cr20Ni25Mo4.5Cu；3—00Cr17Ni14Mo2

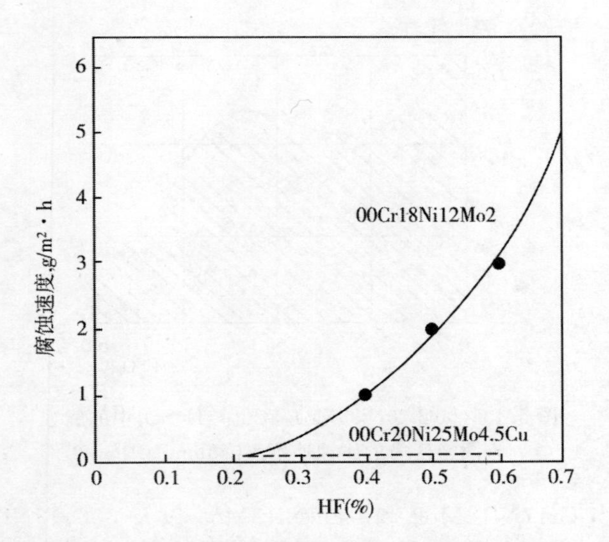

图 5.15　00Cr20Ni25Mo4.5Cu 在 50℃ 含 HF 的 50%P_2O_5 溶液中的腐蚀[15]

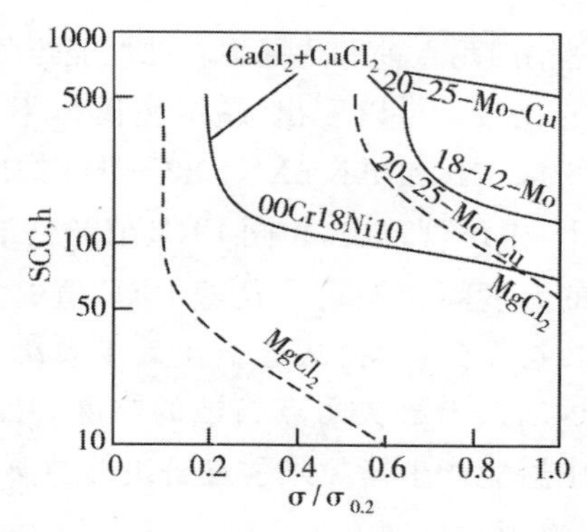

图 5.16　00Cr20Ni25Mo4.5Cu 钢的耐应力腐蚀性能

σ—外加应力；$\sigma_{0.2}$—钢的屈服强度；$CaCl_2+CuCl_2$—40%$CaCl_2$+lg/l$CuCl_2$/1100℃；$MgCl_2$—35%$MgCl_2$(154℃，充气)

(2)超级奥氏体不锈钢

当 Cr-Ni 奥氏体不锈钢的耐点蚀当量值(PREN＝Cr%＋3.3×Mo%＋16×N%)≥40 时，便称为超级奥氏体不锈钢。超级奥氏体不锈钢主要是为解决在苛刻腐蚀条件下原有的 Cr-Ni 奥氏体不锈钢耐点蚀、耐缝隙腐蚀等性能的不足而发展起来的。氮在奥氏体不锈钢中的大量应用为此类钢的发展创造了条件。超级奥氏体不锈钢的出现还填补了过去 Cr-Ni 奥氏体不锈钢与高镍耐蚀合金之间没有高耐点蚀和高耐缝隙腐蚀不锈钢的空白。

超级奥氏体不锈钢性能的最大特点是在苛刻的腐蚀环境中，此类钢的耐点蚀、耐缝隙腐蚀性能优异，不仅远远优于原有的所有奥氏体不锈钢，还可与一些知名的镍基耐蚀合金相媲美。

表 5.6 列入了自 20 世纪 80～90 年代以来问世的几种超级奥氏体不锈钢的商品牌号、化学成分标号和它们的耐点蚀当量(PRE)值。654 SMO 的 PRE 值可高达 56。图 5.16 和表 5.7[17] 系

超级奥氏体不锈钢的耐点蚀和耐缝隙腐蚀性能与各种 Cr-Ni 奥氏体不锈钢性能的比较。可以看出，超级奥氏体不锈钢 254 SMO (00Cr24Ni22Mo6.5CuN)和 AL 6XN(00Cr21Ni25Mo6.5N)性能最佳。从图 5.17 中还可看出，相同 PRE 值条件下，临界点蚀和临界缝隙腐蚀的温度间相差较大且随 PRE 值的增加还有进一步拉大的趋势。这充分说明，从合金化入手解决不锈钢耐缝隙腐蚀的难度要远远大于解决耐点腐蚀的难度。因此，从结构设计和应用过程中避免产生缝隙入手是解决缝隙腐蚀问题的最佳途径，需要予以重视。

表 5.6 几种超级奥氏体不锈钢牌号和 PRE 值

商品牌号	化学成分标号①	PRE 值
934LN	00Cr20Ni25Mn8Mo6/7N0.1/0.2Cu	41
Alloy24	00Cr24Ni18Mn6Mo4/6N0.3/0.5	44
Cronifer 1925hMo	00Cr20Ni25Mo6/7N0.1/0.2Cu	44
Uranus SB8	00Cr25Ni25Mo4/6N	>41.5
AL 6XN	00Cr21Ni25Mo6/7N0.1/0.3	45
254 SMO	00Cr20Ni18Mo6/7CuN0.15/0.25	43
654 SMO	00Cr24Ni22Mo7/8Mn3CuN0.5	56

①为便于了解钢中 Mo、N 量，表中此二元素量均为控制范围。

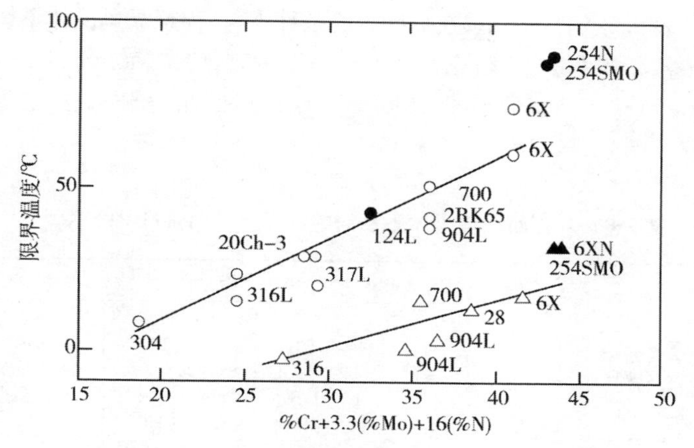

图 5.17 在 10% $FeCl_3$ 溶液中，PRE 值对产生点蚀和缝隙腐蚀的临界温度的影响[16]

○与●：点蚀；△与▲：缝隙腐蚀；●与▲：含 N 钢 254，254SMO 和 6XN 均为超级奥氏体不锈钢

表 5.7 各种 Cr-Ni 奥氏体不锈钢焊前、焊后产生缝隙腐蚀的温度的比较①

不锈钢	CCT/℃	
	焊 前	焊 后
304L	<−2.5	<−2.5
316L	<−2.5	<−2.5
317L	<−2.5	<−2.5
317LM	5	3
904L	7.5	7.5
34L	11	3
1.4439(00Cr18Ni13Mo4.5N)	11	8
JS700	20	12.5
AL-6X	35	30
254SMO	43	31

①在 10% $FeCl_3$ 溶液中(ASTM G48 中方法 B)。

表 5.8～表 5.10 系在一些试验条件下，几种超级奥氏体不锈钢与知名高镍（镍基）耐蚀合金 Inconel 625（0Cr22Ni61Mo9Nb4）和 HastelloyC-276（00Cr16Ni60Mo16W4）耐点蚀、耐缝隙腐蚀性能的比较。

表 5.8　几种超级奥氏体不锈钢的临界点蚀温度（CPT）/℃[18]

化学成分标号（商品牌号）	检验方法			
	ASGM G48，6% $FeCl_3$	1% $FeCl_3$ +11% $CuCl_2$ +11% H_2SO_4 +1.2% HCl	0.1% $Fe_2(SO4)_3$ + 4% NaCl + 0.01M HCl	1M NaCl，动电位法
00Cr20Ni18Mo6CuN（254 SMO）	75	67.5	72.5	≥88%或>95
00Cr24Ni18Mn6Mo4.5N（Alloy24）	75	—	—	90
00Cr24Ni22Mo8Mn3CuN0.5（654 SMO）	>沸腾温度	≥90	>沸腾温度	>95
0Cr22Ni61Mo9Nb4（Inconel 625）	<85 到>沸腾温度	≥70	>95	>95
00Cr16Ni60Mo16W4（HastelloyC-276）	>沸腾温度	97.5	>沸腾温度	>95

表 5.9　超级奥氏体不锈钢焊接试样的临界点蚀温度(CPT)/℃[18]

化学成分标号(商品牌号)	ASGM G48,6% $FeCl_3$				1%NaCl,动电位法	
	GTAW①		SMAW①			
	填丝材料	CPT	填丝材料	CPT	填丝材料	CPT
00Cr20Ni18Mo6CuN(254 SMO)	P12	45～50	P12	45～50	P12	80
00Cr24Ni22Mo8Mn3CuN(654 SMO)	P16	≥90	P16	≥80	P16	>95
0Cr22Ni61Mo9Nb4(Inconel 625)	—	—	P12	65	P12	>95
00Cr16Ni60Mo16W4(HastelloyC-276)	C-276	95	C-276	80	C-276	>95

①GTAW—气体保护钨极电弧焊;SMAW—焊条手工电弧焊。

表 5.10　超级奥氏体不锈钢的临界缝隙腐蚀温度(CCT)/℃[18]

化学成分标号(商品牌号)	ASGM G48,6% $FeCl_3$	1% $FeCl_3$ $CuCl_2$ +11% H_2SO_4 +1.2%HCl	0.1% $Fe_2(SO4)_3$ +4%NaCl+0.01 M HCl
00Cr20Ni18Mo6CuN(254 SMO)	37.5	42.5	37.5
00Cr24Ni22Mo8Mn3CuN(654 SMO)	≥60	≥67.5	≥60

续表

化学成分标号（商品牌号）	ASGM G48，6% $FeCl_3$	1% $FeCl_3CuCl_2$ +11% H_2SO_4 +1.2%HCl	0.1% $Fe_2(SO4)_3$ +4%NaCl+0.01 M HCl
0Cr22Ni61Mo9Nb4（Inconel 625）	≥20	≥27.5	≥20
00Cr16Ni60Mo16W4（HastelloyC-276）	60	65	55

表 5.11　在天然海水中，不同表面状态的缝隙腐蚀试验结果①[19]

牌　号	表面状态		
	交货态	120 号砂纸打磨	120 号砂纸打磨＋酸洗
316	10/12　1.7mm	2/2　1.6mm	2/2　2.2mm
254SMO	0/12	2/2　0.27mm	0/2
654SMO	0/12	0/2	0/2
C-276	0/12	1/2　0.02mm	0/2

①产生缝隙腐蚀试样数/试验用试样数，1.7mm、1.6mm、0.27mm、0.02mm、2.2mm 均为腐蚀深度。

从表 5.8～表 5.11 可以看出，高 Mo 量与高 N、高 Cr 量使 654SMO 具有较 Inconel 625 更佳的耐点蚀、耐缝隙腐蚀性能，而且在许多试验条件下还可与 Hastelloy C-276 合金相当，甚至稍优。

表 5.12 列出了两种超级奥氏体不锈钢的力学性能。由于钢中高 Mo、高 N 量的强化作用，超级奥氏体不锈钢的屈服强度约比普通 Cr-Ni 奥氏体不锈钢高 50%，虽然塑、韧性稍有降低，但并不影响超级奥氏体不锈钢的工程应用。

表 5.12　两种超级奥氏体不锈钢的力学性能

牌　号	σ_b/ MPa	$\sigma_{0.2}$/MPa	δ(%)	硬度/HB
254SMO	≥650	≥300	≥35	97[a]
6XN	768	379	50	100[b]

a一最大;b一棒材。

超级奥氏体不锈钢主要用于海洋开发、海水淡化、纸浆生产和烟气脱硫装置等领域。图 5.18 系一种超级奥氏体不锈钢(德国牌号 Cronifor 1925hMo,化学成分标号 00Cr19Ni25Mo6.5Cu0.9N0.2),在烟气脱硫(FGD)条件下,50～70℃的使用范围并与几种不锈钢和高镍合金进行了比较。

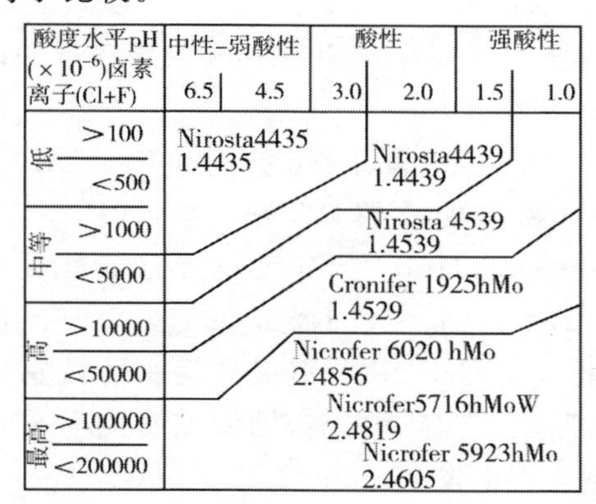

图 5.18　在烟气脱硫(FGD)条件下(50～70℃)超级奥氏体不锈钢 Cronifor 1925hMo(00Cr19Ni25Mo6.5Cu0.9N0.2)与其他材料的应用范围[20]
[Nirosta 4435(1.4435)相当 316L; Nirosta 4439(1.4439)相当 317LN; Nirosta 4539(1.4539)相当 00Cr20Ni25Mo4.5Cu; Nicrofer 6020 hMo(2.4856)相当 Inconel 625; Nicrofer 5716 hMow(2.4819)相当 Hastelloy C-276; Nicrofer 5923 hMo (2.4605)相当 Hastelloy C-59(00Cr23Ni59Mo16)]

由于超级奥氏体不锈钢中 Cr、Mo、N 量高,在冶金厂生产和用户使用此类钢时的难点是:冶炼时高氮量的控制;钢的热塑性差，热加工工艺的掌握；在热加工、热处理和焊接过程中，$\chi(\sigma)$相等脆性相易析出的防止等等。

5.2.5 专用 Cr-Ni 奥氏体不锈钢

此处所列的专用奥氏体不锈钢，有的牌号在开发之初就是为了某一专门耐蚀用途而设计的，但并不等于在其他腐蚀环境中不能选用，有的牌号，虽然没有正式命名为某专用牌号，但的确在某种或某些介质中才具有独特的耐蚀特性，而在其他介质中并不一定适用。

(1)硝酸级不锈钢

包括硝酸级 00Cr18Ni11 和在稀和中等浓度硝酸中耐蚀性优良的 00Cr25Ni20(Nb)。

根据一些试验结果，为进一步提高 00Cr19Ni10(304L)在≤65%HNO_3中的耐蚀性，需降低钢中 C≤0.015%，Si≤0.10%、P≤0.02%，Mo≤0.2%、B≤$\times 10^{-5}$，发展了硝酸级 00Cr19Ni11 (Sandvik 2R12)不锈钢，一些实验结果见图 5.19。在 65%沸腾HNO_3中，硝酸级 00Cr19Ni11 不仅晶间腐蚀敏感性进一步下降，而且其耐蚀性也有显著提高，固溶态腐蚀率一般仅 0.06～0.14mm/a，敏化态也仅 0.3mm/a。

在 25-20 钢(310S，0Cr25Ni20)基础上降 C≤0.02%、Si≤0.20%、P≤0.020%、Mo≤0.02%(还可加入适量 Nb)的 00Cr25Ni20(Nb)(Sandvik 2RE10)不锈钢，在硝酸中的使用范围较 00Cr19Ni11 有进一步扩大(图 5.20)，在敏化温度处理时，耐蚀性基本上不受敏化的影响，但 00Cr19Ni11 则随敏化时间的增长，耐蚀性显著下降(图 5.21)。含 Nb 的 00Cr25Ni20Nb 有更高的耐焊后晶间腐蚀能力。00Cr25Ni20(Nb)一般用于浓度≤85%的硝酸中。

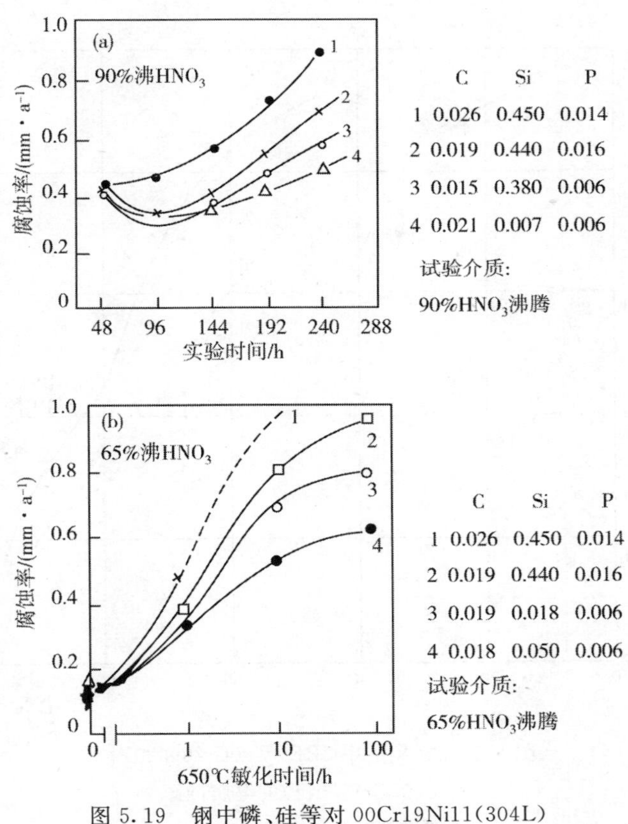

图 5.19　钢中磷、硅等对 00Cr19Ni11(304L)不锈钢耐蚀性的影响

(2)尿素级不锈钢

国内外大量采用二氧化碳汽提工艺来生产尿素(一种高效化肥)。一般是在高压(140～250 大气压)和温度 180～210℃条件下,由二氧化碳与氨合成。在高温、高压下,尿素生产过程中的中间反应物——氨基甲酸铵(尿素甲铵液)等,对不锈钢有强烈的腐蚀性——破坏不锈钢的钝化膜并有去钝化作用。在缺氧

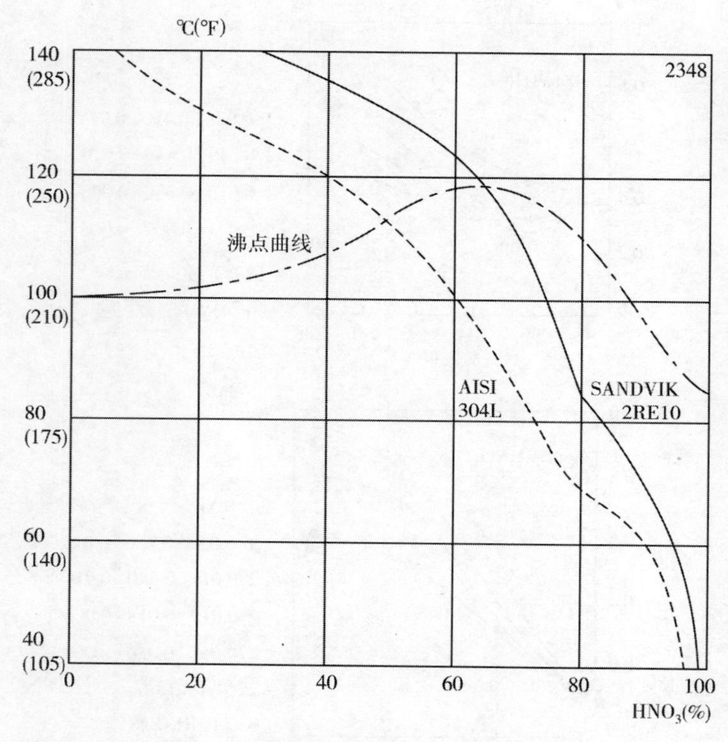

图 5.20 在硝酸中 2RE10(00Cr25Ni20)和
304L(00Cr19Ni11)的等腐蚀图
(曲线腐蚀界限为≤0.1mm/a)[21]

的条件下,00Cr17Ni14Mo2(316L)的腐蚀率可高达 50mm/a,但若向尿素中加氧,由于可使不锈钢钝化,从而使 00Cr17Ni14Mo2 不锈钢在尿素生产装置上的应用成为了可能。但使用后发现普通 00Cr17Ni14Mo2 钢的耐蚀性尚不足,随后开发了专用于尿素生产的尿素级不锈钢(316UG)。

316UG 要求钢中 Cr 量≥18%,由于 C、S、P 等元素和残余

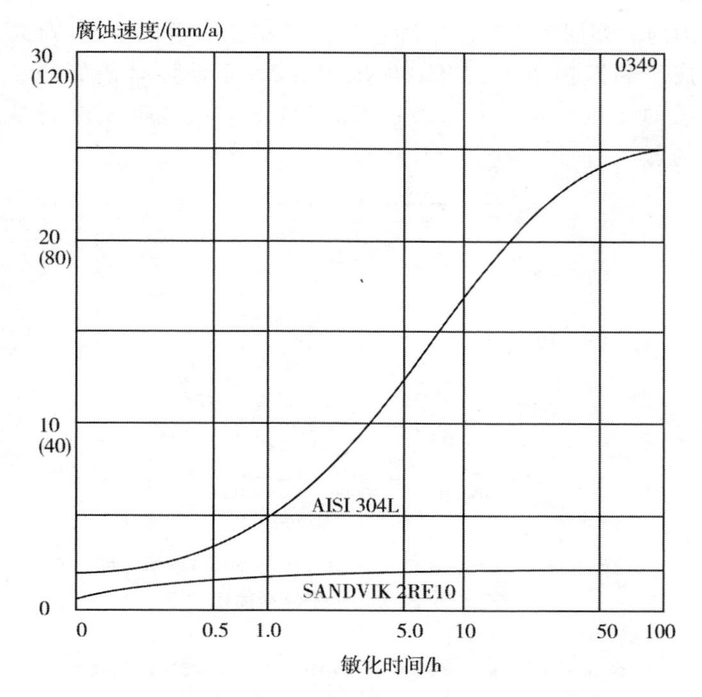

图 5.21　在 65%沸腾 HNO_3 中，675℃时的不同敏化时间 2RE10(00Cr25Ni20)和 304L 腐蚀速度对比[21]

δ铁素体的有害作用，要求 C≤0.02%，P 和 S≤0.015%，δ铁素体≤0.6%。为保证δ铁素体≤0.6%，钢中镍量应在中、上限，316UG 已广泛用于二氧化碳汽提法生产尿素的合成塔等四大高压设备的塔体和构件。

00Cr25Ni22Mo2N(2RE69)是目前优于 316UG 的最好的一种耐高温、高压下尿素腐蚀的一种高牌号不锈钢。由于 316UG 长期使用后耐蚀性仍显不足(图 5.22)，00Cr25Ni22Mo2N 的使用范围在不断扩大。

表 5.13 列出了尿素级 316L(316UG)和 00Cr25Ni22Mo2

在国内大型尿素生产厂实际挂片试验结果。可以看出,在尿素合成塔和汽提塔中,00Cr25Ni22Mo2N 耐蚀性是最好的。而无镍的铬锰氮不锈钢 0Cr17Mn14Mo2N(A4)耐蚀性则是最差的。

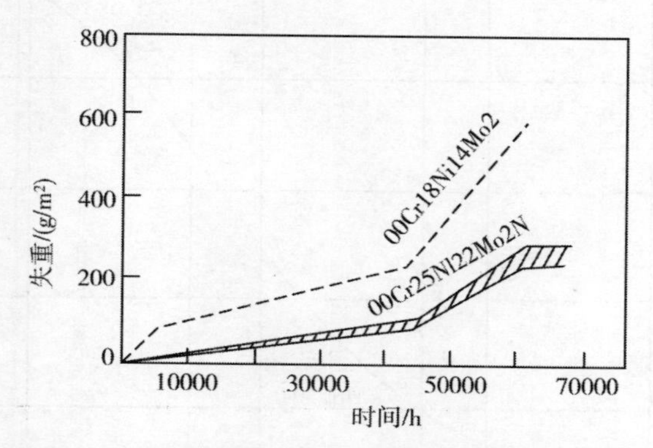

图 5.22 在尿素条件下长期实验的 00Cr18Ni14Mo2 和 00Cr25Ni22Mo2N 耐蚀性的比较[22]

表 5.13 尿素级 00Cr17Ni14Mo2 和 00Cr25Ni22Mo2N 在国内实际尿素介质中的耐蚀性[23]

钢 号	挂片时间/h	在尿素合成塔液相中的腐蚀率/($g/m^2 \cdot h$)	在汽提塔气相的腐蚀率/($g/m^2 \cdot h$)
00Cr25Ni22 Mo2N(2RE69)	7000	0.00667	0.0083
尿素级 00Cr17Ni14Mo2	13800	0.0396	—
00Cr18Ni15Mo3Si2N(3RE60)	7000	0.0604	—
0Cr17Mn14Mo2N(A4)	7000	0.1555	0.330
00Cr17Ni13Mo2N(316LN)	7000	0.0324	0.0666

(3)核级不锈钢❶

目前,国内外核电厂和核动力舰船用的核反应堆,主要堆型是以高温(280～350℃)和高压(80～185 大气压)水为工作介质的压水堆和沸水堆,由于这些核反应堆对结构材料的特殊要求,即核稳定性要高;感生放射性❷要低;中子吸收截面要小。因此,与核反应堆工作介质相接触的一回路系统的设备、构件和管线等均选用铬镍奥氏体不锈钢和具有奥氏体组织的少量高镍耐蚀合金。据统计,一座 100 万千瓦的大型压水堆核电厂,核反应堆本体、堆内构件、主管道和蒸发器等便需 2000 多吨不锈钢板、棒、管材和锻件,但还不包括为了承受核反应堆内的高压,而采用的低合金高强度钢压力壳内侧所堆焊的大量用于耐高温水腐蚀的铬镍奥氏体不锈钢。人们常说核反应堆是用不锈钢"堆"出来的,一点也不夸大。

由于铬镍奥氏体不锈钢是具有面心立方结构的奥氏体组织,即使在堆内高中子通量的作用下,一般也不会有脆化的危险,因此它们都具有高的核稳定性;由于铬镍奥氏体不锈钢又具有优良的耐蚀性和对其化学成分、所含杂质的严格控制以及高表面光洁度等的要求,在核反应堆长期运行过程中,这些不锈钢的腐蚀产物释放速率也很低,所感生的放射性也较少;又由于对核反应堆用不锈钢中所含有的,对中子吸收截面大的 Co、B 等的严格的控制,所以核反应堆所用不锈钢也具备了中子吸收截面要小的条件。

因此,核级不锈钢系指能满足核反应堆对结构材料三个特殊要求的不锈钢。由于铬镍奥氏体不锈钢的组织结构和耐蚀性已可满

❶ 详细数据可参考文献[24]～[26]。

❷ 感生放射性——一些元素在核反应堆内经中子辐照后便具有放射性,即感生放射性。

足前两个要求，因此，人们对用于核反应堆的核级不锈钢的注意力就集中在了钢中的Co、B等的元素的含量上，这也是核级铬镍奥氏体不锈钢与非核级铬镍奥氏体不锈钢化学成分中的最主要和最重要的区别。

表5.14列出了国内外压水核反应堆内、外所选用的核级铬镍奥氏体不锈钢牌号和钢中含钴量应控制的极限值，对核反应堆堆芯用核级不锈钢中的含硼量，一般要求<0.0015%或<0.0018%。

表5.14 国内外压水堆一回路系统用核级不锈钢牌号和含钴量的极限值

使用部位		国外		国内	
		牌号	含钴量极限(%)	牌号	含钴量极限(%)
堆内	活性区的设备、构件	304,304L,304NG,0Cr18Ni10Ti①	<0.02/0.05	304NG,0Cr18Ni10Ti,0Cr18Ni12Mo2Ti	<0.02/0.06
	其他区的设备、构件	304,304NG,0Cr18Ni10Ti①	<0.04/0.2	304NG,0Cr18Ni10Ti	<0.08/0.20
	压力壳堆焊层	308L,309L,309NbL,316L	<0.02/0.20	308L,309L,309Nb	<0.02/0.20
堆外	蒸发器管束	0Cr18Ni10Ti,I-600,I-690②	<0.10	InColoy800③ 00Cr25Ni35AlTi IN-690	<0.02/0.10
	蒸发器承压壳体堆焊层	308L,309L	<0.10	308L,309L	<0.02/0.10
	主管道	304,304L,316NG	<0.10/0.20	316NG,0Cr18Ni10Ti	<0.02/0.10

①仅俄罗斯选用；②I－600为Inconel 600(0Cr16Ni75Ti)，I-690为Inconel 690(0Cr30Ni60Fe10)；③Incoloy 800为0Cr20Ni32AlTi。

表5.14中所列入的0Cr18Ni10Ti，除俄罗斯大量选用外，我国自俄罗斯引进的核电站压水堆也应用此牌号，而国内其他

核反应堆和国外其他国家的核电站压水堆则均选用 304NG(控氮 0Cr18Ni10)和 316NG(控氮 00Cr17Ni12Mo2)。

开发 304NG(控氮 0Cr18Ni10)和 316NG(控氮 00Cr17Ni14Mo2)的依据:国外曾发生轻水核反应堆(包括压水堆和沸水堆)用的 304 和 316 不锈钢构件产生的晶间腐蚀破裂事故。为了提高钢的耐晶间腐蚀和耐晶间应力腐蚀的性能,需降低钢中 C 量≤0.03%(法国降到≤0.035);为了弥补降碳而导致的 304 和 316 钢的强度的下降,可籍加入氮,通过其固溶强化来弥补,但为了防止加氮过高,又需作为新牌号重新申请并得到批准才能进入实际工程应用的麻烦,选择了将氮量控制在现行 304 和 316 所允许的氮量范围(≤0.10%)❶,开发了 304NG(控氮 0Cr18Ni10)和 316NG(控氮 00Cr117Ni12Mo2)。

中、法、美、日各国控氮 0Cr18Ni10(304NG)和控氮 00Cr17Ni12Mo2(316NG)的化学成分见表 5.15。

表 5.15 控氮 0Cr18Ni10(304NG)和控氮 00Cr17Ni12Mo2(316NG)钢的化学成分[24]

牌号	国别	C	Si	Mn	P*
控氮 0Cr19Ni10	中国	≤0.035	≤1.0	≤2.0	≤0.030
控氮 00Cr17Ni12Mo2	中国	≤0.03	≤0.75	≤2.0	≤0.035
RCC-M Z2CN19-10	法国	≤0.035	≤1.0	≤2.0	≤0.04
RCC-M Z2CN18-12	法国	≤0.035	≤1.0	≤2.0	≤0.04
304NG	美国	≤0.030	≤1.0	≤2.0	≤0.04
316NG	日本	≤0.020	0.30/0.75	≤2.0	≤0.030

牌号	国别	S*	Cr	Ni	Mo
控氮 0Cr19Ni10	中国	≤0.020	18.5/20.0	9.0/10.0	—

❶ 我国为≤0.12%。

续表

牌号	国别	S*	Cr	Ni	Mo
控氮 00Cr17Ni12Mo2	中国	≤0.030	17.0/18.5	11.5/13.0	2.3/3.0
RCC-M Z2CN19-10	法国	≤0.030	18.5/20.0	9.0/10.0	—
RCC-M Z2CN18-12	法国	≤0.030	17.0/18.2	11.5/12.5	2.25/2.75
304NG	美国	≤0.030	18.0/20.0	9.0/13.0	—
316NG	日本	≤0.030	16.0/18.0	12.0/14.0	2.0/3.0

牌号	国别	N	Co*	B	Cu
控氮 0Cr19Ni10	中国	0.06/0.12	≤0.08		
控氮 00Cr17Ni12Mo2	中国	0.06/0.12	≤0.20	≤0.0018	
RCC-M Z2CN19-10	法国	≤0.08	≤0.20		≤1.0
RCC-M Z2CN18-12	法国	≤0.08	≤0.20	≤0.0018	
304NG	美国	0.06/0.10			
316NG	日本	0.07/0.12			

* 实物 P、S、Co 量均很低。

控氮 0Cr18Ni10(304NG)和控氮 00Cr17Ni12Mo2(316NG)的力学性能分别列入表 5.16[25] 和表 5.17 中。

表 5.16 控氮 0Cr18Ni10(304NG)的力学性能①

钢材品种	试验温度/℃	σ_b/ MPa	$\sigma_{0.2}$/ MPa	δ_5(%)	a_{kU}/[J·(cm²)⁻¹]
锻件≥150mm	20	≥485	≥210	≥45/≥40	≥160/≥100
≤150mm	20	≥520	≥210	≥45/≥40	≥160/≥100
	350	—	≥125	—	—
棒材≥150mm	20	≥465	≥210	≥45/≥40	≥160/≥100
≤150mm	20	≥520	—	—	—
	350	—	≥125	—	—

续表

钢材品种	试验温度/℃	σ_b/ MPa	$\sigma_{0.2}$/ MPa	δ_5(%)	a_{KU}/ [J·$(cm^2)^{-1}$]
板材≥3mm	20	≥520	≥210	≥45	≥120
≤3mm	20	≥520	≥210	≥40	—
	350	—	≥125	—	—
挤压管	20	≥510	≥210	≥35	≥120
	350	—	≥130	—	—

①法国 RCC—M 规定的 Z2CN19—10 的指标。

表 5.17　控氮 00Cr17Ni12Mo2(316NG)的力学性能[25]

法国标准	室温				a_{KU}/ [J·$(cm^2)^{-1}$]	350℃			
	σ_b/ MPa	$\sigma_{0.2}$/ MPa	δ_5 (%)	ψ (%)		σ_b/ MPa	$\sigma_{0.2}$/ MPa	δ_5 (%)	ψ (%)
RCC-M 3301	≥520	≥220	≥45	—	≥160	—	≥135	—	—
RCC-M 3305	≥510	≥210	≥35	—	≥120	—	≥135	—	—

耐蚀性和腐蚀产物释放速率如下。

1)控氮 0Cr18Ni10(304NG)

图 5.23 系控氮 0Cr18Ni10(304NG)在 300℃高温水中的耐蚀性(以 $mg/dm^2 \cdot m$ 评价)和腐蚀产物释放速率的试验结果。可以看出,控氮 0Cr18Ni10(304NG)的腐蚀率和腐蚀产物释放速率均低于 0Cr18Ni10Ti(321),这表明控氮 0Cr18Ni10(304NG)的耐蚀性优于 0Cr18Ni10Ti。

一些试验还指出,控氮 0Cr18Ni10(304NG)的耐晶间腐蚀性能良好,没有晶间腐蚀倾向,而耐点蚀和氯化物应力腐蚀的性能则均优于 0Cr18Ni10Ti。表 5.18 中列出了点蚀试验结果。从表 5.18 中可知,控氮 0Cr18Ni10 的耐点蚀性远优于 0Cr18Ni10Ti,这与 0Cr18Ni10Ti 钢中的钛可形成 TiN 等非金属夹杂物,引起钢耐点蚀性劣化有关。

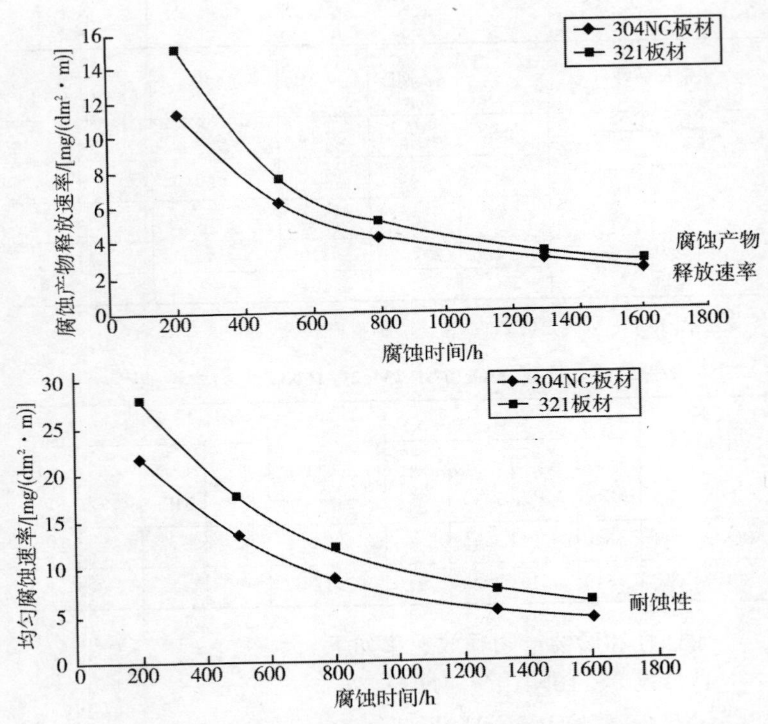

图 5.23　在高温水中，控氮 0Cr18Ni10(304NG)的耐蚀性[26]和腐蚀产物的释放速率

(介质：300℃，pH6～8，Cl^-＜0.01mg/L，[0]＜0.1mg/L，比电阻＞5×10^5 Ω·cm)

表 5.18　控氮 0Cr18Ni10(304NG)的耐点蚀性能①[26]

[腐蚀率/(g/cm²·h)]

国产板材	法国板材	核级 0Cr18Ni10Ti 板材	国产锻件	核级 0Cr18Ni10Ti 锻件
13.89	12.03	52.35	13.97	50.45

①试验条件：6%$FeCl_3$＋0.05N HCl 溶液，50℃(GB 43347－84)。

2)控氮 00Cr17Ni12Mo2(316NG)

图 5.24 系控氮 00Cr17Ni12Mo2(316NG)在高温水中的耐蚀性(按腐蚀失重计)和腐蚀产物释放量的试验结果。同样可看出:控氮 00Cr17Ni12Mo2(316NG)的腐蚀失重和腐蚀产物的释放量也均较 0Cr18Ni10Ti 为低。

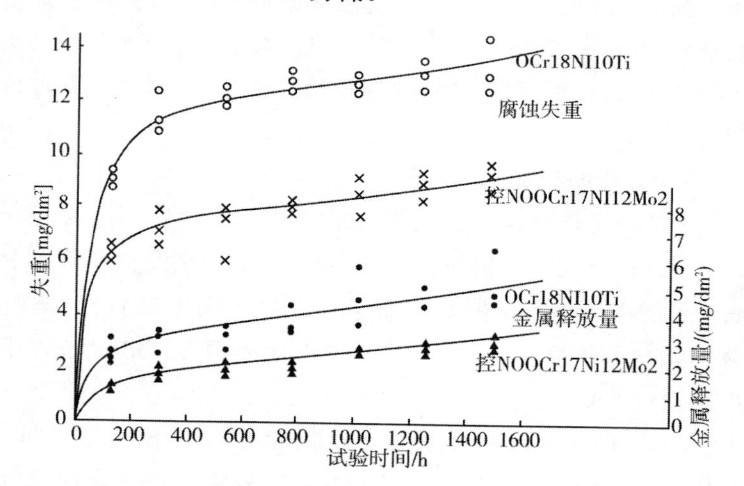

图 5.24　在高温水中,控氮 00Cr17Ni12N₀2(316NG)的耐蚀性和腐蚀产物释放量

(试验介质:pH=7±0.2,电导率<1μs/cm²,[0]≤0.1mg/L,温度 265±1℃,试验 1059h)

一些试验还表明,由于少量氮的加入,控氮 00Cr17Ni12Mo2(316NG)的耐晶间腐蚀、耐点蚀和耐应力腐蚀性能均优于 0Cr18Ni10Ti。

(4)耐强氧化性酸介质的高硅奥氏体不锈钢

高温、高浓度(超过共沸浓度特别是高于 85%)的硝酸具有非常强的氧化性;高温、高浓度(≥90%)硫酸与中、稀浓度的硫酸的强还原性不同,前者具有非常强的氧化性,为了解决这些强氧化性酸的腐蚀，仅含铬是不够的，因而促进了高硅（Si≥4%）奥氏体不锈钢的发展。

1）00Cr18Ni15Si4（Nb）

在硝酸浓度高于共沸腾浓度（≥68.4%）时，此钢具有良好的耐蚀性。在高浓硝酸中，其腐蚀率≤0.25mm/a。由于焊接性较好，可作为浓硝酸容器用钢。但是，为了防止此钢焊后的碳化物和碳、氮化物析出，使耐蚀性降低，钢中含C量要求非常低（0.01%）。

2）00Cr9Ni25Si7（Nicrofer 2509 Si7）

此钢系德国克虏伯公司发展的。钢中铬量仅9%，远低于一般奥氏体不锈钢的铬量（17%～18%），其目的是为了使此种高硅不锈钢具有可接受的热加工性。由于钢中硅量高，故此钢仍具有不锈性。同时，高镍量也可使此钢在高硅量条件下获得稳定的奥氏体组织，但镍量太高，会有 $Fe_5Ni_3Si_2$ 金属间化合物析出而使钢的性能恶化。此钢的强度比上述4%Si钢高，但延伸率仍可高达70%，这有益于板式换热器的冷加工的成形。

00Cr9Ni25Si7钢的耐浓硫酸性能的等腐蚀图见图5.25；不同热处理态耐高温浓硝酸的性能见表5.19。结果是令人满意的。

对于高硅（约7%）不锈钢，目前建议采用激光焊接，而且焊后最好进行固溶处理，以获得最佳的综合性能。

3）00Cr11Ni22Si6Mo2Cu（SS-920）

这是20世纪90年代国内开发的耐高温、高浓度硫酸用奥氏体不锈钢，除高硅外，还含2%Mo和1%Cu，以便更适用于硫酸用途。

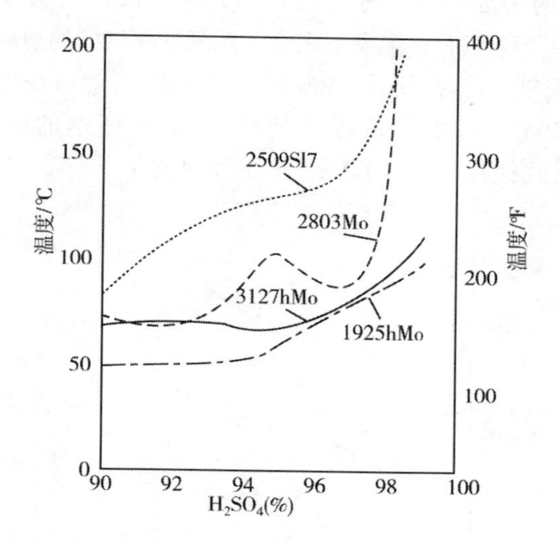

图 5.25 几种不锈钢在高浓 H_2SO_4 中的等腐蚀图(<0.1mm/a)[27]

Cronifer 2803—高纯 Cr28Mo3;Cronifer 1925hMo—00Cr20Ni25Mo6.5CuN;

Nicrofer 3127hMo—00Cr27Ni31Mo6.5Cu1.3N

表 5.19 00Cr9Ni25Si7(Nicrofor 2509 Si7)在高浓(约 100%)沸腾 HNO_3 的耐蚀性(5mm 厚板材)[27]

试样状态①	平均腐蚀率/(mm/a)
1075℃固溶(水冷)	0.005
600℃×20 分钟,敏化	0.003
700℃×10 分钟,敏化	0.003
GPAW(不填丝)	0.020
GTAW 一道熔合焊试验	0.009

①GTAW—钨极惰性气体保护焊;GPAW—气体保护等离子焊接。

此钢的力学性能、耐蚀性、冷成型性和焊接性等与前述00Cr19Ni25Si7钢有许多类似之处。此钢具有良好的耐高温、高浓度H_2SO_4腐蚀性能，高塑性，较好的冷成型性；但焊接性能也较差，必须采用激光焊且焊后需固溶处理，才能保证钢的综合性能。图5.26系此钢在≥90％H_2SO_4中的耐蚀性。

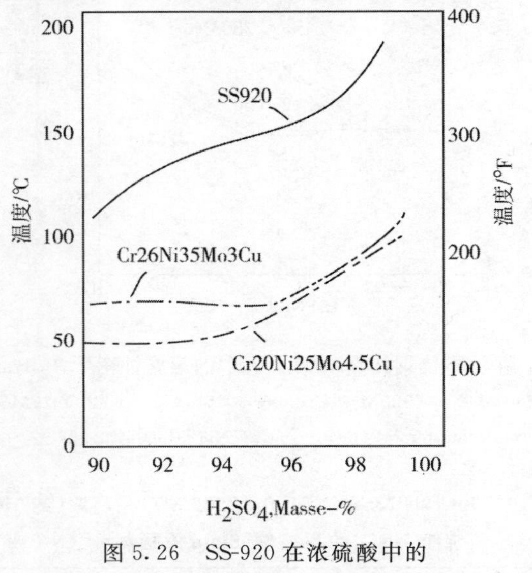

图5.26　SS-920在浓硫酸中的等腐蚀率曲线(0.1mm/a)[28]

5.2.6　以锰、氮代镍的奥氏体不锈钢

锰和氮均为奥氏体形成元素，特别是氮，其在钢中形成奥氏体的能力约为镍的30倍。锰形成奥氏体的能力虽然较弱，仅为镍的二分之一，但锰稳定奥氏体的能力很强，而且还能显著提高氮在钢中的溶解度，从而可提高氮向钢中的加入量，所以为获得奥氏体组织，以锰、氮相结合代镍是最佳匹配，成为了既能获得奥

氏体组织[1]又能节约铬镍奥氏体不锈钢中镍的主要合金化方向。

据统计，全世界的镍产量中每年约有60%用于生产不锈钢。镍是比较稀缺且价格昂贵的元素，特别是在战争时期，由于镍也是战略物资，因此镍的供应更为紧张；而在和平时期，不锈钢的成本和售价也常随镍价的涨跌而波动。为此，自20世纪30年代起，德、美诸国便开始了以锰、氮代镍的铬锰奥氏体不锈钢的研究，至20世纪40年代便取得成效，开发出了铬锰(氮)系奥氏体不锈钢。

一般认为，目前已有的以锰、氮代镍的一些铬锰奥氏体不锈钢牌号与其所希望代替的铬镍奥氏体不锈相比，是一类虽然强度高但耐蚀性、成型性(包括热加工性)和焊接性等均相对较低的一类节镍不锈钢。

近来，由于向钢中加入高氮量的工艺、技术、装备的进步，国内外不仅在大力开发高氮高强度的铬锰奥氏体不锈钢，而且对不加锰仅籍向钢中加入氮而开发的无锰、低镍、高氮和无锰、无镍、高氮奥氏体不锈钢的研究已取得了引人注目的进展，引起了国内外日益广泛的关注。

(1)AISI 200系铬锰奥氏体不锈钢AISI 201(1Cr17Mn6Ni5N)和AISI 202(1Cr18Mn8Ni5N)

以Mn、N代镍的(AISI200系)铬锰奥氏体不锈钢，美国AISI标准中仅有三个牌号，即AISI 201，202和205，但ASTM和UNS中则列入了更多的牌号，见表5.20。为了节Ni，AISI 201和202所对应着代替的Cr-Ni奥氏体不锈钢的牌号是AISI 301和302。

---

[1] 因奥氏体组织一般具有良好的塑性、韧性、低温性和冷成型性且无磁，但人们常常容易忽略：当不锈钢的化学成分相同或相近时，奥氏体组织的不锈钢的耐蚀性并不一定比铁素体和$\alpha+\gamma$双相不锈钢的耐蚀性优越。本书中的许多试验结果已充分说明了这一点。

表 5.20 美国铬锰系不锈钢牌号

美国牌号	标准		UNS③
	AISI①	ASTM②	
201	201	—	S20100
201L	—	—	S20103
201LN	—	—	S20153
202	202	—	S20200
202EZ	—	XM1	S20300
204	—	—	—
204Cu	—	—	S20430
204L	—	—	—
205	205	—	S20500
211	—	—	—
216	—	XM17	S21600
216L	—	XM18	S21603
		XM31	S21400
		XM14	S21460
		XM19	S20910
		XM10	S21900
		XM11	S21904
		XM28	S24100
		—	S28200

①美国钢铁学(协)会标准;②美国材料与试验学(协)会标准;③美国材料与试验学(协)会和美国汽车协会共同提出的“金属与合金牌号统一数字系统”。

美国于1955年将AISI 201和202纳入AISI标准,随后陆续为一些国家所接受。中国1975年纳入国家标准(GB1220),牌号分别为1Cr17Mn6Ni5N(相当于AISI 201)和1Cr18Mn8Ni6N(相当于AIS I202);日本1972年纳入标准,牌号为SUS 201和SUS 202;俄罗斯(前苏联)1972年纳入ГОСТ标准的仅12X17г9AH4(相当AISI 202)一个牌号;英国也是仅将相当于AISI 202的牌号纳入了BS标准,牌号为284 S16。日本最新公布的不锈钢板材标准中已取消了SUS 201和SUS 202。

表5.21列出了AISI 201和202与希望它们替代的AISI

301 和 302 力学性能的对比，可以看出 AISI 201 和 202 的屈服强度比 AISI 301 和 301 高达 30%以上。这虽然在一定程度上弥补了 Cr-Ni 奥氏体不锈钢固溶态强度偏低的不足，但也给习惯上按 301、302 和 304 的性能进行生产、加工和使用时带来了诸多困难和不便。

表 5.21　AISI 201 和 202 和 AISI 301 和 302 的室温力学性能[29]

牌号	σ_b/(N/mm²)	$\sigma_{0.2}$/(N/mm²)	δ(%)	HRB
AISI 201	805	377	56	90
202	720	377	55	90
AISI 301	758	276	60	85
302	621	276	50	85

表 5.22 列出了 1Cr17Mn6Ni5N 和 1Cr18Mn8Ni5N 的耐晶间腐蚀性能并与 0Cr18Ni9(304)进行了对比。可以看出，固溶态 201 和 202 和 304 均无晶间腐蚀敏感性，而敏化态则均对晶间腐蚀敏感。但在硝酸法中，不论敏化态还是固溶态，304 钢的耐蚀性均优于 201、202，而敏化态，201 和 202 的耐蚀性则更远远低于 304。

表 5.22　AISI 201 和 202 与 304 晶间腐蚀敏感性对比

牌　号	硝酸法①/(mm/a)		硫酸＋硫酸铜法②	
	固溶态	敏化态	固溶态	敏化态
AISI 201	0.448	24.21	无晶间腐蚀	有晶间腐蚀
AISI 202	0.670	27.22	无晶间腐蚀	有晶间腐蚀
AISI 304	0.280	1.64	无晶间腐蚀	有晶间腐蚀

①65% HNO_3，沸腾，5×48h；②15.7% H_2SO_4＋5.7% $CuSO_4$，沸腾，48h。

表 5.23 列出了 1Cr17Mn6Ni5N(201)和 1Cr17Ni7(301)、

1Cr18Mn8Ni5N(202)和0Cr18Ni9(304)不锈钢间耐蚀性的对比。可以看出，由于所试验的条件均为较弱介质，所以它们之间的耐蚀性并无显著差别❶。但在盐雾试验下，改型201(1Cr17Mn6Ni3Cu)的锈蚀面积高达40%～60%，而0Cr18Ni9(304)则未出现锈蚀。由于前述锰在不锈钢中对耐点蚀性的不良影响，因此，在含 Cl^- 的湿态(包括一些大气)环境中，选用AISl200系钢要考虑此因素。

表5.23 AISI 201与301、202与304耐蚀性对比

介质	温度	腐蚀率/(mm·a⁻¹)		介质	温度	腐蚀率/(mm·a⁻¹)	
		1Cr17Mn6Ni5N	1Cr17Ni7			1Cr18Mn8Ni5N	0Cr18Ni9
65% HNO_3	室温	0.0432	0.0831	65% HNO_3	室温	0.0457	0.0229
8% H_2SO_4 +1% $CuSO_4$	室温	0.00076	0.00051	5% H_2SO_4	室温	0.000	0.000
5% 乳酸	室温	0.00025	0.00025	59% H_3PO_4	室温	0.0076	0.0025
10% 乳酸	室温	0.00025	0.00025	2% HCl	室温	0.0025	0.0025
60 %醋酸	室温	0.00025	0.00025	15%醋酸	室温	0.000	0.000
盐雾试验	室温	锈蚀面积40%～60%(改型201)	无锈蚀(304)	15%乳酸	室温	0.000	0.000

图5.27系AISI 201、202和AISI 301、302的冷加工硬化行为。可以看出，AISI 201、202与AISI 301、302的冷作硬化行为相近。

表5.24列出了两种AISI200系钢与三种18-8型Cr-Ni奥氏体不锈钢对各种冷成型性的适应性。可以看出，它们之间对冷成型性的适应性并无显著差别。

---

❶ 但随试验介质和试验条件的更加苛刻，AISI 201、AISI 202的耐蚀性要低于或远低于301、302和304。

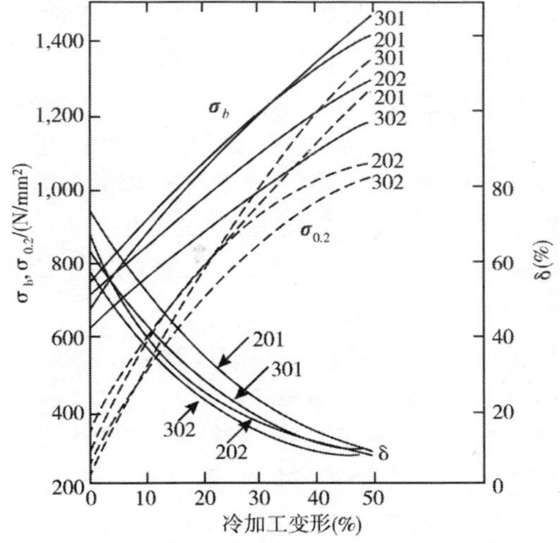

图 5.27　301、302 和 201、202 的冷作硬化行为[30]

表 5.24　对冷成型性的适应性

牌　号	冲切	冲孔	冷变形和冷冲成型	深冲压	旋压	冷轧	压印	滚花
1Cr17Mn6Ni5N	B	C	A-B	A-B	C-D	B	B-C	B-C
1Cr18Mn8Ni5N	B	B	A	A	B-C	A	B	B
1Cr17Ni7(301)	B	C	A-B	A-B	C-D	B	B-C	B-C
1Cr18Ni9(302)	B	B	A	A	B-C	A	B	B
0Cr18Ni9(304)	B	B	A	A	B	A	B	B

注:A—最好,B—好,C—较好,D——般不推荐。

根据试验和使用结果,一般认为 AISI 201 和 202 的耐蚀性仅适用于无污染和轻污染的大气和低 Cl^- 浓度的淡水以及弱的酸、碱、盐介质。

薄截面尺寸的焊件焊后可不进行热处理,而较厚截面尺寸的焊件,焊后必须固溶处理。

冷成型产品适用范围基本与 AISI 301 和 302 相同,但在实际应用中要考虑 AISI 201 和 202 的屈服强度较 302 和 304 为高这一因素。

(2)AISI 205 和美国其他铬锰不锈钢

此处包括低镍、高锰量的 AISI 205 和在 AISI 201、AISI 202 基础上开发的一些非 AISI 牌号,其中按 200 序排名的一些牌号的开发基本上都是采用了已有的铬镍奥氏体不锈钢的合金化经验。

1)低镍高锰的 AISI 205(1Cr17Mn15Ni1.5N0.3)

此钢较 AISI 201 加工硬化倾向小,希望用于旋压和特殊的深拉伸以及无磁、低温等用途。

2)低冷加工硬化钢 211(0Cr16.5Mn6Ni5.5Cu1.7)和冷镦用钢 204Cu(1Cr16.5Mn8Ni3Cu3N)

211 钢系在 AISI 201 的基础上提镍、去氮和加铜。提镍和加铜可降低钢的冷加工硬化倾向。镍和铜均稳定奥氏体,提高钢的层错能。去氮,把钢中氮量降到≤0.05%,可使氮的固溶强化作用下降,以降低钢的冷成型性因子(f)(见图 5.28),有益于改善钢的冷成型性。

图 5.29 系 211 钢的冷加工硬化行为。可以看出,211 钢的

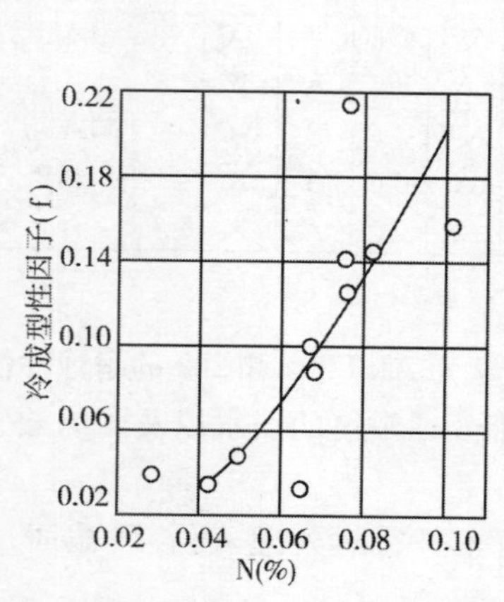

图 5.28　氮对 211 钢的冷成型性因子的影响

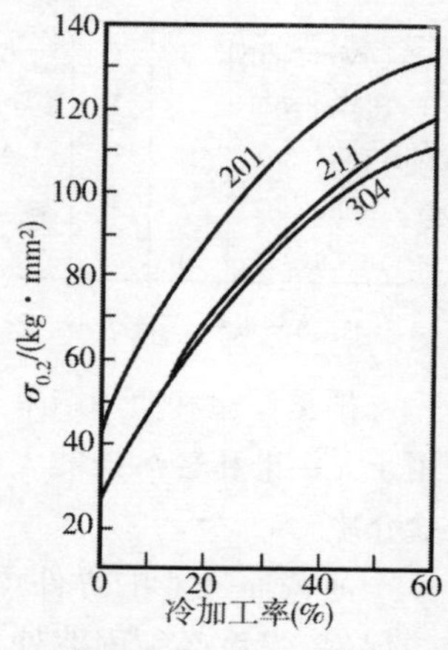

图 5.29　211 钢的冷加工硬化行为

冷加工硬化敏感性低于 AISI201，但与 AISI 304 相近。211 钢的冲孔、打印、弯曲、拉伸等也与 AISI 304 相同，是一种在冷成型性方面可与 304 互换的铬锰系钢。

3)204Cu(0Cr17Mn8Ni2.5 Cu3N)钢

系在改进型 201 钢基础上加入 2.0%～4.0%Cu，虽含氮量要求在 0.05%～0.25%范围内，但由于氮对冷成型性的不利影响，而又希望氮量尽量低的一种牌号。为了节镍，此钢的含镍量在 1.5%～3.5%区间内，此钢主要用于冷镦用途。

4)高耐蚀钢 216(0Cr20Mn8.5Ni6Mo2.5N0.4)

216 钢系向 AISI 201 钢中加入 2.0%～3.0%Mo，提高铬量到～20%，提高氮量到 0.4%而开发的，由于此钢强度高，耐蚀性好，希望能代 AISI 316。

5)耐晶间腐蚀优良的 210L(00Cr16.5Mn6.5Ni4.5N0.15)、204L(00Cr18Mn9Ni6)和 216L(00Cr20Mn8.5Ni6Mo2.5N0.4)

降低 AISI 201 和非 AISI 的 204、206 中的 C 量到≤0.03%，以提高这些牌号的耐敏化态晶间腐蚀性能，它们可用于厚截面尺寸钢材的焊接用途。

6)易切削钢 203EZ(0Cr17Mn6Ni5.5Cu2S)

向钢中加入～2%Cu 和～0.3%S，使此钢易切削，而且冷成型性好，希望代替 AISI 303。

(3)印度的 J1 和 J4

J1 和 J4 系印度 Jindal 公司的厂家牌号，希望代替 18-8(AISI304)奥氏体不锈钢，至今我们尚未见到全面完整的技术资料。

1)化学成分

表 5.25 系 J1 和 J4 化学成分与 AISI 201、AISI 202 和美国 211 相对比。

表 5.25　J1 和 J4 等钢的化学成分(%)

牌　号	C	Si	Mn	S	P	Cr	Ni	N	其他
J1	≤0.08	≤0.75	7/8	≤0.03	≤0.075	14.5/15.5	4.0/4.2	≤0.10	Cu1.5/2.0
J1 实物分析	0.05	0.3/0.5	7.5			14.5/15.0	4.0/4.1	0.05	1.5/1.7
J4	≤0.10	≤0.75	8.5/10.0	≤0.03	0.075	15/16	0.8/1.20	≤0.20	1.5/2.0
AISI 201	≤0.15	≤1.0	5.5/7.5	≤0.03	≤0.06	16/18	3.5/5.5	≤0.25	
AISI 202	≤0.15	≤1.0	7.5/10	≤0.03	≤0.06	17/19	4/6	≤0.25	
211	≤0.070	0.2/0.7	5.5/6.5	≤0.03	≤0.06	16/17	5/6	≤0.05	1.5/2.0

由表 5.25 可知，为了节镍，J1 和 J4 钢中的镍量较 AISI 201、AISI 202 和 211 低，而为了保证具有单一的奥氏体组织，J1 和 J4 钢中的铬量较 AISI 201、AISI 202 和美国 211 也偏低了 1.0%～3.0%，而含铜量与 211 相当。

2)组织结构

图 5.30 画出了 J1 和 J4 钢在 Fe-Cr-Ni-Mn 相图中所处的大致位置，可知 J1 和 J4 均具有单一奥氏体组织。

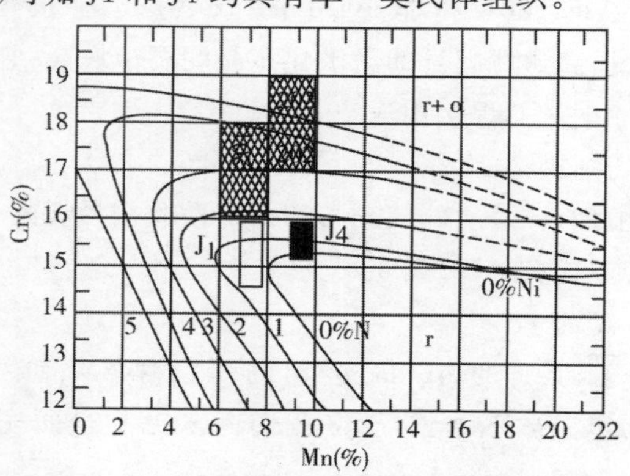

图 5.30　J1 和 J4 在 Fe-Cr-Ni-Mn 相图中所处的大致位置[31]❶
(钢中 C 0.12/0.15，N 0.08/0.15，1075℃固溶态)

❶ 在文献[31]基础上，笔者补入 J1 和 J4。

3)力学性能

表 5.26 列出了印度产 J1,中国台湾产和中国内地产 J4 并与中国内地产 304(0Cr18Ni9)、430(1Cr17)钢的室温力学性能。

表 5.26 印度产 J1,中国台湾产和内地 J4 的力学性能

试验用料来源	板材厚度/mm	表面加工	力学性能			
			σ_b/ MPa	$\sigma_{0.2}$/MPa	δ_5(%)	*Hy*
印度产 J1	1.0	2B	850	490	61	210
中国台湾产 J4	1.0	2B	665	315	68	169
中国台湾产 J4	0.9	BA	625	295	73	154
中国内地产 J4	1.2	2B	665	280	63.5	190
中国内地产 304	1.0	2B	642	244	67	161
中国内地产 430	1.0	2B	515	295	34	161

4)冷成型性

前面已述及,向不锈钢中加入镍、铜等元素,对提高钢的冷成型性有益,而向钢中加入铜已成为了改善各类不锈钢冷成型性的重要手段,但是,前面也述及,向钢中加氮,由于氮的固溶强化作用,反而会恶化不锈钢的冷成型性。

图 5.31[32] 系 J1(含 4%Ni 者)和 J4(含 1%Ni 者)与 AISI 201、304 等的冷成型性(以延迟开裂几率来评价)的对比。可以看出:304 具有最佳的冷成型性,当深冲比高达 2.0%时,其延迟开裂几率仍为零;J4 的冷成型性最差,深冲比仅 1.4 时,其延迟开裂已达 80%,而深冲比在 1.6 时,其延迟开裂几率便高达 100%;含 4%Ni 的 J1 钢,其冷成型性虽次于 304,但却既优于 J4,也优于 AISI 201。这与 J1 钢和 AISI 201 相比较,J1 钢既含

铜(约 1.5%),而氮量又低(<0.10%),同时含镍量又与 AISI 201 相近有关;而 J1 与 J4 钢相比较,J1 钢冷成型性较好与此钢含镍量高而氮量又低有关。由于 J4 钢的冷成型性最差,为了防止此钢的冷加工后延迟开裂,需要增加消除应力热处理的次数,最终会导致加工成本的提高。

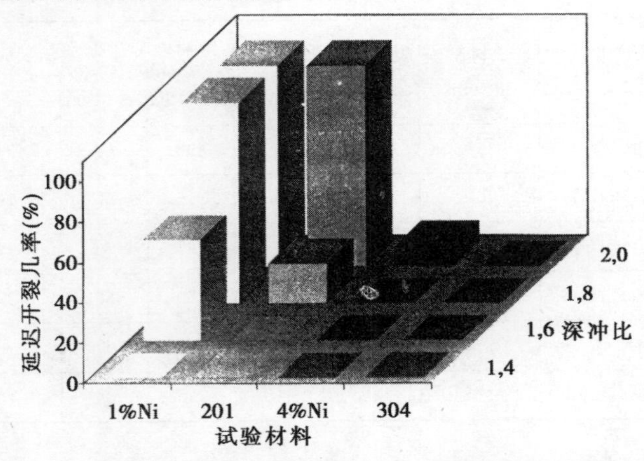

图 5.31 J4(1%Ni 者)和 J1(4%Ni 者)与 AISI 201、304 不锈钢冷成型性(以延迟开裂几率评价)的对比[32]

5)不锈耐蚀性

前面的图 2.27 和 2.28 已指出,向钢中加入锰显著降低不锈钢的耐点蚀性,由于 J1 和 J4 不仅锰量高,而且铬量低,因此可以预计:J1 和 J4 钢的不锈耐蚀性不仅远低于 0Cr18Ni9(304)而且也会低于 430 型无镍的铁素体不锈钢,同时还会低于 AISI 200 系钢和铬、镍、氮量与 J1 和 J4 相同但不含锰的不锈钢。

国内某不锈钢厂进行的盐雾试验❶结果指出,J1 和 J4 在 24

❶ 中性 NaCl 溶液连续喷雾试验。

小时(一般 17～18 小时)内便出现锈蚀,而 0Cr18Ni9(304)和 1Cr17(430)经过 48 小时,有的试样经过 96 小时后才出现锈蚀。

国外进行的盐雾试验所取得的结果见图 5.32[32],可以明显看出,J1 和 J4 锈蚀严重,而 304(0Cr18Ni9)和 439(0Cr17.5Ti,相当于在 430 中加 Ti)铁素体不锈钢则锈蚀轻微。

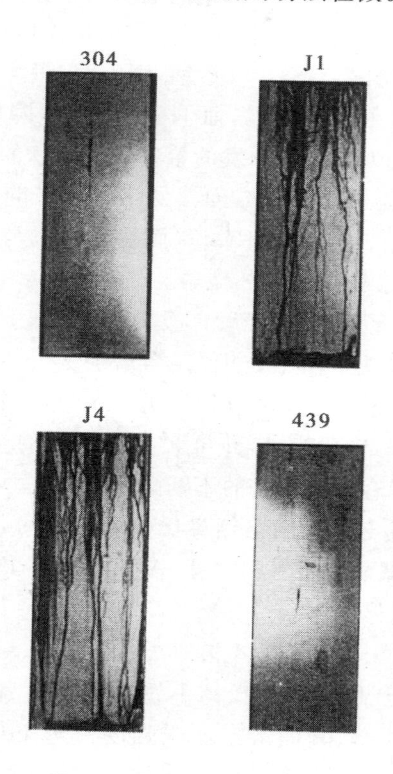

图 5.32 经盐雾试验后,J1、J4 和 304、439(0Cr17.5Ti)表面的锈蚀情况[32]

在考虑了 J1 和 J4 钢中铬、氮对耐蚀性的有益作用和锰元素的不利影响后，按不锈钢耐点蚀指数公式 Cr＋3.3Mo＋30N-Mn 计算，J1 和 J4 的耐点蚀指数仅相当于约含 12％Cr 不锈钢的耐点蚀指数，而 430、439 等铁素体不锈钢的耐点蚀指数则为 17～19，304 Cr-Ni 奥氏体不锈钢的耐点蚀指数则可达 19 以上。

笔者认为，为了节镍代替 304 并获得奥氏体组织，又保证钢的耐蚀性，前述美国 AISI 200 系钢，钢中 Cr 量均设计在与 18-8 型钢含量相当的 17％～18％，而 J1 和 J4 钢以降低钢中铬量❶，牺牲钢的耐蚀性为代价所开发的希望代替 304 的低铬铬锰不锈钢，不是铬锰不锈钢的发展方向。低铬而高锰的铬锰不锈钢的耐蚀性不仅远低于 18-8 型(304)，而且也无法与根本不含镍的 430 型❷现代铁素体不锈钢相竞争。

可以预计，若国内将生产 100 万吨的 J1 和 J4 改为生产 100 万吨 430 型现代铁素体不锈钢，仅需增加 2 万～3 万吨比较便宜的(高碳)铬，便可为国家节约 1 万～4 万吨镍、1.5 万～2.0 万吨铜和 8 万～10 万吨锰，并可大大降低钢的生产成本，同时还较 J1 和 J4 具有更加优良的不锈耐蚀性能。

当一些用途必须选用铬锰奥氏体不锈钢时，笔者建议选用已纳入国家正式标准的，相当于 AISI 201、AISI 202 和 AISI 205 等的一些牌号。

(4)高氮铬锰奥氏体不锈钢

大量试验已证实，向奥氏体不锈钢中加入高氮量所获得的高氮奥氏体不锈钢，其固溶态屈服强度可达 1100MPa，远超过奥氏体沉淀硬化不锈钢时效后的水平，若再经冷加工，则可高达 3000MPa 以上(图 5.33)[33]。与高强度的同时，随含氮量增加，

❶ 钢中铬量降低，氮在钢中对耐蚀性的有益作用也要下降。

❷ AISI 430 和 AISI 439 等等。

高氮奥氏体不锈钢的断裂韧性并不显著降低(图 5.33),而目前 316(0Cr17Ni12Mo2)奥氏体不锈钢固溶态的屈服强度仅约 250MPa,60%冷加工后也仅约 1000MPa。

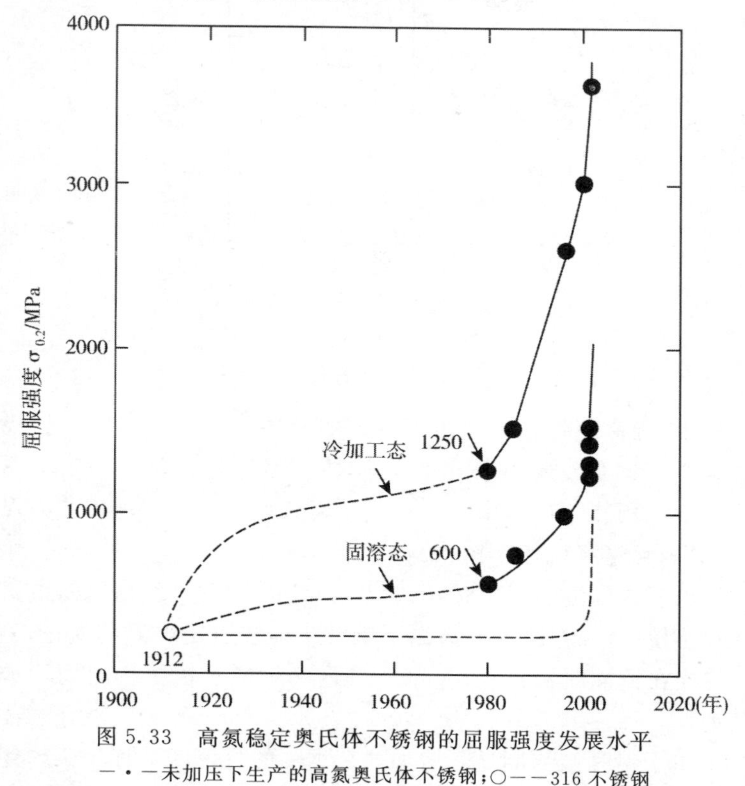

图 5.33 高氮稳定奥氏体不锈钢的屈服强度发展水平

—·—未加压下生产的高氮奥氏体不锈钢;○——316 不锈钢

高氮奥氏体不锈钢一般系指钢中含氮量>0.4%或≥0.5%的那些牌号。据此,前面所介绍的超级铬镍奥氏体不锈钢有的牌号已进入了高氮奥氏体不锈钢的行列。

前述铬锰奥氏体不锈钢加氮,最初是以节镍并获得具有奥氏体组织的不锈钢为主要目的,强度的增加等则是加氮后的必

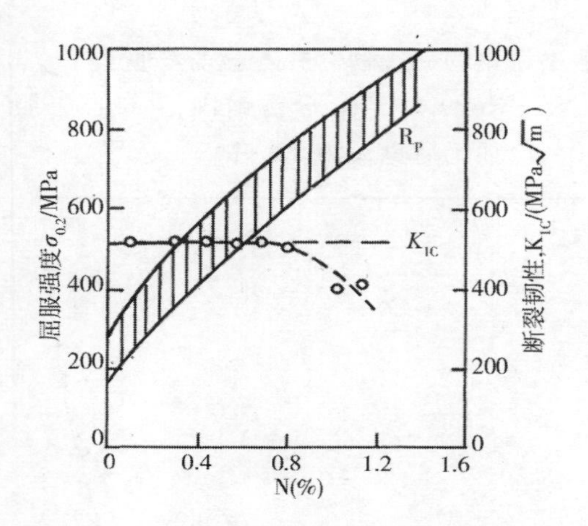

图 5.34　氮对稳定奥氏体不锈钢强度和断裂韧性的影响

然结果，而高氮铬锰奥氏体不锈钢的发展则是 20 世纪 60 年代以来高氮钢开发的一个重要方面，主要目标是在具有一定不锈耐蚀性的前提下向钢中加入高氮量以获得综合性能优良的高强度、高氮铬锰奥氏体不锈钢。

开发在固溶态便具有 $\sigma_{0.2} \geqslant 1000$MPa 的高强度、高氮铬锰奥氏体不锈钢，一方面要使高温下钢液中能溶解足够高的氮量，另一方面在钢液凝固过程中，钢中氮量又不能从钢中逸出而形成气泡。

由于铬和锰均能显著增加氮在钢中的溶解度，因此，在约含 18％Cr 的铬镍奥氏体不锈钢的基础上降镍提锰，既节镍又可达到提高钢中氮量的目的。20 世纪 80 年代初问世的一些牌号，例如 1Cr18Mn18N(相当于德国牌号 X10CrMn18 18)无磁不锈钢，含氮量可达 0.40％～0.60％，国内外已大量用于制造大型发电机的护环，国内系采用电弧炉冶炼加电渣重熔工艺进行大量生产，成品性能已达到了国外同类产品的水平。表 5.27 列出了国产 1Cr18Mn18N 钢护环的力学性能与国外技术要求的对比。可以看出:此钢的屈服强度在固溶态已达≥1000MPa 的水平。

表 5.27　国内外 1Cr18Mn18N 钢的护环力学性能①[34]

标准(或技术条件)	σ_{a2}/ MPa	σ_b/ MPa	δ_5(%)	ψ(%)	冲击韧性(V形缺口)
中国技术条件	1030/1070	≥1030	≥20	≥60	≥75
实物达到	1040/1112	1074/1231	21.5/25.0	62/67	159/210
美国 ASTM A289－88	≥1000	≥1070	≥15(δ_4)	≥55	≥88
美国西屋公司 PDS－10925	1030/1070	≥1030	≥20(δ_4)	≥48	≥50
日本 89MMQ－15007CN	1030/1070	≥1030	≥15	≥58	≥102

①第九届全国不锈钢年会论文集,1992,p249～251。$\sigma_{0.2}$、σ_b、δ_5、ψ 均在 95～100℃检验。

由于降镍提锰,目前发展的高氮铬锰奥氏体不锈钢大多是高锰量且不含或仅含少量镍,为了适应更高氮量的铬锰奥氏体不锈钢生产的需要,正在开发的冶炼工艺有加压下钢液氮合金化法(如加压电渣炉冶炼并浇注)和钢固态下氮合金化法(如粉末冶金法)等等。

由于高氮铬锰奥氏体不锈钢热加工塑性低是因为钢中硫的偏析和氮化物以及碳、氮化物析出的结果,因此,在冶炼过程中进行钢的钙处理(加入适量 Ca)试验,已取得了较明显的改善钢热塑性的效果。

(5)无锰节镍和无锰无镍的高氮奥氏体不锈钢

由于钢中氮具有强烈的奥氏体形成和稳定能力以及对奥氏体的固溶强化作用,而奥氏体不锈钢的耐点蚀、耐缝隙腐蚀等性能的高低又主要由钢中铬、钼、氮的含量所决定,同时不加锰又可防止加入大量锰所带来的负面影响。为此,国外也在开发无锰高氮的节镍和无镍奥氏体不锈钢❶并取得了进展。

国外用加压电渣炉冶炼了高氮(N 0.5%~1.5%)无锰节镍的 Cr-Mo-Ni-N 和无锰、无镍的 Cr-Mo-N 不锈钢并研究了它们的性能(见图 5.35~图 5.37)。

从图 5.35[35]的结果可知,它们强度高,塑性好,室温 σ_b 固溶态可达≥1000 或≥1200MPa,而延伸率 δ 则可达 40%~60%。

从图 5.36[35]可知,它们虽然有脆性转变温度,但可低到 -50℃,同时,室温韧性良好,并与 18-8 型铬镍奥氏体不锈钢相当。

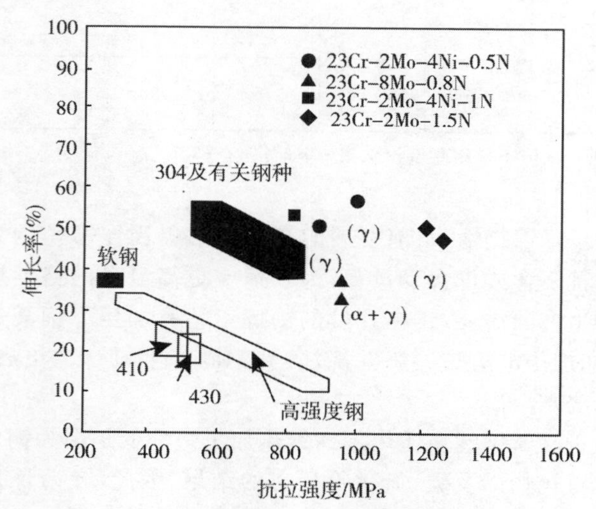

图 5.35　无锰高氮节镍奥氏体不锈钢的强度和塑性

❶　实际上是向高铬钼铁素体不锈钢中加入高氮量,使它们成为奥氏体不锈钢。这可能是一类既具有高强度又有高耐蚀性且塑、韧性良好的新型不锈钢。

从图 5.37[36] 可知，由于铬、钼、氮含量高，它们在海水中具有良好的耐缝隙腐蚀性能。

为了获得良好的耐蚀性，钢中残余氧量应在 20ppm 以下，为此，加压电渣炉所用渣系和脱氧剂种类及用量等均需予以合理控制。

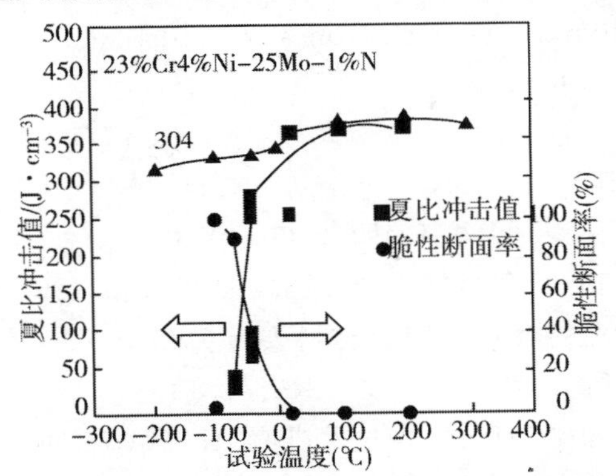

图 5.36　无锰高氮节镍奥氏体不锈钢的韧性和脆性转变温度

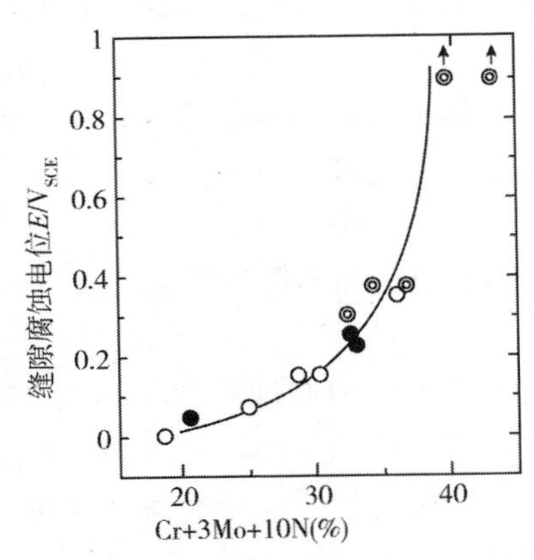

图 5.37　钢中 Cr＋3Mo＋10N 量对 17/25Cr-0/14Ni-2/6Mo-0.2/1.3N 钢耐蚀性（以缝隙腐蚀电位评价）的影响（人造海水，35℃）

○真空感应炉加氮；●真空感应炉＋吸氮法加氮；◎加压电渣炉加氮

主要参考文献

1 The International Nickel CO. Inc:Chrominum-Nickel Stainless Steels,Sec. I,Bull. A,1963,22

2 Llewellyn,D. T,et al. Iron and Stell Inst. London Report No. 86,1964,197

3 ステソレス协会编. ステソレス钢便览(第三版). 1995,557

4 细井　祐三. 特殊钢(日). 2000,49:32

5 川崎　正. 日本金属学会誌(日). 1958,22:489

6 化学工业协会化学装置材料委员会热交、腐食分科会 . 第56回腐食防食シソポジゥム资料. 1998,1

7 松藤　和雄. 西山纪念技术讲座(日)(第74回). 1981. 11

8 ステソレス协会编. ステソレス钢便览(第三版). 1995. 625

9 John Sedrivs. A. Corrosion of Stainless Steel. Secong Edition,1996. 371

10 Truman,J E. Corrsion, Metal/Environment Resction. In: Shireir, L L. ed. V. I,Boston. Newness Butterworths, 1976:31

11 丛家华,等. 第七届全国不锈钢年会论文集. 北京:原子能出版社,1988. 113

12 陆世英,等. 不锈钢应力腐蚀事故分析与耐应力腐蚀不锈钢. 北京:原子能出版社,1985. 36

13 SANDVIK 2RK65—the Problem Solver of the Process Industry, Sweden:Sandvik:1978. 6

14 SANDVIK 2RK65—the Problem Solver of the Process Industry,Sweden:Sandvik:1978. 6

15 杨长强,等. 不锈钢文集(1). 钢铁研究总院. 1985. 205

16 Lorenz,K. et al. Thyssen Forschung,1,1969,97
17 Garner,A. Corrosion,1981,37:78
18 Walten,B. et al. Corrosion/92,NACE,1992,332
19 Wallen,B. Werkstoffe und Korrosion,1993,44:46
20 Agarwal,D C. Air Pullution Contral Equipment Conference,1990,(5)
21 SANDVIK 2RE10(ASTM Type 310L), Sweden: Sandvik,1977,2
22 Brenne,D. et al. Werkstoffe und Korrosion,1990,41:124,129
23 季祥民,等.第七届全国不锈钢年会论文集.北京:原子能出版社,1988.96
24 中国特钢协会不锈钢分会编.不锈钢实用手册.北京:中国科学技术出版社,2003.483,558
25 中国特钢协会不锈钢分会编.不锈钢实用手册.北京:中国科学技术出版社,2003.484,559
26 中国特钢协会不锈钢分会编.不锈钢实用手册.北京:中国科学技术出版社,2003.489,490,559
27 Ulrich Heubner i.a,Nickel alloy and High-alloy Special Stainless Steels,KRUPP VDM,1998,80
28 杨长强,等,未发表文章
29 ステソレス协会编,ステソレス钢便览(第三版).1995,588
30 Laula R A. et al. Metal Progress,V69 1956.73
31 Binder,W O. et al. Trans,Am,Soc、Met ,V47,1955,232,266
32 INOSSIDABILE. DICEMDR,2005,163
33 Special,M O. et al. 不锈,2004,(3):1/7

34 苏风珍.第九届全国不锈钢年会论文集.1992.249,251

35 KaTada,Y. Materials and Manufacturing Process,2004,19:23,25

36 片田康行.CAMP－ISIJ.2001,14:282

6 α+γ Cr-Ni 双相不锈钢的发展和性能特点

从发现 Cr-Ni 奥氏体不锈钢中存在少量铁素体能改善钢的耐晶间腐蚀性能，进而出现了 α+γ Cr-Ni 双相不锈钢，最后形成了双相不锈钢系列并正式成为与前面三大类不锈钢并列的不锈钢类，到现在已有近 80 年的历史。和对不锈钢的定义一样，到目前为止，有关 α+γ 双相不锈钢的定义，国内外也尚未取得一致见解。但是对于 α+γ Cr-Ni 双相不锈钢的涵义，笔者认为，可以理解为具有 α+γ 双相组织并具有 α+γ 双相不锈钢特性的钢。

由于大量应用的 α+γ Cr-Ni 双相不锈钢中的含镍量多在 5%～7%，仅约为大量应用的 Cr-Ni 奥氏体不锈钢的 1/2，而最新开发的经济型双相不锈钢仅含 1%～4%Ni，因此，α+γ Cr-Ni 双相不锈钢也是一类节镍不锈钢。

6.1 发展简况

α+γ Cr-Ni 双相不锈钢（以下简称双相不锈钢）的发展，大致经历了三个重要阶段。根据双相不锈钢所含的特征元素、PRE 值、α 和 γ 两相比例的变化、出现年代以及性能特点，大家习惯地把双相不锈钢分为第一代、第二代和第三代双相不锈钢[1]。若按钢中特征元素的高低分类可分为低合金、中合金和

[1] 第二代和第三代双相不锈钢又称为现代双相不锈钢。

高合金双相不锈钢。受两相比例控制，热加工性和焊接性以及经济性等因素的影响，目前此类钢的产量较低，在世界不锈钢产量中仅约占2%，应用范围有待进一步开发，是一类在工程应用领域极具发展前景的钢类。

表6.1列出了不同时期双相不锈钢发展概况和一些主要牌号。

表 6.1　双相不锈钢的发展和主要牌号

项目	年代			
	1971年以前	1971～1989年	1990～1991年	2000年以来
钢中含N量(%)	＜0.08	0.08～0.25②	0.25～0.35	≥0.10
α/γ比例	次量相＞15%	近于50/50	近于50/50	近于50/50
PRE值①	18～29	29～38	≥40	≥40/21
主要牌号	1Cr25Ni4Mo1.5(329)，0-1Cr21Ni5Ti(ЭИ 811)，0-1Cr21Ni6Mo2Ti，1Cr17Ni11Si4AlTi(ЭИ654)，00Cr18Ni5Mo3Si2(3RE60)，00Cr26Ni6Ti，00Cr25Ni7Mo2Ti	0Cr18Ni5Mo3Si2N，00Cr18Ni6Mo3Si2Nb③，00Cr22Ni5Mo3N(SAF 2205)，00Cr23Ni4N(SAF 2304)，00Cr25Ni5Mo2N(329 J1L)，00Cr25Ni6Mo2N(NTKR-4)，00Cr25Ni7Mo3N(329J2L)，00Cr25Ni7Mo3WCuN(DP3)	00Cr25Ni7Mo4N(SAF 2507)，00Cr25Ni7Mo3.5WCuN(Zeron 100)，00Cr25Ni6Mo3.8CuN($UR52N^+$)	00Cr20Ni3Mo1.5N（UNS S32003)，00Cr21Mn5Ni1.5N(LDX2101)，00Cr20Mn5Ni2N(Armco Nitronic19D)

注：①PRE值＝Cr%＋3.3×Mo%＋16×N%；②个别牌号含N量最高达0.3%；③国内牌号含N 0.08%～0.15%；④瑞典SANDVIK公司还开发了SAF2906和3207，PRE值均＞40。

1971年以前，所开发的牌号属于第一代双相不锈钢，其中包括20世纪30年代的第一个双相不锈钢1Cr25Ni4Mo1.5(329)。第一代双相不锈钢的含氮量处于电弧炉冶炼的常规水平。虽然第一代双相不锈钢已将双相不锈钢的性能特点充分显示了出来，但由于钢的耐点蚀当量PRE值较低，各牌号间的固溶态相比例差别也较大，而且尚难以准确控制，特别是焊后，熔合线和焊缝区常常呈现γ<10%的单相铁素体组织，导致焊接接头处双相钢优良特性的显著下降，甚至完全丧失，严重阻碍了双相不锈钢在焊接用途的应用和发展。

1971～1989年问世的牌号，属于第二代双相不锈钢，特点是钢中都含有氮。由于氮是强烈形成并稳定奥氏体的元素，随钢中氮量增加，一方面母材中奥氏体相比例提高，高温下奥氏体稳定性也增加，相同温度下，转变为铁素体的数量会有所减少(图6.1)[1A]，另一方面，从高温冷却过程中，氮也有利于铁素体向二次奥氏体的快速转变，从而可防止焊后熔合线和热影响区出现单相铁素体组织。氮的加入为第二代双相不锈钢的诞生和发展创造了条件。由于氮在不锈钢中主要是固溶在奥氏体中，因此氮对双相不锈钢的有益作用实际上是氮对双相不锈钢中奥氏体组织性能影响的反映。同时，双相不锈钢

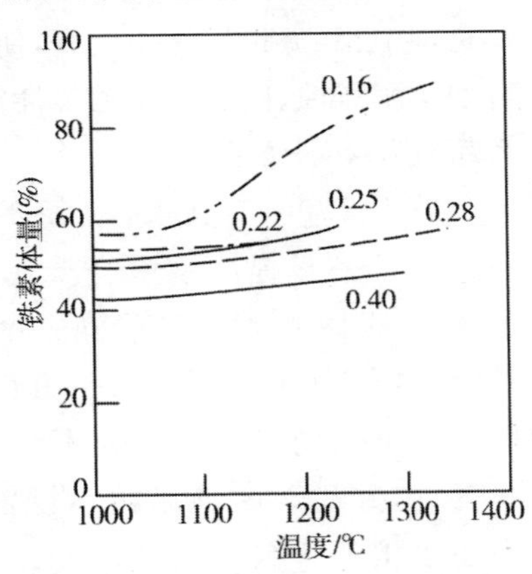

图6.1　氮对约25%Cr、6%～7%Ni、3%～4% Mo、Cu≤1.5%，W≤0.7%双相不锈钢加热时钢中铁素体量变化的影响[1A]

中的加氮量要受钢中奥氏体量的限制；而在铁素体组织中，由于氮的溶解度极低和氮的过饱和，焊后冷却过程中，会有更大量的氮化物析出，反面会使铁素体组织的性能恶化。前面已经述及，现代铁素体不锈钢的高纯化使传统铁素体不锈钢的缺点和不足有了极大程度的克服，但对双相不锈钢而言，使铁素体相高纯化则难以实现。因此，双相不锈钢由于铁素体的存在而获益，但大量非高纯铁素体组织的存在也会是制约双相不锈钢发展的重要因素。

1990年后所出现的一些牌号，属于第三代双相不锈钢，特点是钢中钼、氮量进一步提高，使此类钢的PRE值≥40，耐蚀性特别是耐点蚀、耐缝隙腐蚀等性能有了进一步改善，目前又称之为超级双相不锈钢。

进入2000年以来，双相不锈钢的发展呈现两种趋势。一方面进一步提高钢中合金元素含量以获得更高强度和更加优良的耐蚀性，如瑞典SANDVIK公司新开发的SAF 2906和SAF 3207❶。另一方面转向开发低镍量且不含钼或仅含少量钼的经济型双相不锈钢，以降低双相不锈钢的成本和售价，并显著改善双相不锈钢的热加工性和焊接性，从而增加双相不锈钢与其他类型不锈钢的竞争优势。目前列入经济型双相的有1971～1989年开发的2304(00Cr23Ni4N)和2000年以来新发展的2303(AL 2003，00Cr23Ni3Mo1.5N)、2101型的LDX-2101(00Cr21Mn5Ni1.5N)以及Armco Nitronic 19D(00Cr20Mn5Ni1N)。2303希望能代替2205和316，而LDX-2101和Armco Nitronic 19D则希望代替18-8(304)Cr-Ni奥氏体不锈钢。

❶ SAF2906 σ_b可达860～1160MPa；SAF3207则可达980～1180MPa。

6.2 性能特点

与不锈钢中其他四类不锈钢相比，由于双相不锈钢具有α＋γ双相组织结构，因此，其性能特点是兼有奥氏体不锈钢和铁素体不锈钢的特性，是一类高强度与高耐蚀性最佳匹配的不锈钢。

与铁素体不锈钢相比，α＋γ双相不锈钢的脆性转变温度低，室温韧性较高，耐晶间腐蚀和焊接性能显著改善，同时仍保留铁素体不锈钢的一些特点，如475℃脆性，中温脆性和高温脆性及导热系数高、线胀系数小和具有超塑性❶等。

与奥氏体不锈钢相比，双相不锈钢的强度，特别是屈服强度显著提高，耐晶间腐蚀、耐应力腐蚀、耐腐蚀疲劳和耐磨蚀等性能明显改善，但有磁性。

上述双相不锈钢的特性，随二相比例的不同而有所变化。例如，当铁素体相的比例较大时，则更易显示铁素体不锈钢的性能特点；反之，则易显示奥氏体不锈钢的性能特点。

6.2.1 力学性能

高强度，存在脆性转变温度和三个脆性区。

由于双相不锈钢具有微细的显微组织以及钼、氮等的强化作用，双相不锈钢的强度远远高于铁素体不锈钢和奥氏体不锈钢，一些试验结果见表6.2和图6.2[1]。但是，双相不锈钢中含高铬、钼的大量铁素体相的存在，使得铁素体不锈钢中所具有的脆性转变温度和475℃脆性、中温脆性以及高温脆性三个脆性区的特征，在双相不锈钢中也显现了出来（图6.3～图6.5系

❶ 超塑性：钢的延伸率(δ)＞100％时，此钢便具有超塑性。

475℃和中温脆性的情况)。但是由于双相不锈钢的晶粒细化且又存在大量奥氏体,所以双相不锈钢的脆性转变温度明显低于普通铁素体不锈钢,一般均在-40℃或-50℃以下,而且室温冲击韧性也足够高(表6.2),因此并不影响双相不锈钢的工程应用。至于475℃脆性和中温脆性只要不高于260℃长期使用就不会有任何危险❶。

表6.2 铁素体(430)、奥氏体(304)和双相不锈钢代表性牌号室温力学性能对比

牌 号	σ_b/MPa	$\sigma_{0.2}$/MPa	δ(%)	ψ	A_k/J
0C18Ni9(304)	≥520	≥205	≥40	—	>300
1Cr17(430)	412~632	245~485	20~57	50~80.5	
0Cr21Ni5Ti	694	515	20.3	65.5	143
00Cr22Ni5Mo3N(2205)	≥680	≥450	≥25	—	≥150
00Cr25Ni7Mo4N	730	530	20	—	60

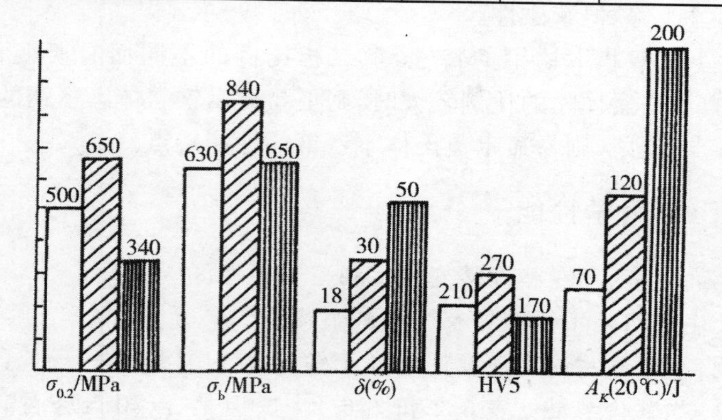

图6.2 三类高合金超级不锈钢的力学性能对比[1B]

□超级铁素体不锈钢;▨ 超级双相不锈钢;▥ 超级奥氏体不锈钢

❶ 与前述高铬铁素体不锈钢相同,在α+γ双相不锈钢的热加工和焊接过程中,同样需采取防止出现475℃(α′相)和中温(x,σ相)析出而引起脆化的措施。

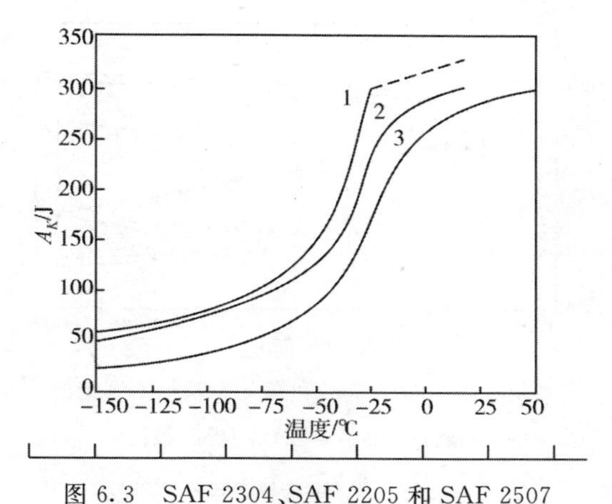

图 6.3 SAF 2304、SAF 2205 和 SAF 2507 三种双相不锈钢的脆性转变温度曲线[2]

1—SAF 2304；2—SAF 2205；3—SAF 2507

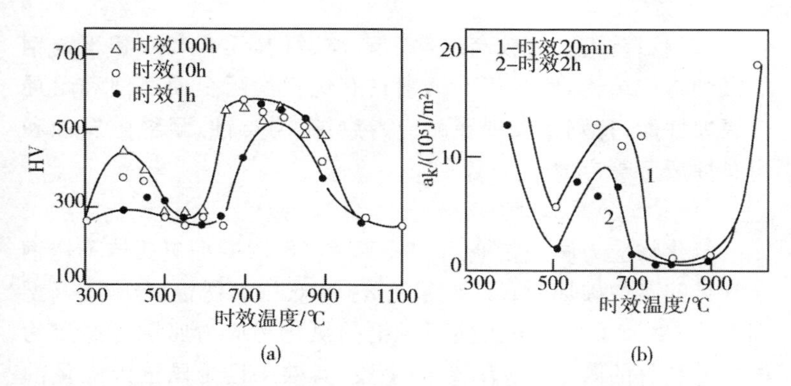

图 6.4 第一代双相不锈钢 00Cr26Ni7Mo2Ti 的 475℃脆性和 σ (x)相析出的中温脆性[3]

(a)：对硬度的影响；(b)：对冲击韧性的影响

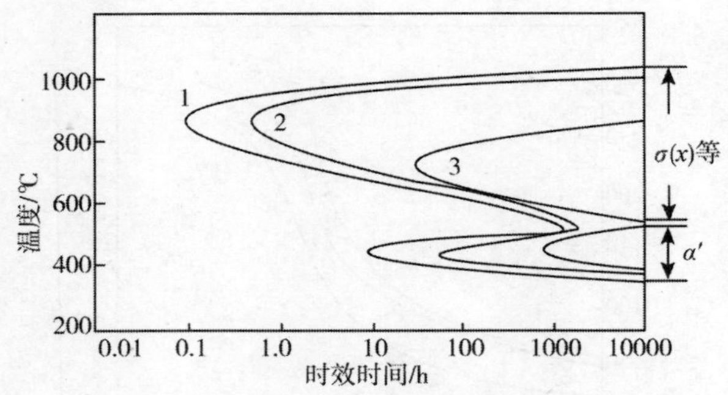

图 6.5　第二代(2304、2205)和第三代双相不锈钢的 475℃ (α′)脆性和中温[σ(χ)等]析出脆性[4]

(曲线之左 $A_k \geqslant 27J$,曲线之右 $A_k < 27J$)

1—SAF 2507;2—SAF 2205;3—SAF 2304

6.2.2　耐腐蚀性能

双相不锈钢含有较高的铬、钼、镍、氮等元素和双相不锈钢的微细组织结构,使双相不锈钢具有优良的耐全面腐蚀和耐局部腐蚀性能,特别是表现在耐应力腐蚀、耐点蚀、耐缝隙腐蚀和耐腐蚀疲劳等方面。

(1)耐应力腐蚀性能

氯化物应力腐蚀是通用 18-8 型和 18-12-2 型奥氏体不锈钢最常见的腐蚀破坏形式。而采用 α+γ 双相不锈钢解决 18-8 型和 18-12-2 型 Cr-Ni 奥氏体不锈钢的氯化物应力腐蚀已经成为国内外选材的既重要又有效的手段,其效果已为国内外大量的工程实际应用所证实。

表 6.3 和表 6.4 及图 6.6 系双相不锈钢的耐应力腐蚀性能试验所获得的一些结果。

表 6.3　在高温含 Cl^- 水中的应力腐蚀试验结果[5]

牌号和焊接方式	试验条件	出现应力腐蚀时间/h
1Cr18Ni9Ti	200℃,500ppm Cl^-,8ppm[O],U 形样	9.5～25
00Cr18Ni6Mo3Si2Nb (18－5Nb)①	200℃,500ppm Cl^-,8ppm[O],U 形样	625～5500
1Cr18Ni9Ti 相互对接焊	200℃,500ppm Cl^-,8ppm[O],U 形样	9.5
18-5Nb 与 1Cr18Ni9Ti 对接焊	200℃,500ppm Cl^-,8ppm[O],U 形样	787h,1Cr18Ni9Ti 侧破裂

①国内牌号,含 0.08％～0.15％N。

表 6.4　00Cr22Ni5Mo2N 钢的耐应力腐蚀性能

牌　号	试验介质		
	25％NaCl＋1％ KCr_2O_7,108℃,pH＝5	40％$CaCl_2$ 120℃,pH＝5	40％$CaCl_2$ 100℃,pH＝5
00Cr22Ni5Mo3N	＞1000	＞500	＞1000
00Cr18Ni10	93	313	47

双相不锈钢中较常用的 18-8 型和 18-12-Mo 型奥氏体不锈钢具有远为优异的耐应力腐蚀性能的原因至今尚未取得完全一致的看法。一般认为:双相不锈钢具有微细双相组织,屈服强度高,在相同应力作用下,难以产生粗大的滑移;钢中铁素体相可能具有机械的和电化学的防护作用;钢中的铬、钼、氮量高,耐点腐蚀、耐缝隙性能优良,且再钝化能力强,对防止以局部腐蚀为起源的应力腐蚀也起了重要的作用等等。

(2)耐点腐蚀性能

不锈钢的耐点蚀性能根据钢的 PRE 值,即 Cr％＋3.3×Mo％＋16×N％的高低,便可大致判定。因为第二代、第三代双相不锈钢的 PRE 值一般比 18-8 型和 18-12-2 型 Cr-Ni 奥氏

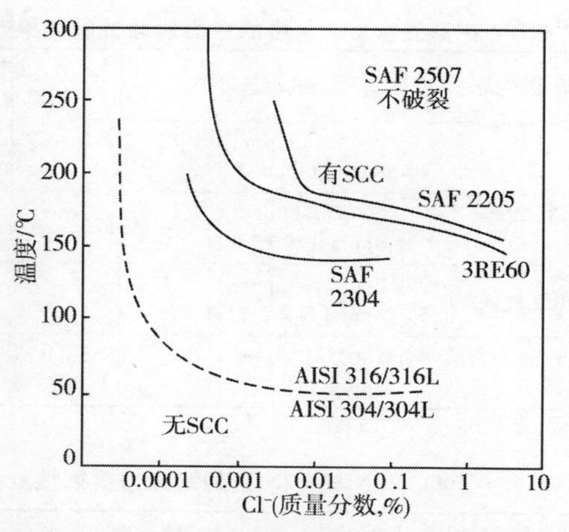

图 6.6 各种不锈钢的 SCC 敏感性与温度和氯化物浓度的关系[6]

SAF 2304 (UNS S32304)—23Cr-4Ni-0.1N;SAF 2205 (UNS S31803)—22Cr-5.5Ni-3Mo-0.14N;SAF 2507 (UNS S32750)—25Cr-7Ni-4Mo-0.3N

体不锈钢为高,双相不锈钢的耐点蚀性一般优于通用 18-8 型和 18-12-2 型 Cr-Ni 奥氏体不锈钢是必然的。一些试验结果见图 6.7 和图 6.8。从图 6.7 中可知,SAF 2304 的 PRE 值远较 304L 高,耐点蚀温度高于 304L 是必然的;SAF 2304 的 PRE 值与 316L 相近,临界点蚀温度也相近。从图 6.8 可知,超级奥氏体不锈钢 254 SMO 与 SAF 2507 超级双相不锈钢的 PRE 值也基本相同,所以二者的临界点蚀温度也基本一致。但是,若用 2304 代替 304L 或 316L,用 2507 代替 254 SMO 则可大大节约镍元素。

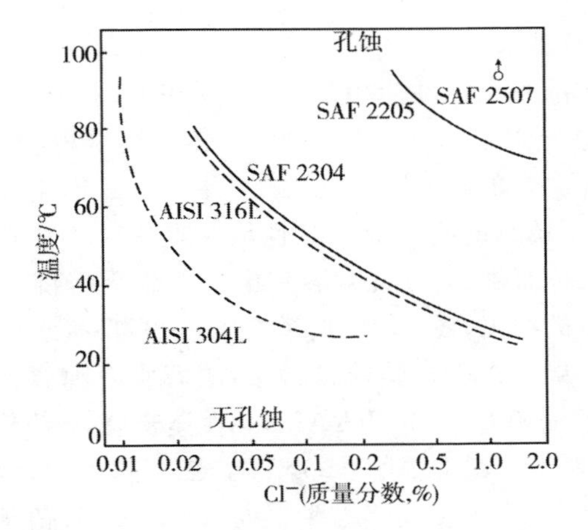

图 6.7 中性氯化物溶液中的 Cl^- 浓度与不同钢种的 CPT 关系[6]

[+300mV(SCE)电位]

SAF 2304—00Cr23Ni4N;SAF 2205—00Cr22Ni5Mo3N;SAF 2507—00Cr25Ni7Mo4N

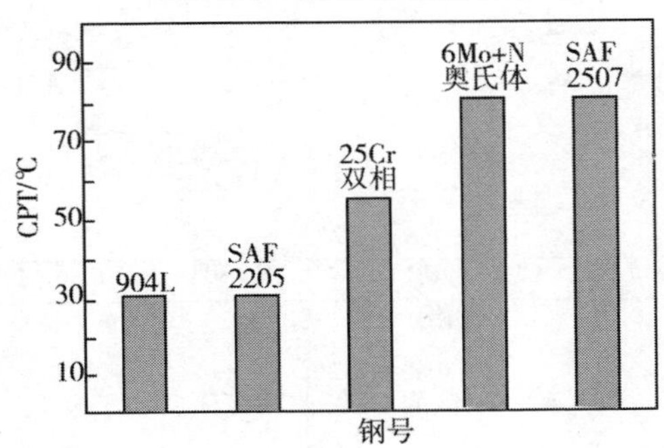

图 6.8 在 6%$FeCl_3$溶液中(ASTM G48A 方法)测得的双相不锈钢代表牌号与奥氏体不锈钢对比钢种的 CPT 值[7]

904L—00Cr20Ni25Mo4.5Cu;6Mo+N—254SMO;25Cr 双相—25Cr5Ni3Mo0.2N

(3)耐缝隙腐蚀性能

与前述的耐点蚀性能相似，由于双相不锈钢中铬、钼、氮量一般较通用18-8型和18-12-2型奥氏体不锈钢高，因而，双相不锈钢也具有更好的耐缝隙腐蚀性能。但是，当PRE值相同或相近时，双相不锈钢的耐缝隙腐蚀性能与奥氏体不锈钢也相同或相似。图6.9系在6%$FeCl_3$溶液中进行临界缝隙温度(CCT)试验所取得的结果；图6.10则系在20～25℃海水中进行试验所取得的结果。在所试验的材料中，耐海水缝隙腐蚀性能最好的是双相不锈钢中的FERRALIUM、奥氏体不锈钢中的254 SMO和铁素体不锈钢中的MONIT。三个牌号中，双相不锈钢FERRALIUM和铁素体不锈钢MONIT的PRE值却都低于奥氏体不锈钢254 SMO。

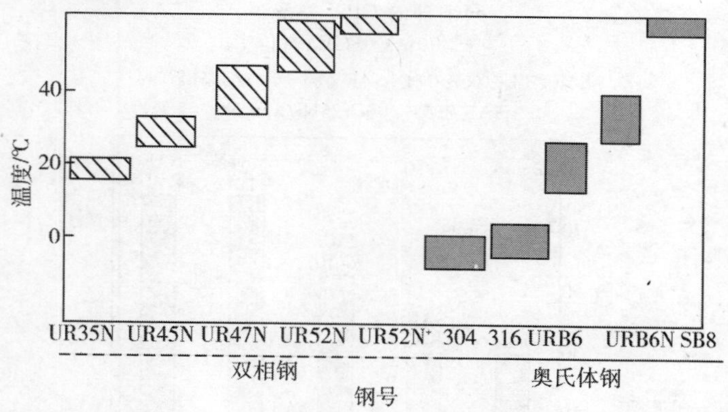

图6.9 几种不锈钢的CCT值(6%FeCl3溶液，72h)[8]

UR35N－00Cr23Ni4N；UR45N－00Cr22Ni5Mo3N；UR47N－00Cr25Ni6.5Mo3N；UR52N－00Cr25Ni6.5Mo3Cu1.5N；UR52N+－00Cr25Ni7Mo3.5Cu1.5N；URB6－00Cr20Ni25Mo4.5Cu1.5；URB6N－00Cr20Ni25Mo4.5Cu1.5N；SB8－00Cr25Ni25Mo5Cu1.5N

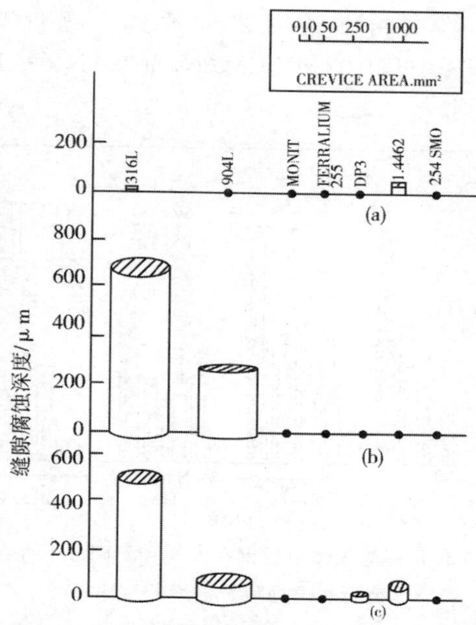

图 6.10　在海水中，三类不锈钢的耐缝隙腐蚀性能（缝隙腐蚀深度和缝隙腐蚀面积）[9]

（a）人造海水（20～25℃）；（b）天然海水（20～25℃）；（c）天然海水（7～10℃）
FERRLIUM255－00Cr26Ni6Mo3Cu2N0.2；1.4462—00Cr22Ni5Mo3N；254SMO—00Cr20Ni20Mo6CuN；MONIT－00Cr25Ni4Mo4

（4）耐腐蚀疲劳性能

双相不锈钢耐点蚀、耐缝隙腐蚀等局部腐蚀的性能良好，因此对于防止以点蚀、缝隙腐蚀为起源的腐蚀疲劳极为有益；双相不锈钢具有复相结构，不仅具有较高的腐蚀疲劳强度，而且一旦出现腐蚀疲劳裂纹，其扩展速率也较单相钢要慢。因此，人们也常常把选用双相不锈钢作为解决不锈钢腐蚀疲劳的重要手段。

图 6.11[10] 系在大气和 3%NaCl 介质中进行试验所取得的结

果。可以看出，双相不锈钢 2205 的疲劳强度高于 304LN (00Cr18Ni10N)、316LN(00Cr17Ni4Mo2N)和 317LN(00Cr17Ni13Mo3N)等奥氏体不锈钢。

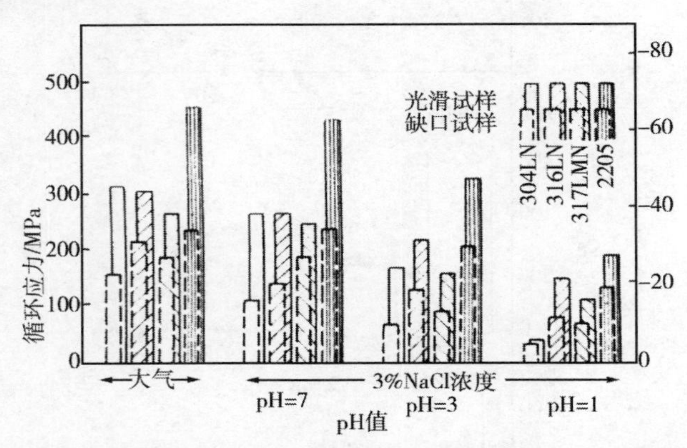

图 6.11　2205 和几种奥氏体不锈钢在大气和不同 pH 的 NaCl 溶液中疲劳和腐蚀疲劳强度的对比

（40C 和 100Hz，2×10^7 循环数）

国内尿素生产曾出现多起 00Cr17Ni4Mo2 不锈钢制甲铵泵缸体的腐蚀疲劳破坏。为解决此问题，在生产现场进行了几种不锈钢在甲铵液中的腐蚀疲劳试验，结果见图 6.12[11A]。从图 6.12 可知，所试验的三种双相不锈钢的耐甲铵液腐蚀疲劳性能均优于 00Cr17Ni4Mo2。根据这一结果，国内一直在选用双相不锈钢制甲铵泵缸体，使用效果良好。

20 世纪 70 年代国内有一重要工程，按国外设计大量选用 4Cr14Ni14W2Mo 不锈耐热钢做立管螺栓。使用过程中，5000 个立管螺栓不断出现大量断裂，用户认为系由于强度不足所致，部分改用一种高强度不锈钢后，破裂反而加速。经国内研究，4Cr14Ni14W2Mo 断裂系由于氯化物应力腐蚀和以点蚀为起源的腐蚀疲劳所致，全部改用国内研制的 00Cr16Ni6Ti 和 00Cr16Ni7Mo2Ti 双相不锈钢后，5000 个立管螺栓使用 10 年以上，未再出现任何一个螺拴断裂[11B]。

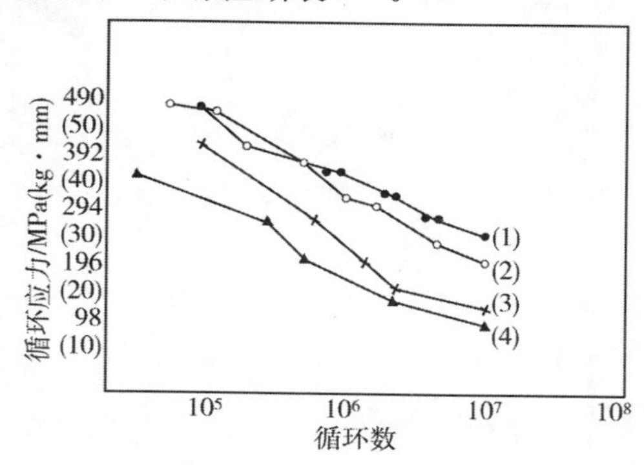

图 6.12　几种钢在现场甲铵液中的腐蚀疲劳试验结果[11A]

1-00Cr25Ni6Mo2N；2-00Cr25Ni6Mo2(329J1)；3-00Cr18Ni5Mo3Si2；4-316L(尿素级)

6.2.3　热加工性和冷成型性

这是双相不锈钢性能上的弱项，特别是含高铬、钼、氮量的高合金双相不锈钢更为突出。

(1) 热加工性

在热加工变形温度下，由于双相不锈钢中两相强度、塑性不同和变形行为的差异，导致热塑性下降，而使钢的热加工性变坏。图 6.13 系双相钢中，随二相比例的不同，不锈钢的热塑性的变化。可以看出，在热加工条件下，当次量相量超过 20%后，双相不锈钢的热塑性急剧下降；当 α 与 γ 体积分数相差＜20%时，还有一热塑性最低的平台。为此，在双相不锈钢热加工过程中，相比例不仅希望在此平台外，而且最好次量相应＜20%。

实践表明，对常用第一代双相不锈钢而言，适宜的热加工温度一般在 900～1150℃范围内。

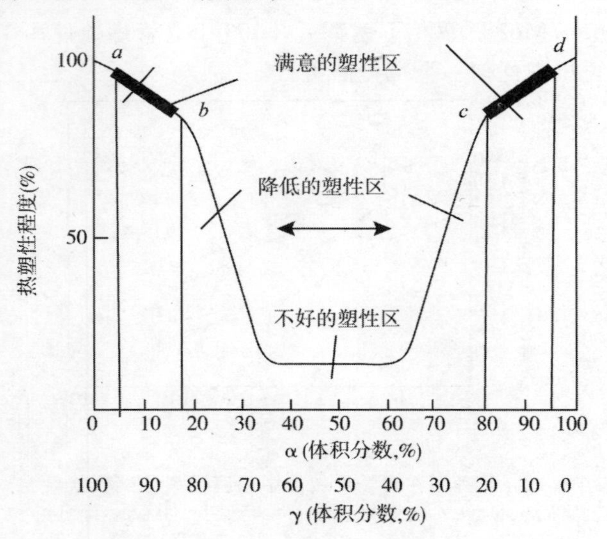

图 6.13　α 和 γ 相比例对钢在高温下工艺塑性的影响示意图[12]

由于图 6.13[12] 最早发表于 1962 年，当时第二代和第三代(也称现代)双相不锈钢尚未问世，因此，此图无法预示用氮合金化后的现代双相不锈钢的热塑性行为。国内曾以含氮的双相不锈钢 00Cr25Ni6Mo3N 为基础，研究了 Ni 在 0%～10%，N 在 0.08%～0.23%的区间内，钢中 α 和 γ 相比例与钢的热塑性之间的关系，结果指出[13]：

· 低温、低 α 相区和高温、中 α 相区的热塑性明显低于其他相区。

· 对 α 相＜30%的双相不锈钢，热加工温度宜高一些，热加工终止温度在 1000℃以下。

· 对 α 相＞40%的双相不锈钢，热加工温度宜低一些，热加工终止温度可在 900～1000℃范围内。

研究和实践表明，具有微细的双相组织结构，对双相不锈钢获得优良的性能非常重要。因此，对于热加工后便进行最终热处理的产品，不仅是热加工终止温度，而且变形量的控制也需予以重视。

对于高合金双相不锈钢，热加工过程和冷却过程中，还要防止600～1000℃间σ相和χ相等的析出，以避免它们析出对钢的性能带来的危害。

(2) 冷成型性

双相不锈钢的冷成型性要低于Cr-Ni奥氏体不锈钢，也要低于中铬的一些铁素体不锈钢。这与双相不锈钢的屈服强度高，变形抗力大，延伸率较低，各向异性大，钢的r值(塑性应变比)和n值(冷加工硬化系数)均较低有关。因此，双相不锈钢一般不适用于要求苛刻冷成型(如深冲)等的用途。对于管与管板胀接等工艺，则需采用较大外力导致钢管屈服后，便可顺利完成胀接操作；可以进行冷弯，但回弹较大。表6.5中列出了00Cr18Ni5Mo3Si2钢的r值和n值并与18-8奥氏体不锈钢和含17%～18%Cr的几种铁素体不锈钢的对比结果。

表6.5 00Cr18Ni5Mo3Si2钢的r值、n值与18-8型和18-2型不锈钢的对比[14]

牌号	n值			$\bar{n}$值	r值			$\bar{r}$值
	0°	45°	90°		0°	45°	90°	
00Cr18Ni5Mo3Si2	0.162	0.161	0.157	0.160	0.348	0.863	0.419	0.543
0Cr18Ni9	0.320	0.330	0.303	0.318	0.953	0.932	0.949	0.945
00Cr18Mo2 (C+N为0.04%)	0.185	0.184	0.179	0.183	1.255	1.235	1.865	1.452
低C、N Cr17Ti	—	—	—	0.24	1.67	1.45	2.36	1.73
1Cr17(430)	—	—	—	0.22	1.16	0.69	2.66	1.30

虽然向双相不锈钢加入适量铜也可显著提高钢的冷成型性，但由于每种类型的不锈钢应用领域的不同，对工程用双相不锈钢而言，没有必要采取此种合金化措施。

6.2.4 焊接性

由于双相不锈钢具有双相结构，与奥氏体不锈钢相比较，焊接热裂敏感性小；与铁素体不锈钢相比较，焊后热影响区的脆化倾向也较低，因此，双相不锈钢具有较好的焊接性。

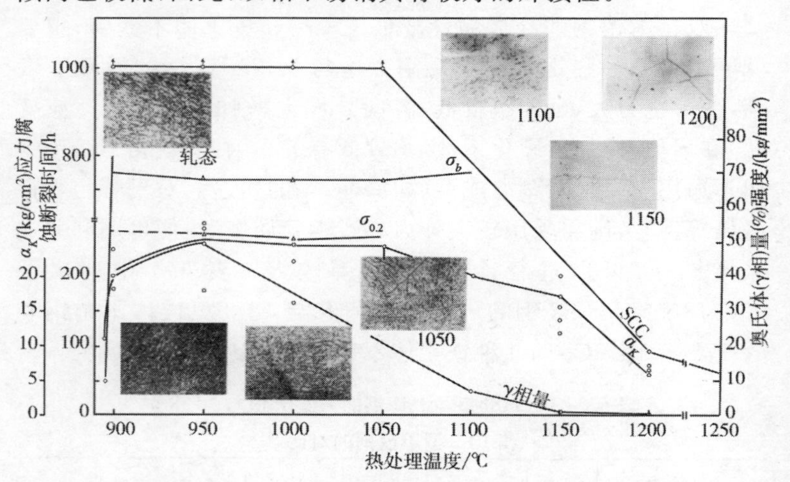

图 6.14 不同温度热处理后，钢中相比例（γ 相量）对 00Cr16Ni6Ti 双相钢性能的影响[15]

SCC—应力腐蚀

但是，双相不锈钢的焊接主要是要控制焊后热影响区具有适宜的相比例，防止熔合线和焊缝热影响区出现单相铁素体组织而导致的双相不锈钢性能的下降和优良特性的丧失。对于高铬、钼、氮高合金双相不锈钢，也要防止 σ 相、χ 相和 Cr_2N、CrN 等的析出带来的不良影响。为此，焊接用双相不锈钢，焊前母材相比例的控制、焊接时的峰值温度和冷却速度以及焊接线能量的大小等等均需予以注意。

图 6.14[15] 系第一代双相不锈钢 00Cr16Ni6Ti 由于热处理温度不同，钢中 γ 相量的变化，对钢力学性能和耐应力腐蚀性能的影响。可以看出，随热处理温度升高，当钢中 γ 相量＜20％后，随钢中 γ 量的进一步减少（即铁素体量的增多），钢的韧性显著下降，耐应力腐蚀性能显著降低。到 1200℃ 以上呈现单相铁素体组织后，钢的韧性和耐应力腐蚀性能实际上是含镍的纯铁素体不锈钢的性能，不仅韧性低，耐应力腐蚀性能差，而且对晶间腐蚀也很敏感。此种由于温度的影响和双相不锈钢中相比例的变化导致的性能改变，在双相不锈钢的焊接过程中，同样会显现出来。

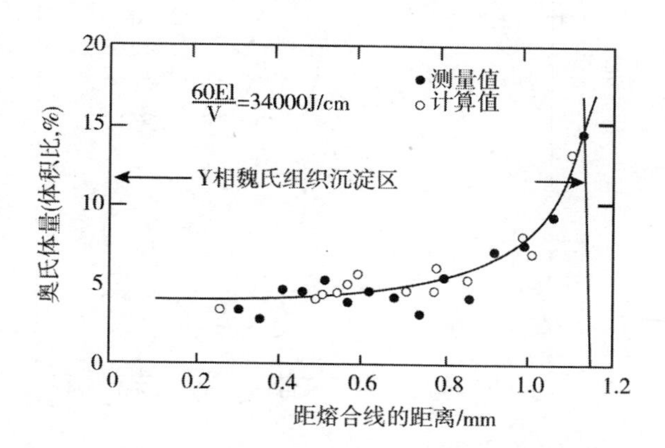

图 6.15　SUS 329J1(0Cr26Ni5Mo2)钢焊后热影响区 γ 相（魏氏组织）量的变化

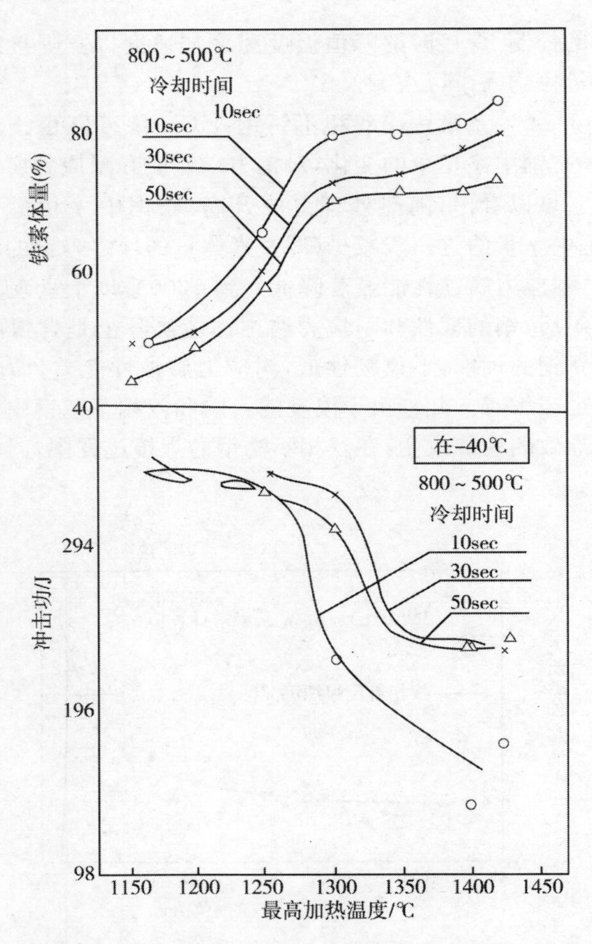

图 6.16 热循环的峰值温度(焊接热模拟)以及冷却条件对双相不锈钢 α 相量及－40℃冲击性能的影响[16]

图 6.15 和图 6.16[16] 系另一种第一代双相不锈钢 SUS 329J1

(0Cr26Ni5Mo2),实际焊后热影响区 γ 相量的变化和热模拟试验再现加热温度和冷却条件对此钢 α 相量和冲击韧性的影响。从图 6.15 可看出,焊后热影响区 γ 相量(γ_2魏氏组织❶)显著减少,近熔合线区可低于 5%。从图 6.16 可知,加热温度提高,铁素体量增加,焊后高温冷却过程中,冷却越快,二次奥氏体(γ_2)的形成量也越少,钢的韧性也越低。

综上所述,在双相不锈钢焊接过程中,其热影响区的变化可以简单描述为:受温度的影响,热影响区中奥氏体大量减少,铁素体大量增加以及铁素体晶粒的长大,在焊缝熔合线及其附近的高温区会呈现晶粒较粗大的单相铁素体组织。而在焊后冷却过程中,随冷却速度和母材初始相比例的不同,自高温铁素体转变而来的奥氏体(称二次奥氏体,即 $\gamma_2$❷)量也有所不同。冷却快,熔合线及其附近微区的单相铁素体还会保持到室温,形成含镍的纯铁素体组织,从而导致各种性能的下降;冷却较慢,则会有较多的二次奥氏体(γ_2)产生,从而使得焊缝热影响区呈现具有不同 α/γ 相比例的双相区。虽然与未经焊接热影响区的母材相比,近熔合线热影响区性能也会有所下降,但仍可保持双相不锈钢的优良特性。当然,冷却速度也要控制适当,特别是要防止冷却过慢而引起的碳、氮化物大量析出和 χ、σ 等脆性相沉淀带来的危害。

图 6.17[17]系双相不锈钢的组织图和焊后热影响区的组织变化图,可以较圆满解释上述双相不锈钢焊后热影响区所遇到的现象。

---

❶ 魏氏组织:以该组织的发明人 Widmanstatten 命名,是晶粒内存在的一种针状组织。早期系在亚共析钢(C<0.8%)中发现的。在 α+γ 双相不锈钢中系由于 $\delta(\alpha)\rightarrow\gamma_2$转变而产生。

❷ 也有称为 γ′,见文献[21],但因易与本书中金属间相的 γ′相混淆,故此处用 γ_2。

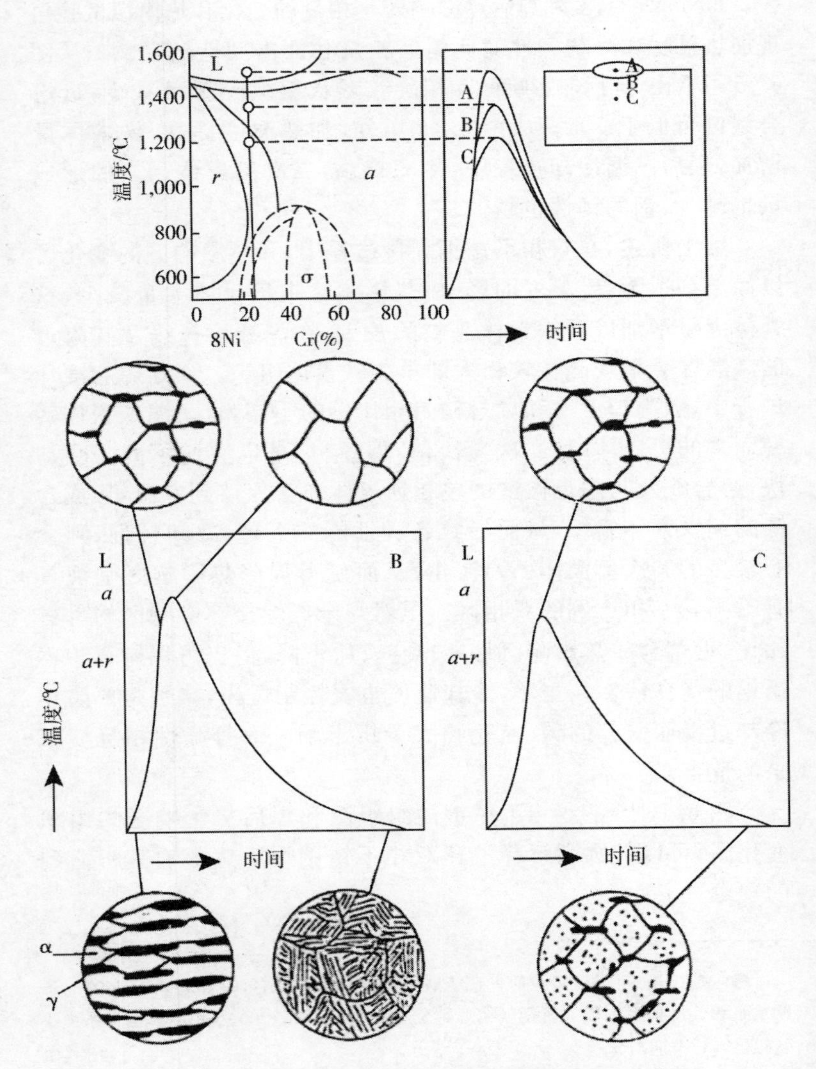

图 6.17 双相不锈钢的组织图和焊后组织的变化

克服第一代双相不锈钢焊接性的不足，既防止焊后单相铁素体的形成，并希望焊后获得尽量多的奥氏体(γ_2)和满意的热影响区性能，一是向钢中加氮并使母材具有 α/γ 近于 1 的双相结构，二是焊接工艺的控制(包括线能量和多层焊时层间温度的控制以及焊接材料的选择等等)。

实践表明，由于氮的加入，第二代和第三代(超级)双相不锈钢以及经济型双相不锈钢，在母材固溶态 α 和 γ 的相比例控制在 50%比 50%左右即 1∶1 的前提下，采取适宜的焊接工艺，完全可以防止焊后熔合线和热影响区单相铁素体的形成，并获得满意的焊接接头的性能。

表 6.6 列出了相比例对不同含氮量的 25Cr6.5Ni3MoN 钢焊接热模拟试样和母材耐蚀性的影响，显然，当母材的相比例 α/γ 近于 70/30 时，HAZ1 近于单相铁素体，HAZ2 也仅 5%～7%的

表 6.6　相比例对不同含氮量的 25Cr-6.5Ni-3Mo-N 钢焊接热模拟试样及母材耐腐蚀性能影响[18]

N%	B 值①	铁素体(%)④			晶间腐蚀⑤			点蚀率/⑥ [g·(m²·h)⁻¹]		
		母材	HAZ1	HAZ2⑦	母材	HAZ1	HAZ2	母材	HAZ1	HAZ2
0.06	9.4	68.0	98.0	95.0	无	重	有	0.4422	2.0374	0.2751
0.10	6.10	58.5	93.0	85.0	无	无	无		0.3476	0.2477
0.14	3.96	49.9	70.0	65.0	无	无	无	0.0323	0.2962	0.2287
0.19	3.33	46.5	65.0	60.0	无	无	无	0.0275	0.1186	0.0146
0.16②	3.44	44.9	65.0	60.0	无	无	无	0.1157	0.0186	0.0619
0.13③	7.53	71.0	97.0	93.0	无	重	有	1.7188	5.2449	1.4524

①B 值=[$Cr_{当量}$]−[$Ni_{当量}$]−11.6；②Ni 量为 8.09%；③Ni 量为 4.15%；④母材为磁称法测定，HAZ 为金相测定；⑤$CuSO_4$-H_2SO_4 加铜屑法；⑥介质：3%NaCl+1.5%$FeCl_3$+20ml/L HAC，50℃，24h；⑦HAZ1 和 HAZ2 分别为单道手工焊和多层焊的热影响区。

γ,钢的晶间腐蚀敏感性增加,点蚀速率提高;当母材的相比例 α/γ 近于 50/50 时,HAZ1 含有 7%～35%的 γ,HAZ2 有 15%～40%的 γ,此时则可以获得满意的耐晶间腐蚀和耐点蚀腐蚀性能。

需要指出,双相不锈钢焊后热影响区的相比例已不是固溶态比较理想的 α/γ 近于 1/1,而是随钢的牌号、$Cr_{当量}/Ni_{当量}$ 比、焊前母材的热处理温度和焊接工艺等的不同,可能在 90/10～70/ 30 之间波动。

6.2.5 相比例对性能的影响

双相不锈钢的相比例在焊接性中的重要作用已如上所述。而双相不锈钢的 α 与 γ 的二相比例对钢的其他性能也有影响,以下再简述二相比例对力学性能和耐蚀性的影响。

(1) 相比例对力学性能的影响

图 6.18[19] 系国内进行试验所取得的结果。在含 25%Cr 的情况下,加入不同镍量,调整不同的 $Cr_{当量}/Ni_{当量}$ 以获得不同的相比例并测定了它们的力学性能。可以看出,随钢中镍量增加,此钢从单相铁素体向 α+γ 双相组织过渡。当含镍量约达 18%时,又基本上系单相奥氏体。在双相区内,当含镍量在约 5%时,钢的屈服强度达

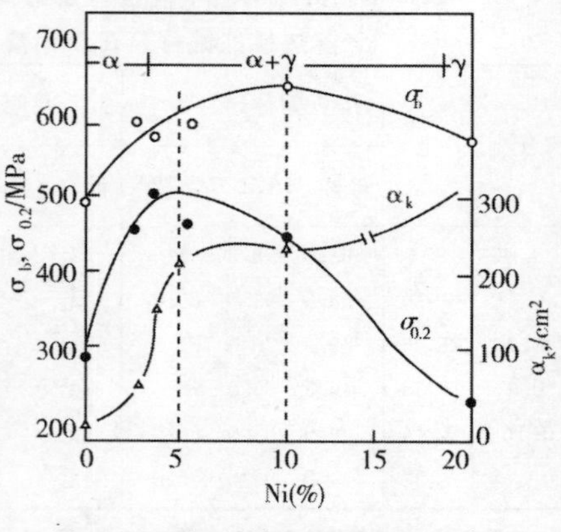

图 6.18 钢中镍量对含约 25% Cr 钢组织和室温力学性能的影响[19]

到最高值,此时的α/γ 比例并不到 1∶1;镍量再增加,γ 量加大,则屈服强度明显下降;当含镍量约达 10%,此时 γ 量已超

过 50%，钢的抗拉强度达到最高值，随后稍有下降；而钢的冲击韧性值则随镍量增加、γ 相量的增多而提高，达单一奥氏体组织时，此钢具有最高的冲击韧性值。

图 6.19 系含 3%～9% Ni 的 0Cr25NixMo2N 钢，经不同固溶处理后的相比例对钢的力学性能的影响。可以看出，随 γ 奥氏体量增加，屈服强度明显下降，而延伸率和冲击功则明显上升，此结果与图 6.18 的结果基本一致。图中冷却速度（水冷、空冷）不同，钢的冲击功差别较大，这显示了钢中铁素体存在，碳、氮化物等析出的影响。

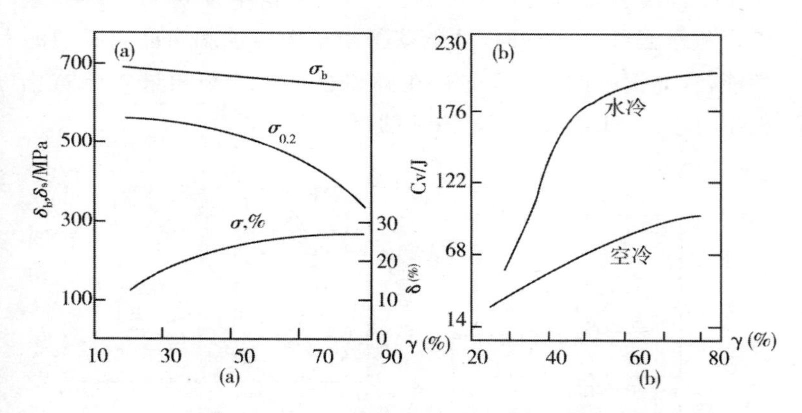

图 6.19 α/γ 相比例对 0Cr25NixMo2N(X 为 3%～9%)钢室温力学性能的影响

（CV—夏氏，V 形缺口试样，冲击吸收功）

(a) 1120℃固溶后水冷；(b) 1120℃处理，空冷与水冷相比较

研究表明，双相不锈钢的力学性能中的强度，在很大程度上取决于 α 相量，而塑、韧性则取决于 γ 相量。但是，同一种双相不锈钢，由于固溶温度不同，虽然也会具有不同相比例，但是，此时不仅相比例有变化，而且还会有其他相的溶解和析出以及二

相中合金元素的重新分配等的变化，与仅以合金元素即$Cr_{当量}/Ni_{当量}$来调整钢的相比例相比，用热处理温度来调整相比例影响的因素较多。故双相不锈钢多用合金元素来调整钢的相比例。

(2) 相比例对耐全面腐蚀和耐晶间腐蚀性能的影响

研究相比例对含硅的双相不锈钢的全面腐蚀和晶间腐蚀行为的影响，得出了图 6.20 和图 6.21 的结果。从图中可知，在试验条件下，不含氮钢，只要钢中 γ>10%或 γ>20%便可分别获得耐全面腐蚀或耐晶间腐蚀的性能；而当钢中含 0.1%N 时，钢中 γ 相量必须≥50%时，才能获得耐全面腐蚀和耐晶间腐蚀的性能，这与钢中 0.1%N 的存在必须有足够的 γ 相量才能防止钢中有害的 $M_{23}C_6$、Cr2N、CrN 的析出有关。

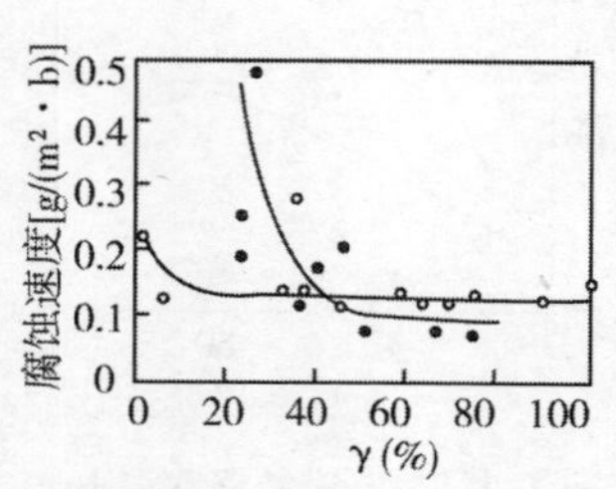

图 6.20 相比例对 25Cr (6～28) Ni4Si(图中○)和 23Cr (6～14) Ni4Si0.1N(图中●)两种钢的耐一般腐蚀性能的影响

(试验介质：沸腾 40% HNO_3 + 0.2g/L Cr^{6+})

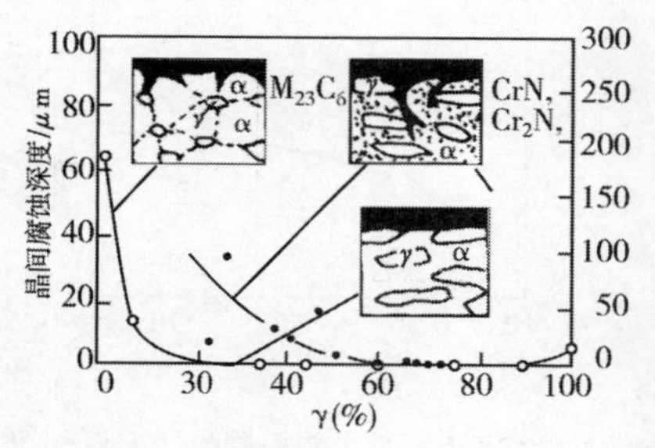

图 6.21 相比例对 25Cr(6～28)Ni4Si(图中○)和 23Cr (6～14)Ni4Si0.1N(图中●)两种钢的耐晶间腐蚀性能的影响

(试验介质：沸腾 40% HNO_3 + 0.2g/L Cr^{6+})

图 6.22 的试验结果表明，以奥氏体为基体的双相不锈钢中只要 α 相量≥10％便可具有良好 耐晶间腐蚀性能，这与最早发现双相不锈钢时所观察到的现象是一致的。

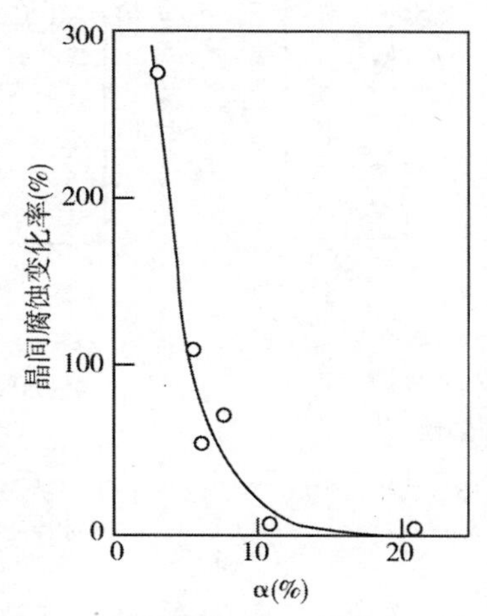

图 6.22　钢中 α 相量对 0Cr20Ni7 钢耐晶间腐蚀的影响

（采用 H_2SO_4＋CuSO4 法进行试验）[20]

(3)相比例对耐应力腐蚀性能的影响

在氯化物中和在 NaOH 中的试验结果见图 6.23 和图 6.24 及表 6.7。可以看出，在 42％沸 $MgCl_2$ 中，当 α 相比例在 40％～50％时，此钢具有最佳的耐应力腐蚀性能，而在 NaOH 碱溶液中，只要具有 α＋γ 双相结构，钢的耐应力腐蚀性能便优于单相铁素体（注意此时钢中含镍，为含镍的铁素体组织）时的性能，1100℃以上固溶处理时，单相铁素体钢呈沿晶断裂。

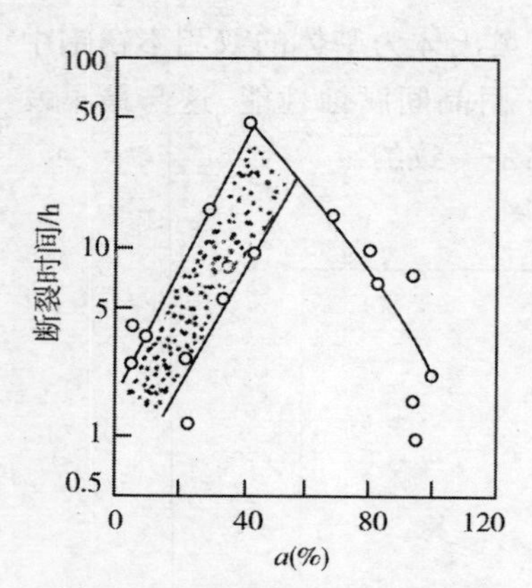

图 6.23 相比例对含 21%～23%Cr、1%～10%Ni 钢耐应力腐蚀的影响[22]

（42%沸 $MgCl_2$，恒应力试样，应力＝24.5kg/cm²）

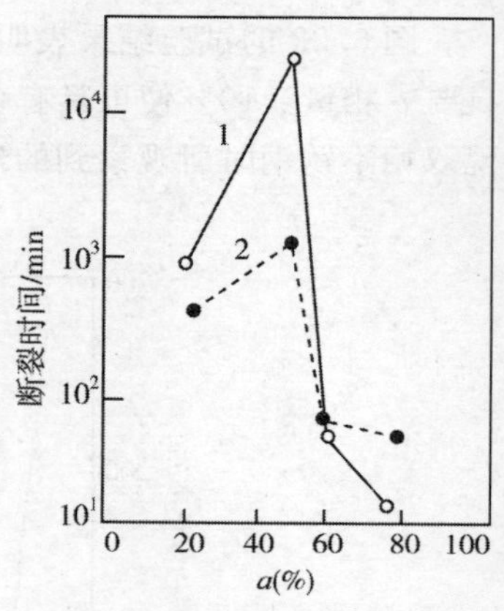

图 6.24 相比例对含 23%Cr、5%～10%Ni 钢耐应力腐蚀性能的影响[23]

（42%沸 $MgCl_2$，U 形试样）

1—1050℃水冷处理；2—1050℃ 空冷处理

表 6.7 25CrNi 钢在沸腾 NaOH 溶液中的耐应力腐蚀性能

Ni，%	900℃热处理			1100℃热处理			1300℃热处理		
	相	50% NaOH	30% NaOH	相	50% NaOH	30% NaOH	相	50% NaOH	30% NaOH
	α	0*	0	α	1	1	α	1	1
0.5	α	0*	0	α	1	1	α		1
0.96	α	0*	0	α	1	1	α	1	1
1.94	α	0*	0	α	1	1	α		1
	α(γ)	0	0	α	1	1	α	1	1
4.41	α＋γ	0	0	α(γ)	1	1	α	1	1
5.92	α＋γ	0	0	α＋γ	0	0	α	1	1
7.63	α＋γ	0	0	α＋γ	0	0	α	1	0
9.50	α＋γ			α＋γ	0	0	α	0	0

注：1—晶间破裂；0—未裂；*一般腐蚀（凹凸腐蚀）。

(4)相比例对耐点蚀性能的影响

一些试验结果见图6.25和图6.26。图6.25的结果表明，不管钢中Cr+2Mo量如何变化，为了获得最佳的耐点蚀性能以钢中γ相量在30%～40%为宜，而图6.26也指出，钢中α相量在50%～60%即α与γ相比例近于1时耐点蚀性为最佳。

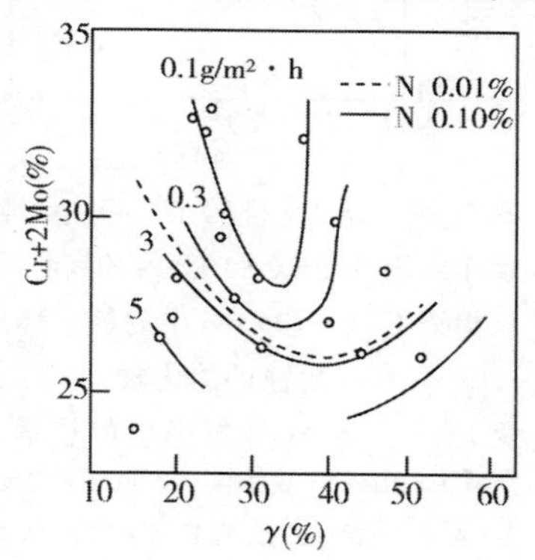

图6.25 Cr+2Mo量和γ量对双相不锈钢耐点蚀性的影响[24]
(Cr 23.1～25.2；Ni 2～10；C 0.002～0.02；1% $FeCl_3 \cdot 6H_2O$，40℃，4h)

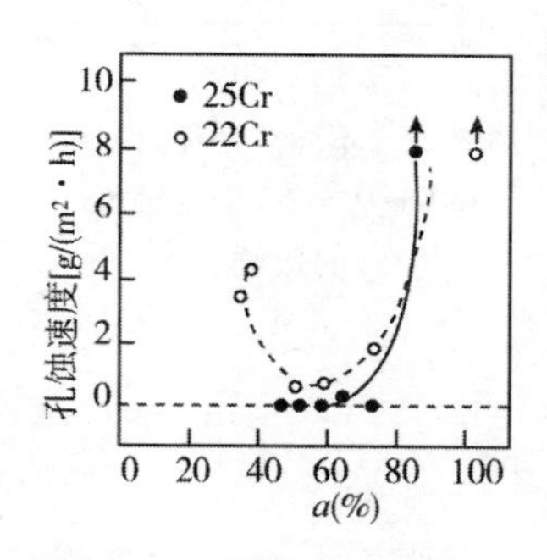

图6.26 铁素体(α)量对25Cr7.7Ni和22Cr5.5Ni钢耐点蚀性的影响
10% $FeCl_3 \cdot 5H2O$，60℃，24h)

(5)两相所引起的选择性腐蚀

早期人们曾经认为α+γ双相不锈钢中两相的存在，在腐蚀介质作用下，两相电位的差异会加速钢的腐蚀，在一定程度上曾影响α+γ双相不锈钢在一些条件下的应用。然而，研究和实践表明：在使用环境中，只要α+γ双相不锈钢中的两相均能处于稳定的钝态，双相不锈钢的耐腐蚀性能还是相当不错的。目前，大量α+γ双相不锈钢的实际工程应用已充分说明了这一点。但是这并不等于说双相不锈钢中的两相不存在选择性腐蚀的问题。例如，在还原性介质中，在不含钼的α+γ双相不锈钢中便能明显地反映出来。

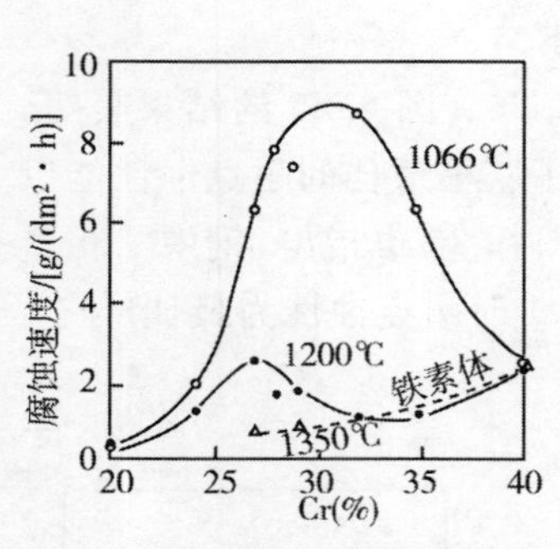

图 6.27 不同热处理温度对Fe-Cr-10%Ni 钢耐蚀性的影响

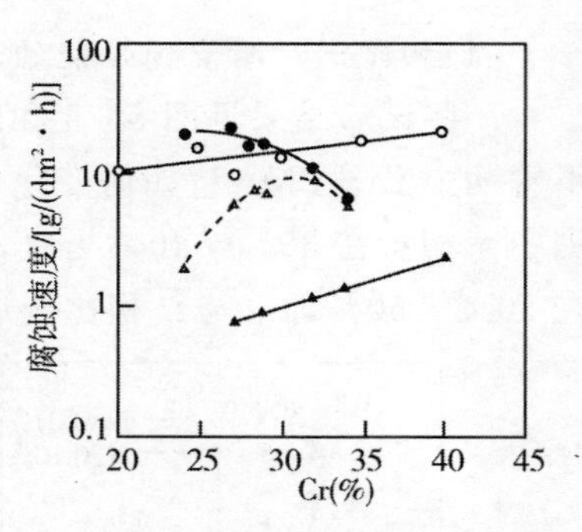

图 6.28 在 1N 沸腾 H_2SO_4 中，纯铁素体组织的 Fe-Cr-10%Ni 钢和 $\alpha+\gamma$ 双相钢 Fe-Cr-10%Ni 中的铁素体之间耐蚀性的比较

● Fe-Cr-10% Ni 双相钢中的铁素体；△Fe-Cr-10%Ni 双相钢；○ Fe-Cr 二元合金；▲ 纯铁素体组织的 Fe-Cr-10%Ni 钢

表 6.8 Fe-Cr-10%Ni 不同钢热处理时的相比例(%)

合金	化学成分				1066℃		1200℃		1350℃	
	Cr	Ni	C	N	α	γ	α	γ	α	γ
20Cr	18.99	9.86	0.006	0.033	0	100	0	100		
25Cr	24.20	11.85	0.003	0.004	9.5	90.5	23.5	76.5		
27Cr	27.00	10.00			29.0	71.0	54.0	46.0	100	0
28Cr	28.00	10.00			47.3	52.7	76.7	23.3		
29Cr	29.00	10.00			43.1	57.9	73.2	26.8	100	0
32Cr	32.00	10.00			58.5	41.5	100	0		
35Cr	34.87	9.75	0.004	0.004	84.3	15.7	100	0		
40Cr	40.00	10.00			100	0	100	0		

研究了含 20%～40%Cr 的 Fe-Cr-10%Ni 钢，经不同热处理后，这些钢具有不同的 α，γ 相比例，其结果如表 6.8。然后，

在 1M(1M＝1mol/dm³)沸腾 H_2SO_4 中进行腐蚀试验，得出了图 6.27 和 6.28 的结果。从图 6.27 中的结果可知，纯铁素体组织的 40%Cr-10%Ni 钢和纯奥氏体组织的 20%Cr-10%Ni 钢的耐蚀性与热处理温度无关；固溶处理温度 1066℃时，随钢中第二相的出现，耐蚀性下降，直到钢中 α 与 γ 相之比近于 1 时，腐蚀速度达到最大值(即铬含量约 30%)；经 1200℃固溶处理后，当铬量约 27%，即 α 与 γ 相比例也近于 1 时，腐蚀速度也出现最大值。这说明，第二相的出现对耐蚀性是有害的，且当 α，γ 间的相比例近于 1 时最为不利。图 6.28 的结果表明，Fe-Cr-10%Ni 双相钢中的铁素体相腐蚀速度最高；纯铁素体组织的 Fe-Cr-10%Ni 钢的腐蚀速度最低，而 α＋γFe-Cr-10%Ni 双相钢的腐蚀速度则介于二者之间，可以明显看出，α＋γ 双相钢中 γ 相，即奥氏体相存在的不良作用，它加速了 α 相即铁素体相的选择性腐蚀，从而降低了双相不锈钢的耐蚀性。表 6.9 中还列出了 Fe-32%Cr-10%Ni 双相钢，当它为 α＋γ 和纯 α 组织时，在一些还原性介质中产生的选择性腐蚀会引起耐蚀性下降。

表 6.9　在还原性酸和有机酸中，Fe-32%Cr-10Ni%呈双相和单相 α 时的耐蚀性对比

组　织	腐蚀率/[(g/m²·h)]			
	1N H_2SO_4	5 .8N HCl	1.2N HCl	12N HCOOH
纯 α	1.2	7.10	0.83	0.06
α＋γ 双相	8.8	10.60	3.37	0.38

上述试验结果表明，在一些条件下，α＋γ 双相不锈钢的确存在着选择性腐蚀，而人们希望将 α＋γ 双相不锈钢中的两相比例控制在近于 1∶1，也并不是在所有腐蚀介质中均适宜。

主要参考文献

1A　Charles, J. INNOVATION　STAINLESS　STEEL, FIORENCE; 11—14, Oct. 1993, 3～33

1B　Charles J. Duplex 91 Stainless Steels, Proc. Conf. 1991 (1):151

2　Frodigh J, et al. A B Sandvik Steel, S-811 81 Sandviken, Swenden, 1994

3　陆世英,等.不锈钢.北京原子能出版社,1995.378

4　Walden B, et al; A B Sandvik Steel, S-811 81 Sandviken, Swenden, 1994

5　陆世英,等.不锈钢.北京:原子能出版社,1995,371

6　Bernhard S, et al. Duplex 91 Stainless Steels, Proc. Conf., 1994, 185

7　Nicholls J. M Duplex 94　Stainless Steels, 4th Int. Conf., 1994(31):K Ⅲ

8　Charless J, et al. NACE, Corrosion/89, 1989, 116

9　Gallagher P, et al. Bri, Corrosion J, 1988, V23, No. 4, p229

10　Wessling W, et al., Stainless Steels/77, 1977, 217

11A　姜世振,等.合金钢论文集,钢铁研究总院.1992.248

11B　陆世英,等.未发表文章

12　ПРИДЪОаНцеВ М. В., ъаъакоъ А. А, СтаЛь 1962, No. 11, 1025, 1039

13　吴玖,等.双相不锈钢.北京:冶金工业出版社,1999. 281, 282

14　吴玖,等.双相不锈钢.北京:冶金工业出版社,1999.294

15　陆世英,等.不锈钢.北京:原子能出版社,1995.375

16　Ogawa, T. Weldability of Duplex Stainless Steel, Ⅱ W

DOC,－1X-1416-86(1986)
17 ステソレス协会编. ステソレス钢便览(第三版). 日刊工业新闻社. 1995. 1053
18 吴玖,等. 双相不锈钢. 北京:冶金工业出版社,1999. 247
19 陆世英,等. 不锈钢. 北京:原子能出版社,1995. 322
20 乙黑靖男. 金属(日). 1991,11
21 [苏]ИЯ 索科尔著(李丕钟等译). 双相不锈钢. 北京:原子能出版社,1979
22 铃木　隆志. 日本金属学会会誌,1968,(32):1171
23 滝沢贵久男. 铁と钢(日). 67. (181),129
24 Nemoto K. Stainless Steel/84,1984,149

7 沉淀硬化不锈钢的发展和性能特点

前面已经述及，沉淀硬化不锈钢在室温下，钢的基体组织可以是马氏体、奥氏体以及铁素体，经过适宜热处理，在基体上沉淀（析出）金属间化合物以及碳化物、氮化物等而使不锈钢强化的一类不锈钢。

目前获得广泛应用的沉淀硬化不锈钢主要分为三类，即马氏体沉淀硬化不锈钢、半奥氏体沉淀硬化不锈钢和奥氏体沉淀硬化不锈钢。此外，人们常把超低碳马氏体时效不锈钢也列入其中。

7.1 发展简况

虽然早在 20 世纪 30 年代，人们就已了解不锈钢沉淀硬化的原理，但自从出现第一个沉淀硬化不锈钢牌号 Stainless w[1]后，一直到 1946 年也并未获得应用。此后，由于航空、航天以及原子能和化工等对既耐腐蚀又具有高强度/重量比的需求，一些新的沉淀硬化不锈钢开始陆续问世。美国将此类不锈钢列为 600 系列。超低碳马氏体时效不锈钢出现于 20 世纪 60 年代。它系在马氏体时效钢基础上添加铬，使钢具有不锈性而发展起来的。一般也将它列入马氏体沉淀硬化不锈钢类中。

马氏体沉淀硬化不锈钢具有不稳定的奥氏体组织，固溶处理后产生马氏体相变。通过时效处理，在马氏体基体上析出第二相而使钢强化。

[1] Stainless w 即 0Cr17Ni7AlTi。

超低碳马氏体时效不锈钢具有不锈性，在经固溶并时效后，在超低碳、高镍马氏体的基础上析出第二相而使钢强化。

半奥氏体沉淀硬化不锈钢也是一种奥氏体不稳定的不锈钢，但奥氏体的稳定性要比马氏体沉淀硬化不锈钢为高。半奥氏体沉淀硬化不锈钢固溶态在室温下为奥氏体，经过冷加工、低温冷处理❶或者加热到750℃左右进行调整处理后❷，可使奥氏体转变为马氏体，然后再经过时效处理❸，在马氏体基体上析出第二相而使钢强化。

奥氏体沉淀硬化不锈钢具有稳定奥氏体组织，经固溶处理后再经时效，从奥氏体基体上析出第二相而使钢强化。

表7.1列出了沉淀硬化不锈钢的一些牌号和它们的化学成分标号。

表7.1 沉淀硬化不锈钢和超低碳马氏体时效不锈钢

类别	UNS	商业牌号	化学成分标号	备注
马氏体沉淀硬化不锈钢	S17600	Stainless w	0Cr17Ni7AlTi	
	S17400	17-4PH	0Cr17Ni4Cu4Nb	AISI 630
	S15500	15-5PH(XM-12)	0Cr15Ni4Cu4Nb	
	S16600	Croloy16-6PH	00Cr16Ni7AlTi	
	S45000	Custom450(XM-25)	00Cr15Ni7MoCuNb	
	S45500	Custom455(XM-16)	00Cr12Ni8Cu2TiNb	
	S13800	PH13-8M (XM-13)	0Cr13Ni8Mo2Al	
	S36000	Almar362(XM-91)	00Cr15Ni6Ti	
	—	IN-736	00Cr10Ni10Mo2TiAl	

❶ 将固溶后的不锈钢冷却到室温以下的处理。

❷ 调整处理系在碳化物析出温度加热，钢中碳化物析出，奥氏体稳定性下降，冷却后转变为马氏体的处理。

❸ 时效处理：在一定温度停留一定时间，自钢中析出第二相，而使钢强化的处理。

续表

类 别	UNS	商业牌号	化学成分标号	备 注
半奥氏体沉淀硬化不锈钢	S17700	17-7PH	0Cr17Ni7Al	AISI 631
	S15700	PH15-7Mo	0Cr15Ni7Mo2Al	AISI 632
	S35000	AM350	1Cr16Ni4Mo3N	AISI 633
	S35500	AM355	1Cr15Ni4Mo3N	AISI 634
	S14800	PH14-8Mo① (XM-24)	0C15Ni18Mo2Al	
奥氏体沉淀硬化不锈钢	—	17-10P	0Cr17Ni10P②	
	—	HNM	3Cr18Ni9P②	
	S66286	A-286	0Cr15Ni25MoTi2Al	

①真空感应炉冶炼；②P 量约为 0.28%。

7.2 性能特点

7.2.1 马氏体沉淀硬化不锈钢

马氏体沉淀硬化不锈钢以 17-4PH(0Cr17Ni4Cu4Nb)为代表，它是在马氏体基体上析出富铜的 ε 相而强化。此类钢的性能特点是强度高($\sigma_b \geqslant 1300$MPa)，具有不锈性和对弱介质的耐蚀性。表 7.2[1] 和图 7.1 列入了一些试验结果。马氏体沉淀硬化不锈钢热处理相对比较简单，也较容易焊接。但是，即使在软化状态下，冷成型性也不能满足深冲用途的需求，同时在 350～400℃间长期使用有脆化倾向，冲击韧性较低。

表 7.2 两种马氏体沉淀硬化不锈钢的耐点蚀性①

材料牌号	类 别	热处理状态	点蚀电位/V (对 SCE)	失重/mg
430	铁素体	退火态	−0.08	151
420	马氏体	退火态	−0.06	—
17-4PH	沉淀硬化	退火态	+0.17	—

续表

材料牌号	类　别	热处理状态	点蚀电位/V（对 SCE）	失重(mg)
		482℃时效	+0.16	57
		621℃时效	+0.11	62
Custom450	沉淀硬化	退火态	+0.22	35
		482℃时效	+0.20	36
		621℃时效	+0.16	39
304	奥氏体	退火态	+0.29	26

①沉淀硬化不锈钢中由于含镍，且 Custom 450 还含有钼，故耐氯化物点蚀性优于 420 和 430，但韧性低于 304 奥氏体不锈钢。

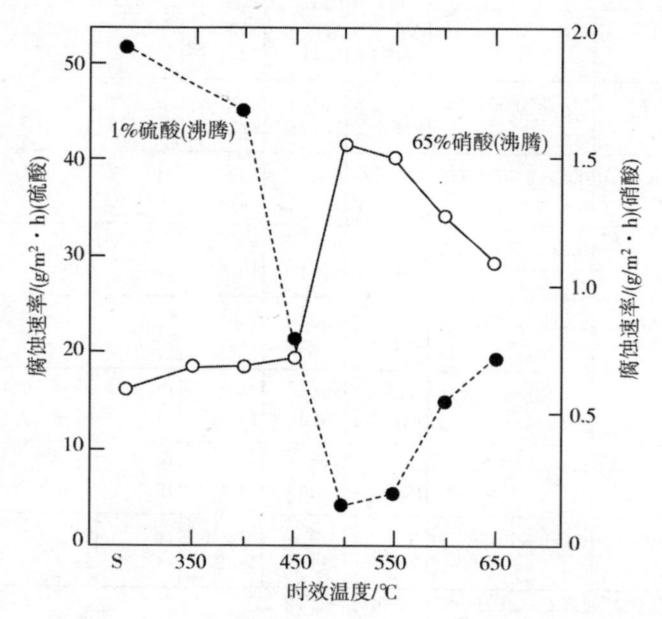

图 7.1　时效处理温度对 17-4PH 耐蚀性的影响[2]

由于马氏体时效不锈钢含碳量低（≤0.03%）（表 7.3 中

Custom 455 和 IN 736 便属于超低碳马氏体时效不锈钢)、含镍量高(6%～10%)或 Co10%～20%,固溶处理后可获得高强、高韧的马氏体基体,经时效处理后,在此基体上析出金属间化合物而使之强化,Custom455 的 σ_b 可达 1700MPa(见表 7.3)。它的性能特点是具有高的屈强比,强、韧性配合好,低温韧性好,易冷、热加工和焊接,焊前不需预热,焊后不需热处理。但缺点是由于含铬量低,不锈耐蚀性要低于其他类型的沉淀硬化不锈钢。

表 7.3　几种马氏体沉淀硬化不锈钢的室温力学性能

商业牌号	化学成分标号	热处理状态	σ_b/MPa	$\sigma_{0.2}$/MPa	δ(%)	硬度 HRC
17-4PH	0Cr17Ni4Cu4Nb	A① PH②	827 1344	517 1241	7 7	30 46
15-5PH	0Cr15Ni4Cu4Nb	A PH	1034 1379	758 1227	10 12	33 44
CRoloy 16-6PH	00Cr16Ni7AlTi	A PH	924 1303	758 1275	16 16	28 40
Custom 450	00Cr15Ni7MoCuNb	A PH	972 1344	814 1282	13 14	28 43
Custom 455	00Cr12Ni8Cu2TiNb	A PH	1000 1724	739 1689	14 10	49 28
PH13-8Mo	0Cr13Ni8Mo2Al	A PH	896 1556	586 1379	12 13	28 48
ALMAR36	00Cr15Ni6Ti	A PH	827 1296	724 1276	13 15	25 51
IN-736	00Cr10Ni10Mo2TiAl	A PH	958 1310	738 1282	16 14	28 38

①固溶处理态;②PH—沉淀硬化态,最高值。

7.2.2　半奥氏体沉淀硬化不锈钢

表 7.4 列入了四种半奥氏体沉淀硬化不锈钢不同热处理状态的力学性能[3],热处理的具体工艺见图 7.2[3]。

表 7.4　四种半奥氏体沉淀硬化不锈钢的室温力学性能①

钢种	17-7PH(631)				PH15-7Mo(632)			
热处理条件（简称）	A	RH950	TH1050	CH900	A	RH950	TH1050	CH900
σ_b(N/mm²)	896	1620	1379	1830	896	1656	1448	1830
$\sigma_{0.2}$(N/mm²)	276	1517	1276	1790	379	1550	1379	1800
δ(%)	35	6	9	2	30	6	7	2
硬度(HR)	B85	C48	C43	C49	B90	C48	C45	C50
钢种	1Cr16Ni4Mo3N(633)				1Cr15Ni4Mo3N(634)			
热处理条件（简称）	H	SCT	DA	CRT	H	SCT	DA	CRT
σ_b(N/mm²)	1110	1420	1230	1410	1280	1510	1310	1620
$\sigma_{0.2}$(N/mm²)	421	1210	1060	1210	379	1250	1100	1340
δ(%)	38	12	12	19	29	13	12	16
硬度(HR)	B95	C46	C42	C46	B100	C48	C43	C52

①热处理具体工艺见图 7.2。

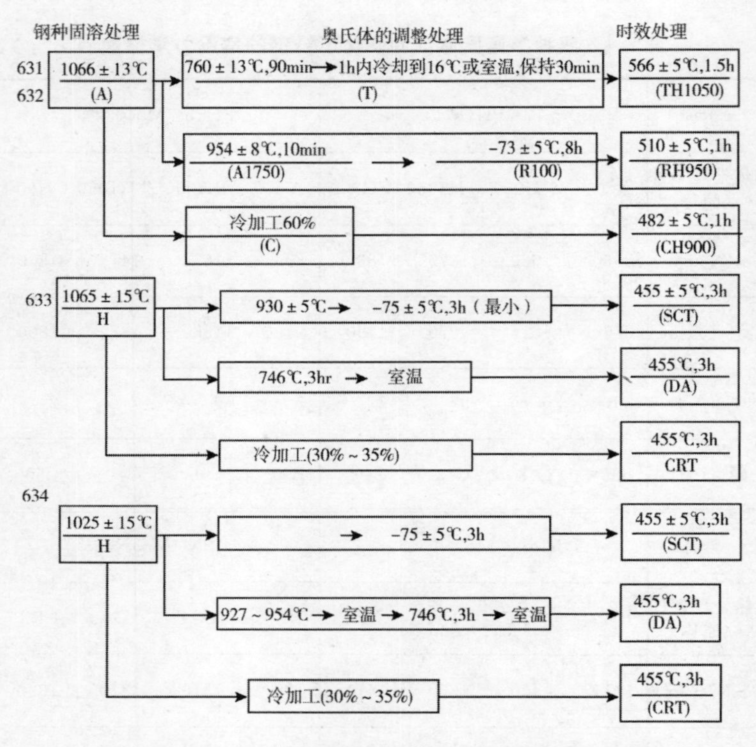

图 7.2　表 7.4 中四种半奥氏体沉淀硬化不锈钢的热处理工艺

由于马氏体和半奥氏体沉淀硬化不锈钢具有高的强度水平,因此常常对氢脆敏感,为此人们多经过过时效处理,降低钢的强度以防止氢脆的产生。

对于沉淀硬化不锈钢焊后热影响区强度下降而引起的软化问题,焊接时需要予以注意。

7.2.3 奥氏体沉淀硬化不锈钢

奥氏体沉淀硬化不锈钢系在奥氏体基体上沉淀(析出)$Ni_3(Al、Ti)(\gamma')$金属间相而使钢强化的一类不锈钢,此类钢多用于要求耐蚀且热强的条件下,常常作为铁基耐热合金使用,代表性牌号有 0Cr15Ni25Ti2MoAlV(AISI 660)、1Cr16Ni14Cu3Mo2TiNb(AISI 653)和 0Cr17Ni10P(17-10P)❶以及 3Cr18Ni9P(HNM)❶等,此处主要介绍应用较多的、比较知名的牌号 0Cr15Ni25Ti2MoAlV(AISI 660)。

0Cr15Ni25Ti2MoAlV 钢的商业牌号为 A286,钢中还含有少量(0.003%～0.01%)强化元素硼,此钢固溶且时效态的室温抗张强度可达 1000MPa。而屈服强度则可达 600MPa,除高温(约 750℃)耐蚀条件下应用外,由于此钢既耐腐蚀,而且又具有较高的硬度(HRC 约 30),因此,也可用于耐磨蚀且韧性要求高的环境中。

0Cr15Ni25Ti2MoAlV 钢的室温和高温瞬时力学性能以及冲击韧性分别见表 7.5、表 7.6 和表 7.7。其断裂韧性见表 7.8。

表 7.5 0Cr15Ni25Ti2MoAlV(AISI 660)钢的室温力学性能

材料品种	热处理制度	σ_b/MPa	$\sigma_{0.2}$/MPa	δ(%)	HB	HRC
中板,薄板、带	1028℃或 808℃油冷,固溶	621	255	77	82	
	固溶 + 718℃ × 16h 时效 空冷	1007	690	25	—	32
Ø22mm 棒	980℃×1h,油冷+718℃×16h,时效	1000	635	24		

❶ 均为真空冶炼。

表 7.6　0Cr15Ni25Ti2MoAlV(AISI 660)钢的高温力学性能

温度/℃	σ_b/MPa	$\sigma_{0.2}$/MPa	δ(%)	ψ(%)
20	1007	703	25	36
205	1000	645	21.5	52.8
370	948	645	22	45.0
425	951	645	18.5	39.0
540	903	645	18.5	31.5
650	714	607	13.0	14.5
760	441	—	18.5	23.4

表 7.7　0Cr15Ni25Ti2MoAlV(AISI 660)钢的冲击功

温度/℃	−190	−73	21	204	427	538	593	649	704
冲击功 A_{ku}/J	77	92	87	80	70	62	60	48	60

表 7.8　0Cr15Ni25Ti2MoAlV(AISI 660)钢的断裂韧性

热处理制度	σ_b/MPa	取向	厚度/mm	温度/℃	J_{IC}/(kJ/cm²)	K_{IC}(J)/MPa
980℃×0.5h 水冷+720℃×16h	796	T—L	12.6	25 430 540	133 92 81	167 139 130
980℃×0.5h 水冷+720℃×16h	722	—	3.05	25 540	120 99	159 144
固溶+时效	—	L—T	—	25	121	159
980℃×2h 油冷+730℃×16h	607	T—S	38	25 −196 −269	75 67 61	125 123 118
900℃×5h 油冷+718℃×20h	822	—	12.7	24 −269	121 143	161 180

图 7.3[5] 还给出了低温和极低温度下 0Cr15Ni25Ti2MoAlV 钢的力学性能并与 304LN(00Cr19Ni10N)和镍基高温合金 Inconel

718(0Cr19Ni52Mo3Nb5AlTi)相比较的结果。可以看出：0Cr15Ni25Ti2MoAlV 不仅可作为耐蚀、热强材料，耐磨蚀材料和高强度无磁材料(具有稳定的单一奥氏体组织)，而且还可作为优良的低温、极低温材料，但是，与其他类型沉淀硬化不锈钢相比，奥氏体沉淀硬化不锈钢的强度偏低。

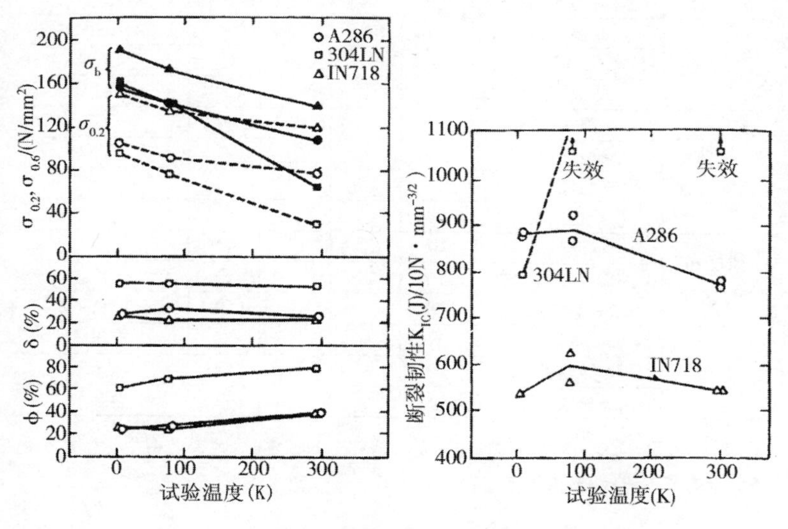

图 7.3　A286 的极低温机械性质

奥氏体沉淀硬化不锈钢，在固溶态易冷加工成型，但冷作速度较快。

奥氏体沉淀硬化不锈钢的焊接性较好，固溶态焊接时与半奥氏体沉淀硬化不锈钢固溶态的焊接性相当，焊前不需预热，焊后不需热处理，但当厚板焊接时，冷却过程中在收缩应力的作用下，对产生热裂纹敏感。

附:各类不锈钢的性能特点汇总简表[①②]

特性		钢类				
		马氏体	铁素体	奥氏体	双相	沉淀硬化
耐蚀性	不锈性	○	⊙	⊙	⊙	⊙
	耐全面腐蚀性	○△	⊙△	⊙○	⊙	○△
	耐点蚀、缝隙腐蚀性	△×	⊙△	⊙○	⊙○	△×
	耐应力腐蚀性	△×	⊙	×○	⊙	△×
耐热性	高温强度	⊙	△	⊙	△	○⊙[③]
	抗氧化、抗硫化性	△	⊙△	○×	○	○△
	热疲劳性	○	○	○	○	○
焊接性和冷加工性	焊接性	△×	○△	⊙	⊙	△
	冷成型性(深冲)	△×	⊙	⊙	△	△×
	冷成型性(深拉)	△×	○	⊙	△	△×
	易切削性	○	○	△○	○	△
强度和塑、韧性	室温强度	⊙	○	○	⊙	⊙
	室温塑性、韧性	○×	○	⊙	⊙	○△
	低温塑性、韧性	○×	○×	⊙	○	△×○[③]
其他	磁性	有	有	无	有	有无[③]
	导热性	○	⊙	×	○	△×[③]
	线膨胀系数	小	小	大	中	中×[③]

注:①⊙优,○良,△中,×差;②凡是有两种不同评定时,则系随钢中化学成分的不同而有所不同;③奥氏体沉淀硬化不锈钢。

主要参考文献

1 Henthorne,M. NACE Corrosion/72,preprint,1972,(53)

2 ARMCO 17-4PH,Alloy Digest SS-7,1989

3 ステソレス钢协会编.ステソレス钢便览(第三版).1995.649

4 中国特钢协不锈钢分会编.不锈钢实用手册.北京:中国科学技术出版社,2003.845,846,847

5 高野正义,等.铁こ钢.1985,71:1956

8 不锈钢腐蚀的现象、产生原因和防止措施

8.1 不锈钢为什么也会生锈和腐蚀

8.1.1 不锈钢的不锈性和耐蚀性是有条件的

前面已述及，不锈钢系在大气、淡水等的弱腐蚀环境中不生锈的钢，且钢中含 Cr 量必须≥12%。如果含 Cr 量较低或不是在大气等弱腐蚀环境中（包括虽然在大气等弱腐蚀环境中，但有 Cl^- 的局部富集和浓缩条件下）使用，就会生锈。

耐酸钢是在酸、碱、盐等强腐蚀介质中耐腐蚀，也是在一定条件下，例如介质种类、温度、浓度、杂质含量、流速、压力等等一定时。

世界上没有在任何条件下都不生锈、都耐腐蚀的不锈钢。

8.1.2 正确选择和合理使用不锈钢

正确选择是根据具体使用条件的要求来选择不锈钢。合理使用是针对不锈钢的不锈、耐蚀特性来进行合理使用。选择错误或使用不合理都会使不锈钢生锈和受到腐蚀。不锈钢的质量存在问题也会导致不锈钢的生锈和腐蚀（见不锈钢的质量控制）。因此，不锈钢的质量是正确选择和合理使用不锈钢的前提。

8.2 腐蚀的涵义和分类

8.2.1 腐蚀的涵义

不锈钢与腐蚀介质间，由于电化学和化学作用而引起的损伤或失效。

8.2.2 腐蚀的分类

(1)按腐蚀作用的性质分类

可分为电化学腐蚀和化学腐蚀。电化学腐蚀：不锈钢在潮湿大气、水溶液和酸、碱、盐等电解质溶液中所产生的腐蚀，在腐蚀过程中有离子(电子)产生，前述钢铁的生锈就是在大气环境中有离子(电子)产生的一种典型电化学腐蚀；化学腐蚀：在非电解质环境中，不锈钢所产生的腐蚀，例如高温下不锈钢的氧化(化学腐蚀不属于本节讨论范围)。

(2) 按腐蚀的形态分类

可分为全面(均匀)腐蚀和局部腐蚀。全面腐蚀：腐蚀分布在介质与不锈钢相接触整个界面上；局部腐蚀：腐蚀分布在不锈钢表面的某些局部。局部腐蚀的危害远远大于全面腐蚀，许多局部腐蚀常常在设备、构件等没有任何宏观变形甚至在没有任何破损预兆的情况下，就会迅速、突然地破坏，从而造成严重的甚至是灾难性的后果[1]。

---

[1] 设计和选材人员不仅要重视不锈钢的耐全面腐蚀性，而且更要重视不锈钢的耐局部腐蚀性，而后者常常为人们所忽略。

8.3 常见的不锈钢腐蚀形态、产生原因和防止措施

8.3.1 常见的腐蚀形态

图 8.1 系国外 1962～1997 年间对不锈钢腐蚀形态的统计。

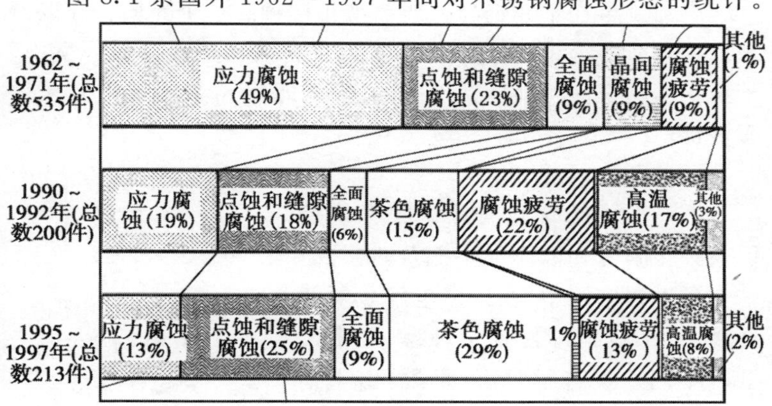

图 8.1　1962～1997 年不锈钢腐蚀形式的统计

可以看出：

①腐蚀形态主要有全面腐蚀、晶间腐蚀、点蚀和缝隙腐蚀、应力腐蚀、腐蚀疲劳以及高温腐蚀。

②全面腐蚀中，新出现的茶色腐蚀增长迅速。由于茶色腐蚀一般仅为表面变色并不影响不锈钢设备结构的完整性和使用寿命，但从美学角度，则影响很大。

③晶间腐蚀大量减少，1990 年以后已很少出现。

④1962～1971 年大量存在的应力腐蚀（占 49%）1990 年以来也显著降低，但仍占有较高的比例（10%以上）。

⑤点蚀和缝隙腐蚀有增长趋势。

⑥腐蚀疲劳和高温腐蚀事例，虽然 1990～1992 年间有显著增加，但 1995～1997 年已有所减少。

8.3.2 全面腐蚀的现象、产生原因和防止措施

(1) 现象

腐蚀发生在不锈钢与介质环境相接触的整个界面上并以沿截面均匀减薄为特征(图 8.2)，多出现在酸和热碱介质环境中。不锈钢的耐全面腐蚀性常以腐蚀速率，即 g/m^2h 或 mm/a 来进行评价。

(2) 原因

不能形成钝化膜或钝化膜不稳定以及钝化膜受到破坏又不能及时修复；在实际工程应用中，在许多电解质腐蚀环境中，不锈钢即使处于钝态，也常常会以不同速度进行溶解；最后，由于不锈钢制设备、构件、容器等厚度(或截面)的逐步减薄而失效。

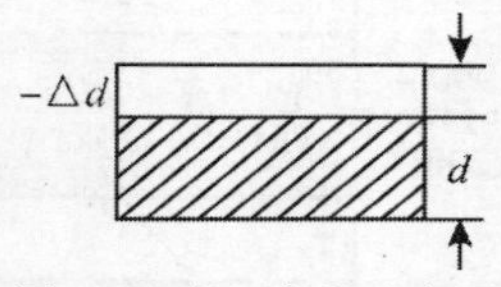

图 8.2　全面腐蚀示意图
d—不锈钢基体；
$-\Delta d$—腐蚀层

(3) 防止措施

· 根据腐蚀介质的种类、浓度、温度等条件以及使用的具体要求来选择耐蚀性的等级。再根据耐蚀性等级要求来选择适宜的不锈钢牌号。

表 8.1 列出了选择不锈钢耐全面腐蚀时的十级标准。选择哪一级来满足设备、构件耐腐蚀的要求，除寿命长短外，设备、构件的特点(厚、薄、大或小)和对所生产的产品的质量(杂质、纯度、颜色等)的要求，也要考虑在内。例如，对使用过程中，要求保持设备、构件光洁镜面或尺寸精密的以及对产品的杂质、纯度、颜色有特殊要求的用途，一般要选 1～3 级标准；而对要求不高，检修方便或寿命要求不是很长的设备、构件，则可选用 4～6

级标准。但是，在正常情况下，大于 6 级标准是不选用的。

表 8.1　合金耐蚀性的十级标准

耐蚀性类别	腐蚀速率/(mm/a)	等级
Ⅰ　完全耐蚀	<0.001	1
Ⅱ　很耐蚀	0.001～0.005	2
	0.005～0.01	3
Ⅲ　耐蚀	0.01～0.05	4
	0.05～0.10	5
Ⅳ　尚耐蚀	0.1～0.5	6
	0.5～0.1	7
Ⅴ　久耐蚀	1.5～5.0	8
	5.0～10.0	9
Ⅵ　不耐蚀	10.0	10

从表 8.1 可以看出，在全面腐蚀条件下，不锈钢的耐蚀性实际上是以其在该介质条件下的腐蚀速率来进行评价的。在该介质中，不锈钢的腐蚀速率在使用所允许的范围内，便属于耐腐蚀，但这并不是不腐蚀。

由于有大量的不锈钢腐蚀手册可供参考，又有不锈钢在大量实际介质中的试验数据可供利用。加之还有大量使用不锈钢的工程实践经验，只要我们正确选择和合理使用不锈钢，不锈钢的全面腐蚀事故是完全可以防止的。

一般来说，在实际应用中，由于事前了解了所选用的不锈钢在该介质中的耐蚀性，即腐蚀速率，就掌握了在合理使用的条件下用不锈钢制成的设备的使用寿命。

不锈钢产生全面腐蚀的介质环境很多，此处很难一一列举。此处仅以硝酸为例简述一下。

图 8.3 系在沸腾温度的硝酸中，常用不锈钢在实验室内的试验结果。

在实际硝酸生产中，主要是浓度为 50%～70%和约 98%的硝酸。

在硝酸用不锈钢材料选用中，在共沸浓度67%以下，多选用18-8型，包括304、304L、304LN等，其中还包括前述的超低碳，且低硅、磷的硝酸级不锈钢。而在共沸浓度以上到浓度85%，则可选用00Cr25Ni20(Nb)和硝酸级的高纯Cr25Ni20(Nb)。硝酸浓度≥85%，则必须选用含4%～6%Si的高硅不锈钢，如0Cr17Ni11Si4AlTi、00Cr17Ni14Si4和00Cr17Ni17Si6等。

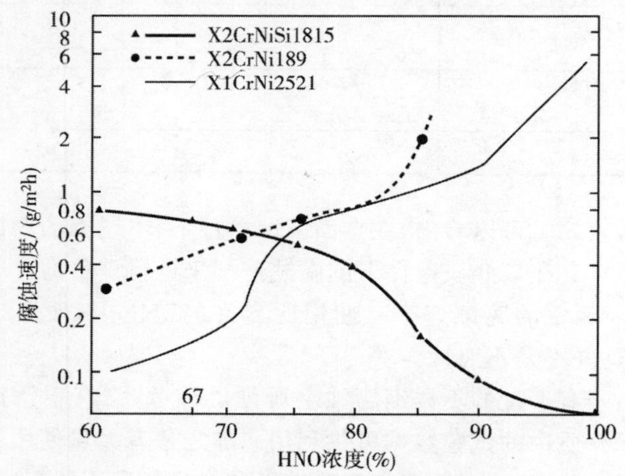

图8.3　几种不锈钢在沸腾硝酸中的实验结果[1]

X2CrNi189—相当于0Cr18Ni9；X1CrNi2521—相当于00Cr25Ni20；

X2CrNiSi1815—相当于0Cr18Ni14Si4

材料选定后，所指合理使用，就是要防止使用18-8型不锈钢时出现浓度大于67%的更浓硝酸；或者在使用高硅不锈钢时，出现浓度小于85%的较稀的HNO_3。正确选择和合理使用相结合，一定会获得满意的使用结果。

8.3.3 晶间腐蚀的现象、产生原因和防止措施

(1) 现象

不锈钢沿晶粒间界优先受到腐蚀。示意图见图 8.4(实际照片见图 8.5)。这是早期最常见的局部腐蚀形式。现在已在减少。

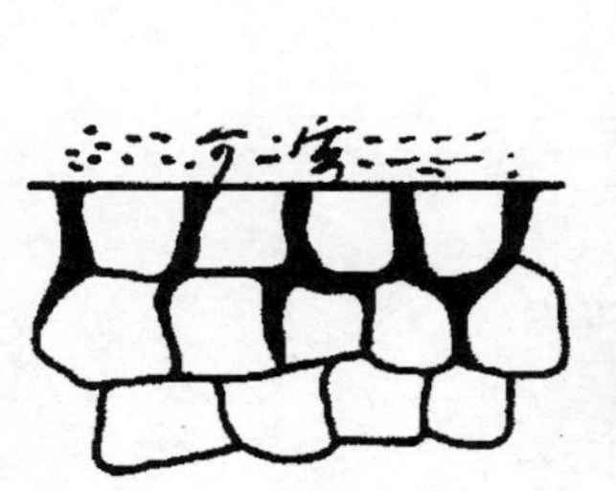

图 8.4 晶间腐蚀示意图

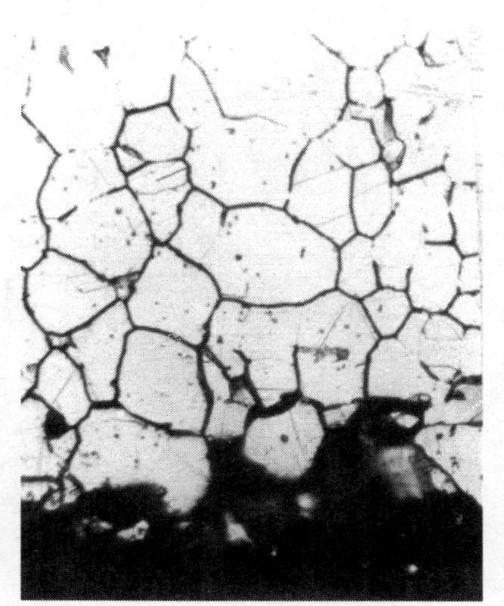

图 8.5 18-8(304)不锈钢在 65%沸腾硝酸中的晶间腐蚀

(2) 原因

· 敏化态晶间腐蚀主要是由于不锈钢经 450～850℃敏化温度(焊后热影响区),沿钢的晶界会有富铬的碳化物($Cr_{23}C_6$)的析出,导致晶界铬的贫化而引起的。即使是含 C 0.03%的超低碳不锈钢,若在敏化温度长期停留也会引起铬贫化(见图 8.6),这种现象与前面合金元素作用中碳的影响是一致的(图 2.25)。

·固溶态晶间腐蚀则是由于不锈钢晶界 Si、P、S 等元素的偏析。铬镍奥氏体不锈钢在含 Cr^{6+} 的 HNO_3 中,在高温、高压尿素生产装置上易出现此种腐蚀形态(见图 9.3)。

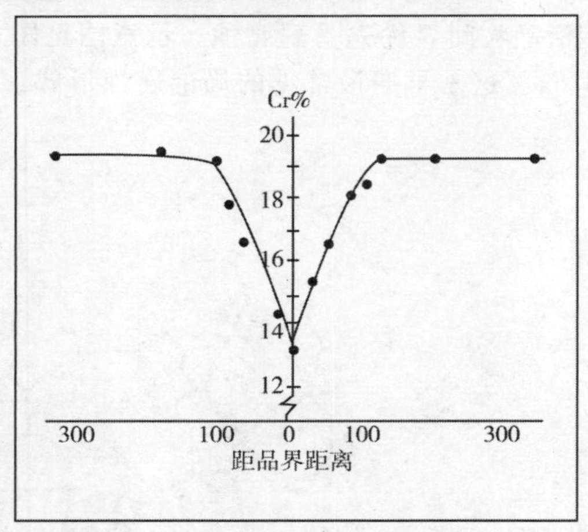

图 8.6　00Cr18Ni10(304L)不锈钢(0.03%C)的晶界铬浓度变化(700℃×10h,敏化态)

(3) 防止措施

·焊接用途时应选择钢中 C 量≤0.03%的超低碳不锈钢,如 00r18Ni10(304L)、00Cr18Ni14Mo2(316L)等,但也要防止在敏化温度长期停留,有条件时可选 C≤0.02%的牌号。

·选用各类不锈钢中含稳定化元素 Ti、Nb 的牌号,如 0Cr18Ni11Ti、0Cr18Ni11Nb、00Cr17Ti(430LT)、00Cr17Nb(430LN)等等。

·对易产生固溶态晶间腐蚀的环境,可选用尿素级、硝酸级不锈钢等。

·除必需的焊接工艺外,在不锈钢生产和用户加工制造过程中，也要避免不锈钢承受敏化温度。

8.3.4 点腐蚀的现象、产生原因和防止措施

(1) 现象

腐蚀从不锈钢表面的个别点发生，然后向纵深扩展(见图8.7)，使用过程中出现的0Cr19Ni9不锈钢管线外表面的点蚀见照片(图8.8)

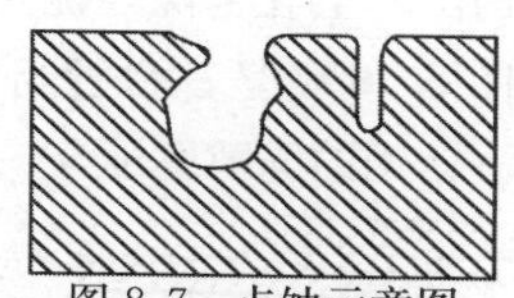

图8.7 点蚀示意图

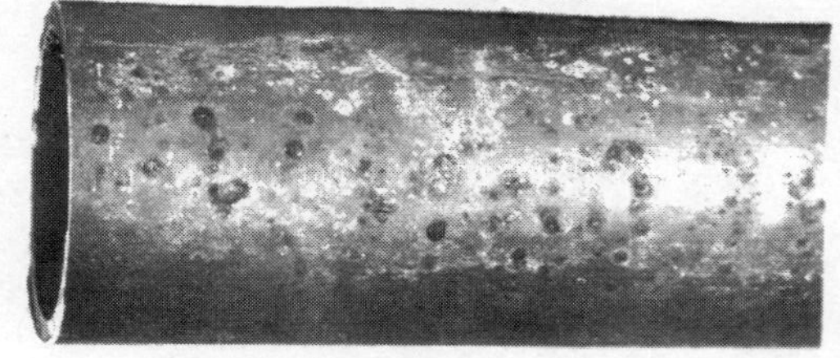

图8.8 0Cr19Ni9不锈钢管线外表面的点蚀[2]

(2) 原因

不锈钢点蚀主要出现在含有卤素离子，如Cl^-、Br^-、F^-等的水溶液介质中。点蚀是由于这些活性离子破坏了钝化膜而引起的，而不锈钢表面钝化膜的薄弱部位，如表面有铁粒子、灰尘和污物等附着物以及MnS等夹杂和一些金属间化合物处，也易产生点蚀。

(3)防止措施

不锈钢表面要定期清洗和维护；提高钢的纯净度，降低MnS等非金属夹杂物含量；选用耐点蚀当量值高的不锈钢，即高铬、钼和高铬、钼、氮不锈钢。

在含Cl^-和海水等水介质中，提高流速使之≥1.5m/s，以

防止沉积物及海生物附着在不锈钢表面上。

8.3.5 缝隙腐蚀的现象、产生原因和防止措施

(1)现象

不锈钢由于设备、构件结构上存在缝隙(见图8.9a)或在表面上存在金属或非金属沉积物(在沉积物与不锈钢表面间形成缝隙,见图8.9b),在腐蚀介质作用下,会在缝隙处优先产生点状和溃疡状损伤,这就是缝隙腐蚀。图8.10则是一台管与管板胀焊联接的热交换器的缝隙处,18-8型不锈钢的缝隙腐蚀(已呈溃疡状)[3A]。

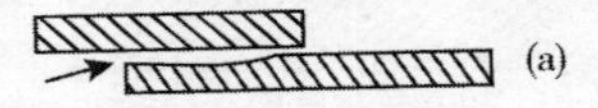

图8.9 缝隙腐蚀示意图
(箭头所指为产生缝隙腐蚀处)
a—结构缝隙腐蚀;b—沉淀物与不锈钢表面间形成的缝隙腐蚀

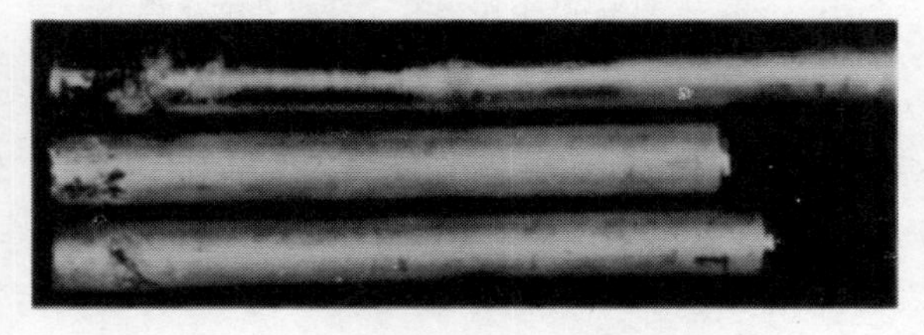

图8.10 18-8型不锈钢热交换器管与管板胀焊联接缝隙处的缝隙腐蚀(呈溃疡状)

(2)原因

在含有 Cl^- 等的水介质中,由于缝隙内介质溶液的酸化(Cl^- 浓度增加,pH值下降),缺氧而引起的钝化膜的局部破坏

(氧浓差电池,缝隙缺氧)。

(3)防止措施

消除缝隙。最根本的是从结构设计上避免存在缝隙入手,对换热设备管与管板联接处的缝隙,对法兰、垫圈、螺拴、铆钉的间隙,要采取适宜措施加以防止。[3B]

定期清洗并在海水等环境中保持流速≥1.5m/s,防止污物(包括海生物)在钢的表面堆积。

选用耐缝隙腐蚀的高铬、钼和高铬、钼、氮不锈钢。图8.11[4]中的结果仅提供耐点蚀和耐缝隙腐蚀选用不锈钢的大致思路。同时可看出,为解决缝隙腐蚀,从选材入手要比解决点蚀更加困难,且经济上的代价会更高。

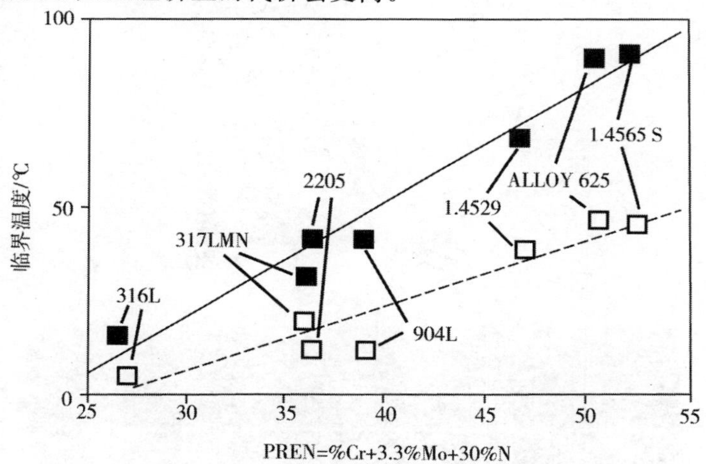

图 8.11　不锈钢的耐点蚀当量值(PREN)与产生点蚀、缝隙腐蚀时的临界温度的关系

(氯化铁溶液试验)

—点蚀;-----缝隙腐蚀;317LMN—0Cr19Ni15Mo4.5CuN;Alloy 625—0Cr22Ni64Mo9Nb4;904L—00Cr20Ni25Mo4.5Cu;1.4529—00Cr20Ni25Mo6CuN0.2;1.45655—00Cr24Ni17Mo4.5N0.5

8.3.6 应力腐蚀的现象、产生原因和防止措施

(1) 现象

在应力与介质共同作用下而引起的一种局部破坏，常见的穿晶型应力腐蚀❶示意图见图 8.12。实际遇到的不锈钢使用过程中出现的穿晶应力腐蚀宏观和微观形貌见图 8.13。应力为钢管本身的残余应力，实测为 100～150MPa，介质为含有 Cl^- 的水。

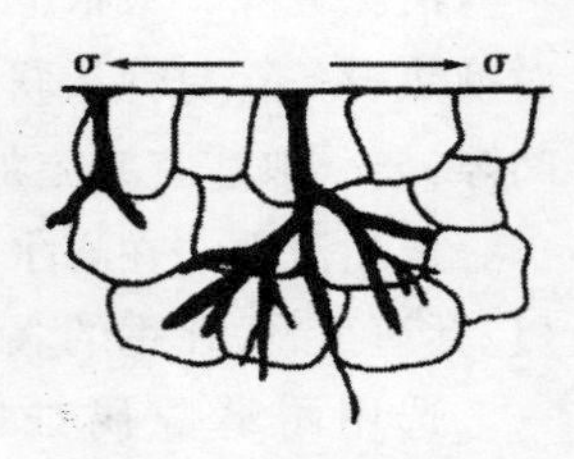

图 8.12 不锈钢应力腐蚀示意图

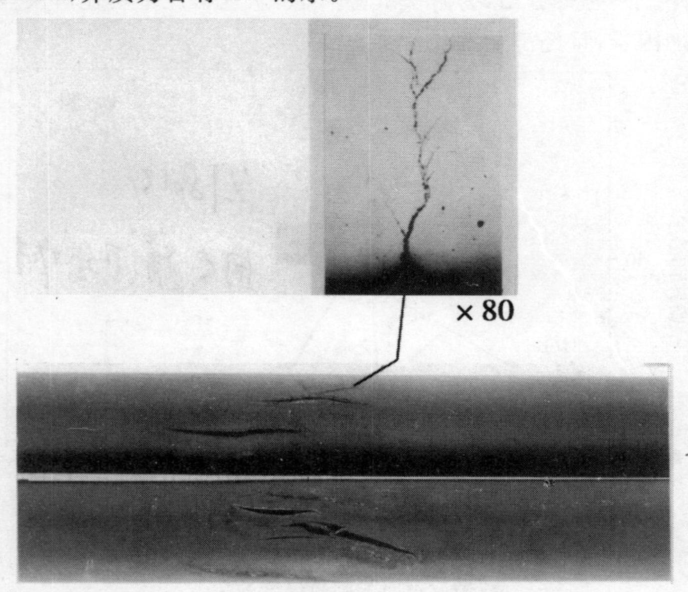

图 8.13 18-8 不锈钢蒸发器管束出现的应力腐蚀破坏[5]

❶ 除穿晶型外，还有晶间（沿晶型）和穿晶＋晶间混合型；宏观裂纹无任何塑性变形，呈脆性开裂，微观裂纹一般有主干，有分支。

(2) 原因

不锈钢产生应力腐蚀必须同时满足三个条件(见图 8.14),即材料因素(敏感的合金)、环境因素(特定的介质)和力学因素(静的拉伸应力)等三要素。

①敏感的合金(材料因素)——系指具有一定化学成分和组织结构的不锈钢,在一些介质中对应力腐蚀敏感。但并不是任何一种不锈钢、在任何条件下均产生应力腐蚀断裂。

②特定的介质(环境因素)——对某一敏感合金而言,必须有一种或一些特定的腐蚀介质与它相匹配,才能产生应力腐蚀。目前,既没有对任何介质都敏感的不锈钢,也没有能引起任何不锈钢均产生应力腐蚀断裂的介质。对于 18-8 型 Cr-Ni 奥氏体不锈钢而言,能引起应力腐蚀的常见特定介质有氯化物、氢氧化物和连多硫酸($H_2S_xO_6$)等。

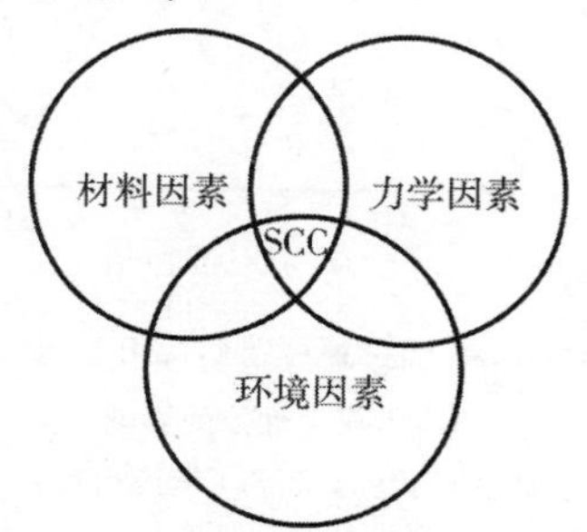

图 8.14 影响应力腐蚀的三个基本条件(SCC—应力腐蚀断裂)

③静的拉伸应力(力学因素)——如果不存在静的拉伸应力,即使有敏感的合金与特定的介质的配合,应力腐蚀同样不会发生。

三个条件共同作用导致不锈钢产生应力腐蚀断裂,国内外这方面的重大事故很多,此处无法一一列举。

(3) 防止措施

设法去除应力腐蚀三个必要条件中的一个因素,便可防止不锈钢应力腐蚀的出现。

1)在不锈钢的生产、设备加工和使用过程中,降低和消除不锈钢的残余应力❶或造成压应力。例如,采用在不锈钢表面进行喷丸处理可取得明显效果(见图 8.13)。但此种处理不适用于易产生点腐蚀的条件。因为穿过压应力层的点蚀底部则处于高拉应力区,反而会使应力腐蚀过程加速。

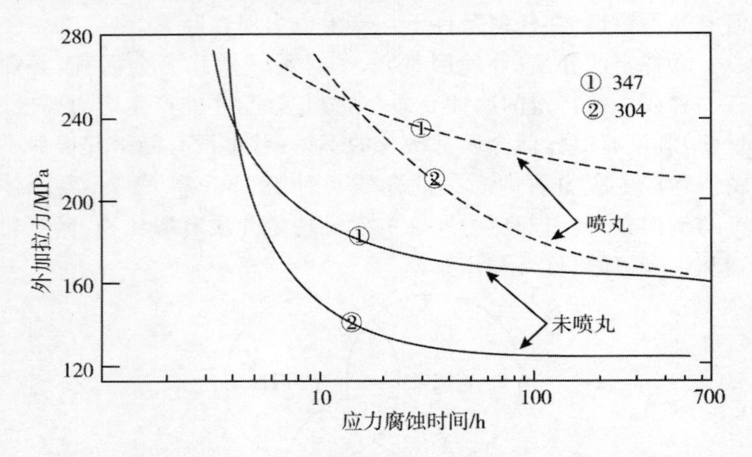

图 8.15　用 40～80μm 的玻璃球进行喷丸对 304 和 347 不锈钢耐应力腐蚀性能的影响

(试验介质:42%$MgCl_2$,沸腾溶液)[6]

表 8.2 中列出了常用不锈钢消除应力热处理的规范,可供参考。

---

❶　残余应力:在去除外界的影响(外力、温度等)后,不锈钢内部仍然存在的应力(也称内应力)。

表 8.2　常用 Cr-Ni 奥氏体不锈钢加工或焊后消除应力热处理方法的参考规范[7]

使用条件或进行热处理目的	热处理规范		
	00Cr18Ni10，00Cr18Ni12Mo2 等超低 C 不锈钢	Cr18Ni10Ti，Cr18Ni10Nb 等含 Ti，Nb 不锈钢	Cr18Ni10，Cr18Ni12Mo2 等一般不锈钢
苛刻的应力腐蚀介质条件	A、B	A、B	(a)
中等的应力腐蚀介质条件	A、B、C	B、A、C	C(a)
弱的应力腐蚀介质条件	A、B、C、D	B、A、C、E	C、D
消除局部应力集中	F	F	F
没有应力腐蚀破裂危险的条件	不必要	不必要	不必要
晶间腐蚀条件	A、C(b)	A、C、B(b)	C
苛刻加工后消除应力	A、C	A、C	C
加工过程中消除应力	A、B、C	B、A、C	C(c)
苛刻加工后有残余应力以及使用应力高时和大尺寸部件焊后，不允许尺寸和形状改变时	A、C、B F	A、C、B F	C F

注：A：完全退火，1065～1120℃缓冷；B：退火，850℃～1120℃缓冷；C：固溶处理，1065～1120℃水冷或急冷；D：消除应力热处理，850～900℃空冷或急冷；E：稳定化处理，850～900℃空冷；F：尺寸稳定热处理，500～600℃缓冷。(a)建议选用最适于进行焊后或加工后热处理的含 Ti、Nb 的钢种或超低 C 不锈钢；(b)多数部件不必进行热处理，但在加工过程中，不锈钢受敏化的条件下，必须进行热处理时，才进行此种处理；(c)在加工完后，在进行 C 规范处理的前提下，也能够用 A、B 或 D 规范进行处理。

2)降低介质温度和水介质中的 Cl^- 浓度，防止 Cl^- 蒸发浓缩和在不锈钢表面富集的条件；Cr-Ni 不锈钢制锅炉和容器等需进行水压试验的设备，建议使用去离子水；不锈钢制设备和构件在放置或运输过程中，特别是在海洋性大气和高 Cl^- 浓度的湿态环境中，要妥善加以防护。

3) 选择耐应力腐蚀材料，在含 Cl^- 的大气和水介质中，为了耐应力腐蚀，在实际应用中，铁素体不锈钢，例如 00Cr18Mo2(444)、00Cr26Mo1 和 00Cr30Mo2 以及各种双相不锈钢均可优先选用。

8.3.7 腐蚀疲劳的现象、产生原因和防止措施

(1) 现象

在交变(动)应力和介质共同作用下，引起的不锈钢的局部腐蚀，示意图见图 8.16，实际事例照片见图 8.17。不锈钢的腐蚀疲劳在任何介质中均可产生，并没有前述产生应力腐蚀时所需的特定介质。

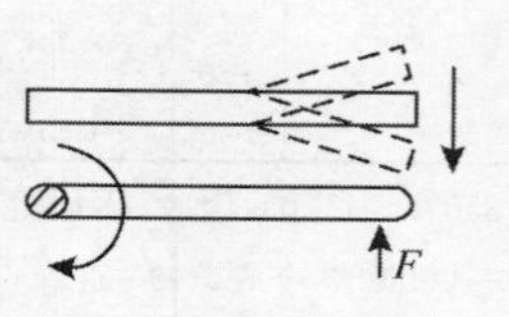

图 8.16 腐蚀疲劳示意图(周围有腐蚀介质存在)

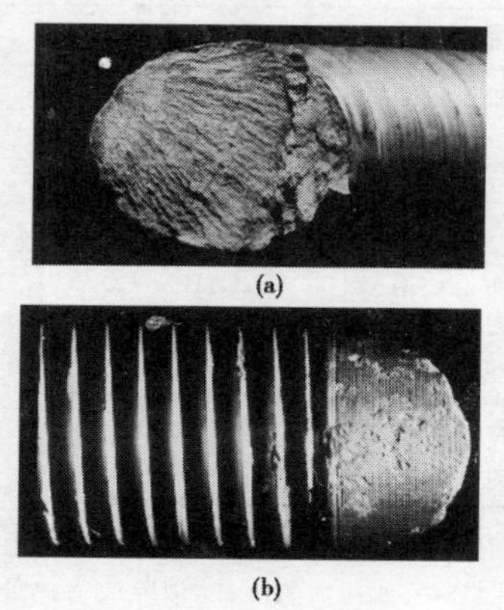

图 8.17 4Cr14Ni14W2Mo 不锈耐热钢的立管螺栓的腐蚀疲劳断口(以点蚀为起源)[8]

(a)断口；(b)表面点蚀

(2) 原因

在力学(动应力)和电化学(腐蚀性介质)共同作用下而引起的破坏腐蚀疲劳的原因说法很多,目前尚未得出一致的结论。但是在交变应力作用下,在介质和交变应力共同作用下钝化膜的破裂、滑移台阶的溶解以及再钝化等的反复作用则是影响不锈钢腐蚀疲劳过程的关键因素。

(3) 防止措施

防止和降低不锈钢设备和构件所承受的交变应力(包括消除结构上的应力集中);消除不锈钢表面缺陷;选用疲劳强度高,耐蚀性优良且细晶的不锈钢、双相不锈钢则是可供优先选用的材料。

主要参考文献

1 Horn. E. M, Werkstoffe und Korrosion,1979,30:723,732

2 陆世英,等. 不锈钢,北京:原子能出版社,1995,564

3A 陆世英,等. 未发表文章

3B 陆世英,等. 不锈钢应力腐蚀破裂. 北京:科学出版社,1977. 346,349

4 Remanit 45655-Nitrogen Alloyed Austenitic Stainless Steel with Maximum Corrosion Resistence and High Strengsh. Thyssen Stahl AG, Krefeld, Germany, 1995

5 陆世英,等. 不锈钢应力腐蚀事故分析与耐应力腐蚀不锈钢. 北京:原子能出版社,1985,19

6 John Sedrivs. A Corrosion of stainless steel, Second Edition,1996,282

7 Metal Handbook. 8th Edition, V2, 1964,253,254

8 陆世英,等,不锈钢. 北京:原子能出版社,1995,580

9 不锈钢的质量控制

研究和实践表明，除不锈钢的化学成分、组织、性能外，不锈钢的纯净度和表面质量（本节暂称表面状态和表面加工）对不锈钢的质量也有极其重要的影响。

9.1 不锈钢质量的确定和衡量不锈钢质量的五项判据

9.1.1 不锈钢质量的确定

一般认为，质量是对产品满足客观需要程度的一种描述，而满足客观需要程度的高低，则反映为产品质量的优劣。

确定不锈钢质量的优劣，主要是根据国家标准[1]有关规定和用户技术条件所要求的项目进行检验，符合要求者即质量合格，可判为合格品；反之，则为质量不合格，判为不合格品（或次品、等外品、废品等）。

①一切按不锈钢标准和用户技术条件进行，目前我国不锈钢产品标准 33 个，不锈钢专用物理、化学试验方法标准 13 个。

②按标准规定的方法选取和制备样品。例如，对化学成分、力学性能、晶间腐蚀等的取样方法、样品数量和制备都有明确规定。

③按标准规定的项目（技术要求）进行检验。进行项目检验要按标准所规定的物理、力学、化学方法进行。

---

[1] 标准是以科学、技术和大量长期实践经验的综合成果为基础并经过一系列严格审批程序而制定的。不锈钢的质量主要根据国家标准所规定的项目来进行检验和评定。

④检验所取得的结果与标准和技术条件的指标进行对比，符合标准者判为合格品，不符合者判为不合格品。

国内外钢厂一般都有自己的、较国家标准（技术条件）更为严格的内控标准（厂标），在不锈钢生产过程中，各主要工序都要进行半成品（再制品）的检验，半成品不合格者，不允许流入下一工序，成品不合格者，不允许出厂。

9.1.2 不锈钢标准和技术条件中要求检验的项目

表9.1中，概括列入了我国不锈钢标准和一些技术条件要求对不锈钢检验的项目。

9.1.3 衡量不锈钢质量的五项判据

早期，例如20世纪50～70年代，由于我国不锈钢产量低，仅几万至十几万吨，所生产的钢种牌号也很少，例如，奥氏体不锈钢中主要是1Cr18Ni9Ti一个牌号和马氏体不锈钢中的1Cr13、2Cr13、1Cr17Ni2等，而且钢材品种主要是棒、管材和少量窄板、带材以及线材。因此根据标准和技术条件的要求，国内当时把衡量不锈钢质量的主要内容概括为力学性能、晶间腐蚀和硬度，即所谓三大指标。

随着我国不锈钢产量的增加，钢种牌号和钢材品种的增多，特别是面对不锈钢质量日益严格的需求，目前一般认为衡量不锈钢质量起码应包括（化学）成分、（显微）组织、各种性能、（钢的）纯净度和表面质量五项内容，或称五项判据。

当前，不锈钢的化学成分必须合格，显微组织必须正常，各种性能必须满足国家标准（或技术条件）的要求等虽已为国内正规不锈钢生产企业[1]所认识，但通过大量研究和应用实例，已获

---

[1] 具有按国家标准（或有关技术条件）进行不锈钢生产和进行性能、质量等检测的基本手段并能按国家标准（或有关技术条件）要求交货的企业。

表 9.1　不锈钢标准和技术条件要求检验的项目简表[1]

项目 品种	化学成分 （偏差规定）	力学性能 （有时有特殊要求）	低倍组织 （低倍和塔形）	显微组织 （包括晶粒度）	非金属夹杂物（硫化物、氧化物、硅酸盐、球状夹杂）
热轧板（卷）材	√	√	√（不允许有缩孔、裂纹、分层、夹杂和气泡等缺陷）	√	√
冷轧板（卷）	√	√	√（同上）	√	√
冷轧带材	√	√	—	√	√
无缝管材（轧、拔）	√	√（包括压扁及扩口等）	√（从板坯上检查，同上）	√	√
棒材	√	√	√（同上）	√	√

续表

项目 品种	表面质量	外型尺寸检查	晶间腐蚀	无损探伤(超声、涡流、水压试验、α相测定)	交货状态
热轧板(卷)材	不允许有裂纹、气泡、夹杂、结疤、氧化皮和过酸洗等缺陷	√	√	√	热处理态(黑皮)、热处理酸洗态
冷轧板(卷)材	不允许有裂纹、气泡、夹杂、结疤、氧化皮和过酸洗等缺陷	√	√	√	按 2D、2B、BA、No. 3、No. 4、No. 5、No. 6、No. 7、HL 等
冷轧带材	不允许有裂纹、气泡、夹杂、结疤、氧化皮和过酸洗等缺陷	√	√	√	热处理态(去氧化皮、抛光、平整)。保护气氛热处理(有光洁度要求)
无缝管材(轧、拔)	内外表面均不允许有裂纹、折叠、龟裂、分层、结疤、过酸洗等缺陷	√	√	√	热处理酸洗态、保护气氛热处理态(表面粗糙度有要求)
棒材	不允许有裂纹、折叠、结疤、夹杂等缺陷	√	√	√	热处理态(黑皮),热处理酸洗态,热处理后表面喷丸,车光状态

注:√为需要检验;除晶间腐蚀外,有些技术条件还要求检查抗锈性、点腐蚀和应力腐蚀敏感性等。

得充分证明：不锈钢的纯净度和表面质量（本概论暂称做表面状况和表面加工）对不锈钢质量也有着极其重大的影响，但在国内目前尚未获得广泛认同并采取有力措施加以保证，这也是国内不锈钢各正规生产企业间，产品质量差别仍较大，国产不锈钢与国外著名不锈钢企业所生产的名牌不锈钢，在质量上也存在一定差距的重要原因。

9.2 不锈钢的纯净度

随着不锈钢科研、生产和应用的发展，对不锈钢的纯净度提出了日益严格的要求。

现行不锈钢标准和用户技术条件对质量考核的内容中，化学成分、力学性能、低倍组织、显微组织、腐蚀性能、非金属夹杂、表面质量、无损探伤等等均与钢的纯净度有关。

不断提高不锈钢的纯净度已经成为不锈钢冶金工作者的重要努力方向。

9.2.1 钢中的硫和磷

不锈钢中的硫和磷，除在易切削不锈钢中作为合金元素外，一般是作为有害杂质对待的。标准中一般规定：S≤0.030%，P≤0.035%。

1）硫

硫在不锈钢中的溶解度很低，室温下≤0.01%，过量的硫将大量形成硫化物非金属夹杂。

硫可与不锈钢中的铁、镍等形成低熔点（<1000℃）的共晶并沿晶界分布。

在不锈钢热加工过程中，由于硫化物共晶已呈熔融状态，常常导致钢的热塑性下降并引起沿晶界的开裂。轻则表面缺陷增多、磨削量加大、成材率降低，重则造成大量废品。

硫可增加钢的易切削性，但S的加入将显著降低钢的耐点蚀性（见表9.2[52]）。

在具有特殊要求的硝酸级和尿素级不锈钢中，对钢中硫含量规定应≤0.010%或≤0.015%，实际控制都希望在≤0.005%。

表9.2　向316不锈钢中加硫对耐蚀性的影响[52]

含硫量(%)	点蚀数 /英寸^{2}①	失重/(mg/英寸^{2}①)	电位/V(SCE)②
0.007	0.49	1.7	0.940
0.017	0.22	8.8	0.835
0.040	0.82	5.6	0.820
0.32	1.64	17.5	0.670

①氯化铁试验：108g $FeCl_3 \cdot 6H_2O$＋4.15 C.C HCl/L，30℃。

②在3mA/cm^2时的电位。

2)磷

磷在不锈钢中有相当的溶解度。不锈钢中磷量一般要求≤0.035%，但由于磷可提高钢的强度，所以在某些高强度不锈钢中含磷量可达0.25%～0.30%。由于磷可提高钢的易切削性，因而，有的不锈钢中也加入少量磷。

研究和实践表明：在硝酸和尿素腐蚀条件下，磷对不锈钢的耐蚀性非常有害（图9.1、图9.2和图9.3）。结果表明，含P≤100×10^{-6}(0.01%)的不锈钢，由于钢中磷沿晶界的偏析，即使在固溶态亦可产生晶间腐蚀（图9.3）。从图9.3可知，固溶态晶间腐蚀形态与敏化态晶间腐蚀有很大的不同，而且晶界无析出物。

经微区分析，含磷为0.024%的尿素用00Cr17Ni14Mo2不锈钢其晶界磷量高达0.93%，而产生固溶态晶间腐蚀后，晶界的磷浓度比晶内高达三个数量级。

目前，对尿素级不锈钢国内用户已提出P≤0.010%的技术要求，但对实物，要求还要低于0.010%。

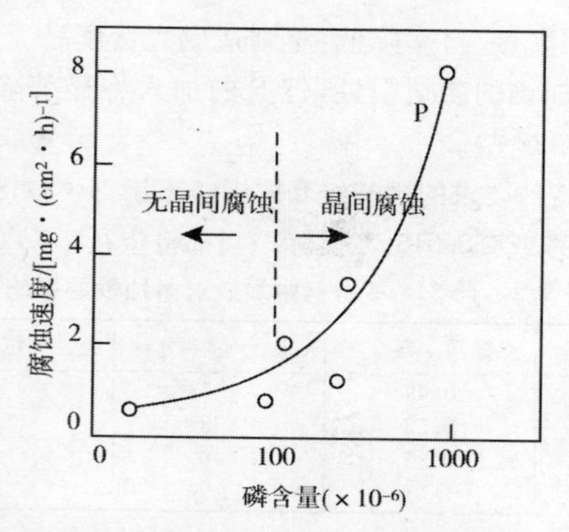

图 9.1　在氧化性酸中,钢中磷对 0Cr14Ni14 不锈钢固溶态耐腐蚀性和腐蚀形态的影响

(介质 5N HNO_3 +0.46N Cr^{6+} 沸腾温度)

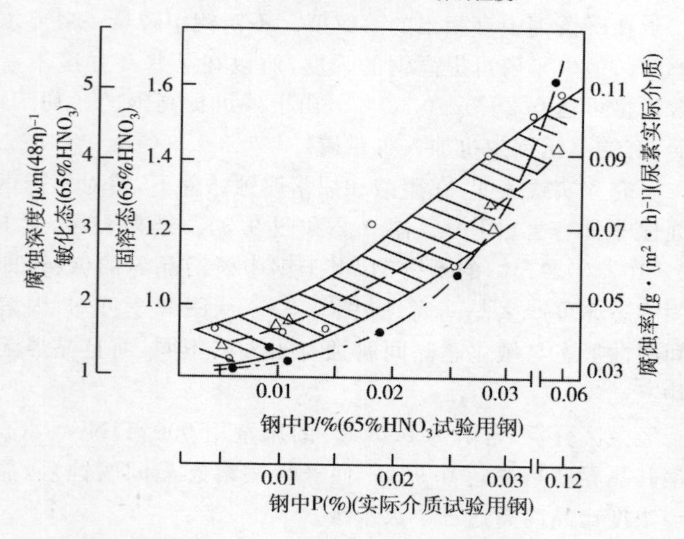

图 9.2　磷对 00Cr17Ni14Mo2(316L)不锈钢耐蚀性的影响[3]

○ 65% HNO_3 敏化态;● 65% HNO_3 固溶态 ;△ 尿素生产实际介质,固溶态

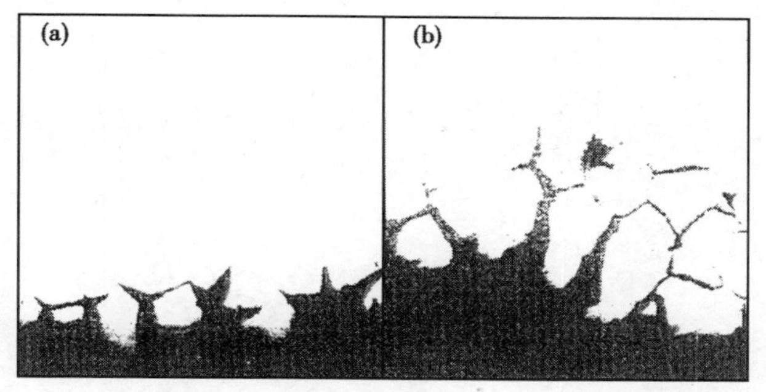

图 9.3　二氧化碳汽提塔上升管用 00Cr25Ni22Mo2N 不锈钢，使用后在其内、外壁所产生的固溶态晶间腐蚀(抛光态)[3]
(a)外壁;(b)内壁

9.2.2 钢中的氢、氧、氮

长期以来，钢中氢、氧、氮被人们认为是有害的气体。但是，就目前所知，在不锈钢中氢、氧有害，但氮在一些不锈钢中的有益作用则远远大于它的不利影响(见合金元素对不锈钢性能的影响)。

1)氢

氢在不锈钢中有几个和十几个 ppm($\times10^{-6}$)的固溶度，而且在奥氏体钢中的固溶度要大于在铁素体钢中。

当氢超过钢中固溶度时，钢在凝固过程中会有气泡形成。严重时，会引起钢锭上涨，较轻时氢致细小气泡会在热加工过程中延伸而形成裂纹。此时进行塔形发纹检查，常常会因发纹不合格而报废。图 9.4 系钢中氢量对不锈钢连铸坯气泡的影响。

即使钢中仅残留少量、微细的裂纹，也会引起不锈钢的塑、韧性下降，而钢的耐疲劳性能降低尤为明显。这与发纹在交变应力作用下成为了疲劳源有关。

为使连铸板坯不产生氢致气泡，有的生产厂提出铁素体铬

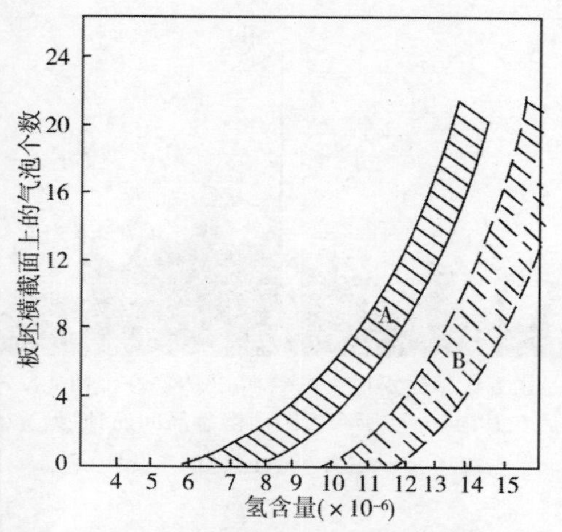

图 9.4 钢中氢量对不锈钢连铸坯气泡的影响

(板坯尺寸:180mm×1030mm)

A—430;B—304

不锈钢[H]$\leqslant 6\times10^{-6}$,铬镍奥氏体钢[H]$\leqslant 10\times10^{-6}$。但有的厂家提出,在不锈钢小方坯连铸中,希望钢中[H]$\leqslant 2\times10^{-6}$或$\leqslant 3\times10^{-6}$。

研究氢在 1Cr18Ni9Ti 不锈钢中的分布表明,氢在晶界处的浓度要比晶内高 3~4cm^3/100g。氢在钢内的不均匀分布,使钢晶界的塑性特征值(δ、ψ 和 A_k)比晶内相应的特征值低20%~25%。

氢对 Fe-Cr 合金电位影响的研究表明(图 9.5)[4],钢中含氢后,Fe-Cr 合金的电位下降,说明合金的耐腐蚀能力降低。实验和实践表明:在介质中有微量 H_2S 存在的条件下,传统马氏体不锈钢易产生氢脆(SCC);而超级马氏体不锈钢只能在含有极低量 H_2S 的油气井条件下使用。

氢还可引起奥氏体不锈钢的组织结构产生变化。

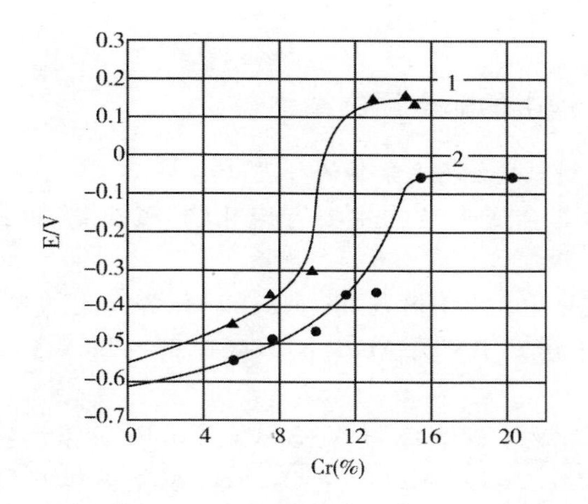

图 9.5　氢对 Fe-Cr 合金电位的影响(3％NaCl 溶液)

1—不含氢;2—含氢

2)氧

目前不锈钢的冶炼与氧密切相关。氧化期是通过氧的作用把炉料中残存的和过多的元素(例如碳)去掉;还原和精炼过程则是将前一阶段氧化了的有用的金属元素(例如铁、铬等)还原回到钢中,最后再将钢中氧尽量去除。残余氧在钢中是有害的,而且主要是通过氧化物夹杂的形式而表现出来。

在正确的脱氧条件下,不锈钢中的氧含量应$\leqslant 0.03\%$;对钢的纯净度要求高的不锈钢,钢中氧量越低越好,例如$\leqslant 20\times 10^{-6}$或$\leqslant 40\times 10^{-6}$。

3)氮

氮在不锈钢中对组织和性能的影响已如前述(见本书中合金元素对不锈钢性能的影响)。

9.2.3 钢中的非金属夹杂物

(1) 钢中非金属夹杂物的种类

钢中非金属夹杂物主要有硫化物、氧化物、硅酸盐和氮化物。

1)硫化物　由于 S 与 Ni、Mn、Ti、Zr 等元素的亲和力远大于铁,故不锈钢中常见 MnS、NiS(高镍钢),TiS(含钛钢)等硫化物。

2)氧化物　钢中 O 与 Al、Si、Cr、Mn、Fe 元素反应,可形成 Al_2O_3、SiO_2、Cr_2O_3、MnO、Fe_2O_3、FeO 氧化物和 $FeO \cdot Cr_2O_3$ 等复杂氧化物夹杂。

3)硅酸盐　钢中 SiO_2 若与 FeO、Al_2O_3 等相遇,就能和这些氧化物形成硅酸盐:$nFeO + mSiO_2 \rightarrow nFeO \cdot mSiO_2$ 或 $nAl_2O_3 + mSiO_2 \rightarrow nAl_2O_3 \cdot mSiO_2$。

4)氮化物　在含 Ti、Nb 的不锈钢中常见的氮化物有 TiN,Ti(C,N)、TiC、TiN、NbN、AlN 夹杂和高铬不锈钢中的 CrN、Cr_2N 等氮化物。

(2) 钢中非金属夹杂物的来源

内生夹杂:不锈钢在冶炼和浇注以及钢液凝固过程中,由于物理及化学反应而形成。如脱氧可形成氧化物和硅酸盐;浇注过程中钢液二次氧化的夹杂;钢液凝固过程中某些元素溶解度降低而形成的夹杂等。

外来夹杂:在冶炼和浇注过程中,由于钢渣、耐火材料等混入钢中而形成的夹杂。

内生夹杂和外来夹杂在钢中常常混杂在一起。

(3) 钢中非金属夹杂物的有害作用

1)硫化物的有害作用

不锈钢中的硫化物夹杂主要是 MnS。由于 MnS 极易溶于含 Cl^- 的水中，它的有害作用主要是降低钢的耐蚀性，特别是降低耐点蚀和耐缝隙腐蚀性能，而且与钢中锰含量有关。

国外已开始生产低锰量(≤0.3%)的 0Cr18Ni12Mo2(316)和 00Cr18Ni14Mo2(316L)。对医疗用 00Cr18Ni14Mo2(316L)则要求钢中硫量从≤0.01%降到≤0.003%或≤0.004%，以满足 ASTM F138 标准的要求。

研究已表明，低锰量的 0Cr18Ni9 其耐点蚀性能与含约 2% Mo 的正常锰量的 0Cr17Ni14Mo2 相当。国内在生产中已采取措施，在尽量降低 18-8 Cr-Ni 钢中硫量的同时，也在降低钢中锰量，一般控制在 1%以下(大多约 0.5%)。

由于硫化物和氧化物复合夹杂的存在，破坏了不锈钢基体的连续性，经热加工后，硫化物延伸变形，而氧化物夹杂不变形，夹杂两端形成微裂，导致了应力集中，同时还强化了钢的力学性能的方向性。所以钢中硫化物的另一有害作用是降低钢的塑、韧性和抗疲劳性能，特别是横向性能。

2)氧化物和硅酸盐的有害作用

钢中夹杂物的存在，破坏了不锈钢基体的连续性并导致应力集中，从而降低钢的塑、韧性和抗疲劳性能，钢中氧化物和硅酸盐也不例外，由于 Al_2O_3 等夹杂硬度高，难变形，多呈链状、串状，一方面增强钢的力学性能的方向性，使横向性能恶化，另一方面使钢的切削加工性下降，而且很难抛光。

1Cr18Ni9Ti 连铸坯表面的翻皮、结疤、凹凸不平以及裂纹等缺陷均与钢中非金属夹杂物有关，其中主要是 SiO_2、$FeO \cdot Al_2O_3$ 和钛的氧化物与氮化物。

一些钢厂 1Cr18Ni9Ti 钢管内表面翘皮和外表面螺旋形裂纹等缺陷也常常与钢中氧化物、硅酸盐和氮化物有关(试验用钢 α 相很低，为一级)。

不锈钢中常常观察到有以氧化物和硅酸盐为“核心”，以各种硫化物，如 MnS，(Fe，Mn)S 为“外壳”的复杂夹杂物。这种夹杂物对钢的耐点蚀、耐缝隙腐蚀性能最为有害。

国外对经退火、酸洗和表面精加工的 0Cr18Ni9(304)不锈钢冷轧表面的大量发纹进行了分析，结果表明：这些发纹是由于钢中 CaO 和 MnO 的硅酸盐经热轧、冷轧后变形、伸长，再经酸洗，夹杂物脱落，最后经精加工便以发纹形态显露了出来。

国内生产并大量出口的 2Cr13 餐具，有的由于使用前运输过程中便严重锈蚀而导致全部退货。国产 2Cr13 和进口 2Cr13 板材耐点蚀性的对比结果（表 9.3）表明：国产板材击穿电位很低，有的板材根本不能钝化。这说明国产材耐锈蚀性能较差。采取用硅铁粉代替原用的全铝粉脱氧等措施，最终 2Cr13 板材耐锈蚀不良问题获得了圆满解决。

表 9.3　2Cr13 国产与进口板耐点蚀性对比

编　号	板材来源	在 0.5%NaCl 溶液的击穿电位 E_b/mV
1	国产	55
2	国产	未钝化
3	国产	未钝化
4	进口	100
5	进口	75

3)氮化物的有害作用

由于不锈钢中的氮化物夹杂硬度高，不易变形，在钢材中又多成群分布，所以对钢的不利影响与 Al_2O_3、SiO_2 等氧化物夹杂相当类似。如降低钢的横向性能、抗疲劳性能和抛光性能等。

氮化物对钢的力学性能的有害作用，在中、高铬铁素体不锈钢最为明显。图 9.6 系氮化物对高纯 00Cr18Mo2(0.001%～0.002%C)不锈钢脆性转变温度的影响。可以看出，随钢中氮化物(TiN,NbN,AlN 等)增加,钢的脆性转变温度明显上升。研究表明,呈几何形状存在的氮化物是导致 00Cr18Mo2 钢脆性穿晶断裂的裂纹源。

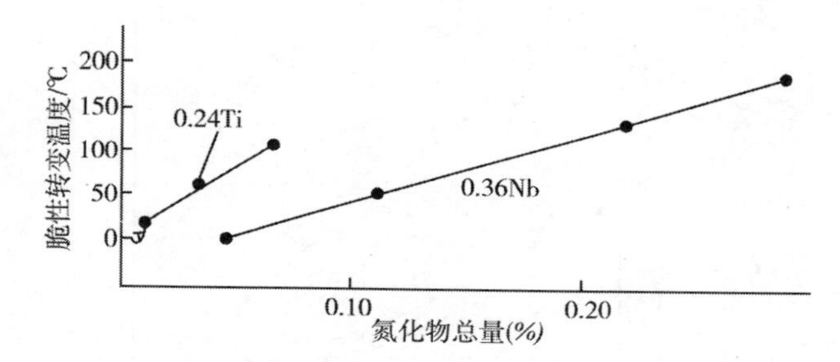

图 9.6 氮化物对 00Cr18Mo2 钢脆性转变温度的影响[5]

在含钛的不锈钢(1Cr18Ni9Ti,0Cr18Ni10Ti 等)中,由于氮可与钛形成 TiN、Ti(C,N),以及钢液中 TiO_2、$Al_2O_3$❶等的存在,常常使连铸坯表面缺陷增加,铸坯内部纯净度也降低。不仅增加铸坯的修磨量和金属的消耗,而且使钢材成品质量下降。

不锈钢中的非金属夹杂物常常是各类夹杂物共存。因此,对钢的有害作用也经常是各类夹杂物综合作用的结果。图 9.7 便是非金属夹杂物对一种超低碳、含氮的 Cr-Ni 奥氏体不锈钢的冲击韧性的影响。显然,夹杂物增加,钢的冲击韧性显著下降。

❶ 不锈钢中加入的钛中常含有较高的 Al。

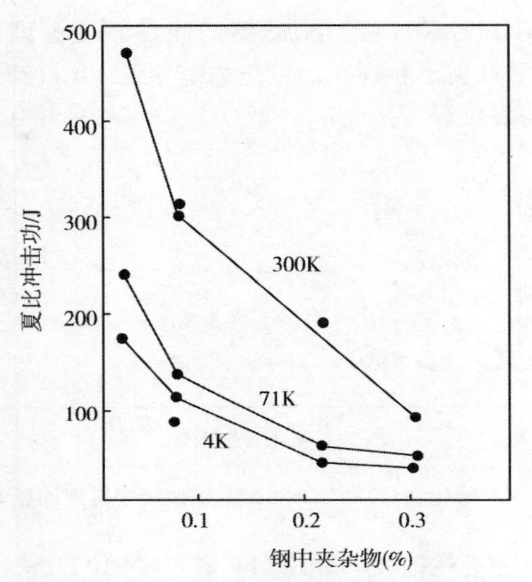

图 9.7　00Cr20Ni13N(0.35%)不锈钢中的夹杂物对冲击韧性的影响(K 为开氏温度)[6]

9.2.4　钢中的有色金属杂质

(1) 来源

废钢,包括返回钢和生铁等;铁合金,包括镍、海绵铁等以及脱氧剂和造渣材料。

表 9.4 列出了国内一些炼钢原料中的 Pb、Sn 含量。

表 9.4　不锈钢炼钢原料中的 Pb、Sn 含量(%)

元素	镍板	钛铁	钼铁	生铁	铝粉	铝块
Pb	0.002/ 0.0018	0.007/ 0.28	0.007/ 0.008	0.002	0.015/ 1.08	0.25/ 0.61
Sn		0.004/ 0.110	0.007/ 0.008	0.001	0.013/ 0.072	0.012/ 0.129

(2) 特性

不锈钢中最常见和最为有害的是铅(Pb)、锡(Sn)、锑(Te)、铋(Bi)和砷(As)五大元素。这些元素的熔点低;在钢中的固溶度小(或根本不固溶);与钢的基体相比,热膨胀系数差别较大。

(3) 有害作用

由于这些元素所具有的特性,在不锈钢凝固过程中,它们会在晶内和沿晶界以及沿 α/γ 相界析出,并常常在晶界和相界产生偏析;在热加工温度下,晶界和相界处于熔融态而使钢的结合力下降;加之,这些元素与基体的热胀系数的差异导致不锈钢在热加工过程中极易开裂,不仅增加钢坯的修磨量(图 9.8),而且会造成大量废品。国内某厂就曾一次判废 1Cr18Ni9Ti 板坯数百吨。分析表明:钢中 Pb、Sn 在晶界和 α/γ 相界的浓度比基体高 76～177 倍(Pb)和 5～24 倍(Sn)。

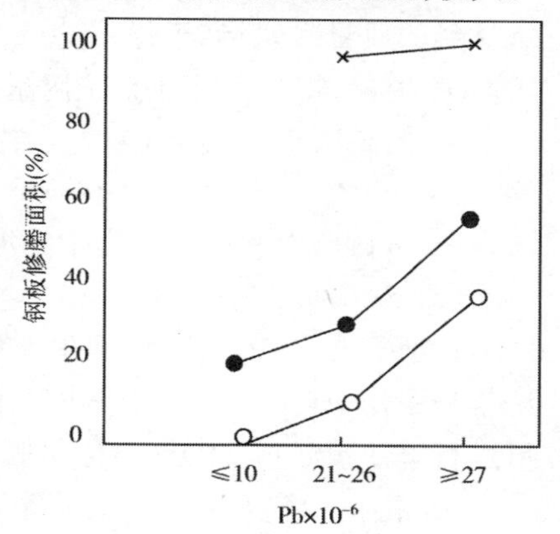

图 9.8 含铅量对 1Cr18Ni9Ti 热轧中板修磨量的影响[7]

○ 冶炼操作正常,吹氧温度≥1650℃;
● 吹氧温度≤1650℃;× 冶炼操作不正常,吹氧温度≤1650℃

对 1Cr18Ni9Ti 的研究结果表明:出现“热脆”时的临界 $Pb_{当量}$ = %Pb + 1.65% %Bi + 0.53% Te + 0.26% Sb + 0.020% Sn + 0.013% As。

国内 1Cr18Ni9Ti 的生产实际表明,当钢中的 $Pb_{当量} \leqslant$ 0.0084%时,钢的性能和表面质量可满足 GB 4273-92 和 GB 1380-92 技术条件的要求。

9.2.5 提高不锈钢纯净度的途径

(1) 防止进入钢中

· 原材料(废钢、铁合金等),造渣材料(石灰、萤石等),脱氧材料的质量和烘烤、干燥;

· 炉衬、钢包和浇注系统用耐火材料的质量和烘烤;

· 提高炼钢用气体(氩、氧、氮气等)的纯度(不能有水分等);

· 防止出钢和浇注过程中钢液的二次氧化。

(2) 从钢中去除

目前行之有效,在不锈钢生产中应用最为普遍且成熟的方法就是采用AOD、VOD等炉外精炼技术。对有特殊要求者,也可进行电渣重熔(ESR)和真空电弧重熔(VAR)。

· 钢中C、S、P和H、O、N等元素经AOD、VOD炉外精炼后可达到的水平见表9.5。国外报道的实际达到的水平、统计结果见图9.9。

表9.5 不锈钢精炼,钢中气体和C、S、P达到水平($\times 10^{-6}$)

元素	AOD	VOD①	转炉+VOD三步法精炼
[H^-]	2~4	2~3	≤2~3
[O^-]	≤100	≤30	≤50
N	≤100	≤30	≤30
C	≤100	≤10	≤60
S	≤10	≤10	
P	≤100	≤100	

①包括SS-VOD。

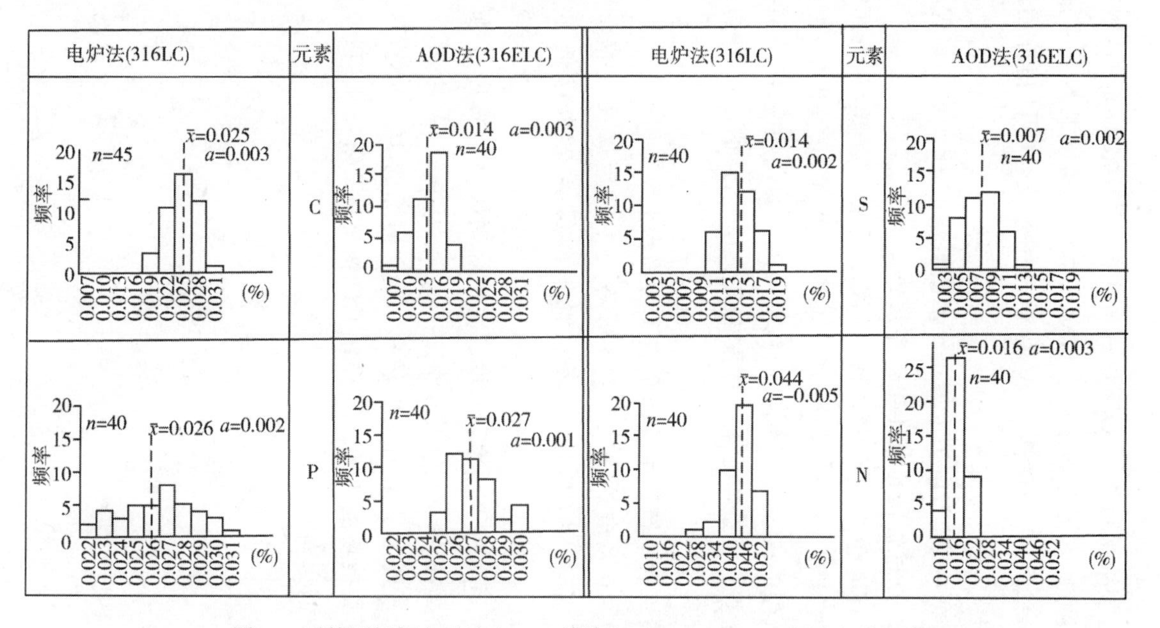

图9.9 国外不锈钢电炉法和AOD精炼,钢中C、P、S、N实际达到水平[8]

(316LC C量≤0.03%的Cr18Ni14Mo2,316ELC C量≤0.02%的Cr18Ni14Mo2)

从这些结果可知，VOD 和三步法精炼较 AOD 精炼，钢中氧、氮，碳可达到更低的水平。这对铁素体不锈钢尤为重要；电炉钢中的 C、S、N 则远高于 AOD 炉外精炼钢，AOD 精炼后的含碳量为≤0.02%。

一些研究表明，电炉冶炼再经电渣重熔的 18-8 型等铬镍不锈钢，其耐点蚀性能也优于电炉单炼钢。

· 前述有色金属有害杂质中，许多元素熔点低，蒸汽压较高，因此在高温下极易挥发。在 AOD、VOD 精炼过程中，由于高温下激烈的碳氧反应和通入氩、氧等气体的强烈搅拌，都有利于加速这些有害杂质元素的挥发去除。在这方面 VOD 精炼显得更为有利。

· 精炼后不锈钢中的非金属夹杂物水平。

图 9.10 系电炉法与 AOD 精炼钢中非金属夹杂物含量的比较。显然 AOD 精炼钢中的非金属夹杂物远低于电炉钢。

图 9.11 系电炉钢和 AOD 二次精炼钢修磨率的对比，显然 AOD 精炼钢修磨率低于电炉钢。

表 9.6 列出了国内用电炉和 VOD 精炼的 1Cr18Ni9Ti 钢中非金属夹杂物的比较。同样，VOD 精炼的 1Cr18Ni9Ti 纯净度较电炉钢为高。

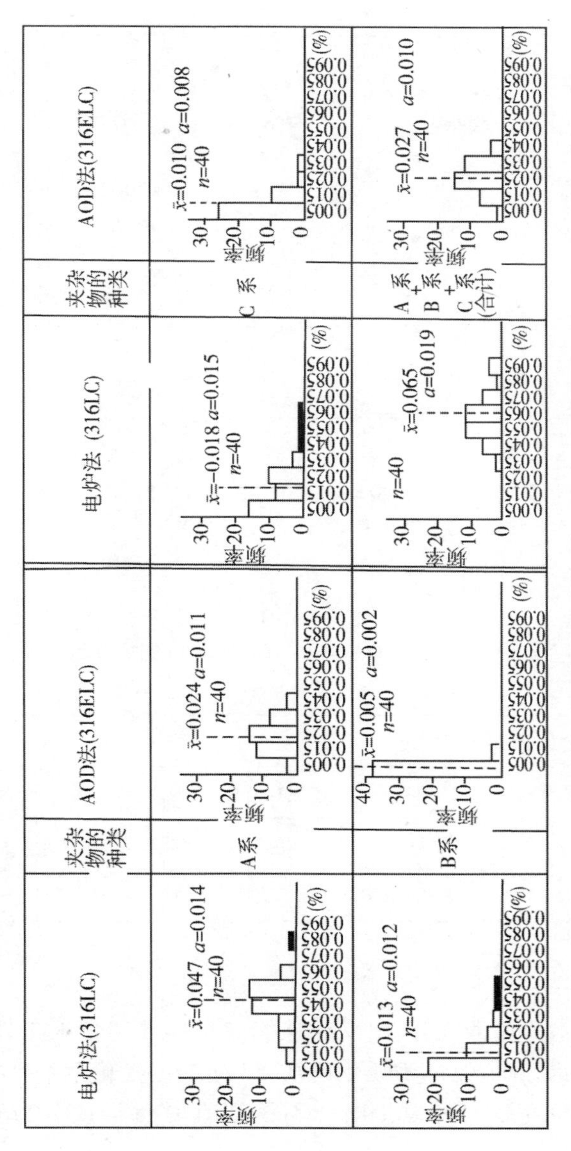

图9.10 电炉钢和AOD精炼钢中非金属夹杂物比较

(316LC:C≤0.03%的Cr18Ni12Mo2;316 ELC:C≤0.02%的Cr18Ni14Mo2)

A系—碳化物;B系—氧化物;C系—硅酸盐

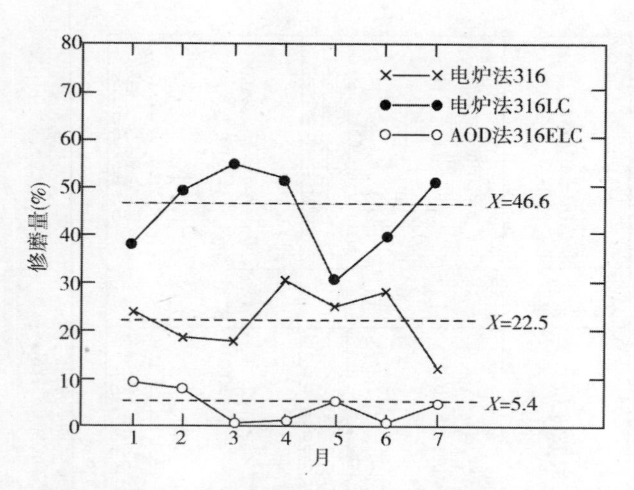

图 9.11 电炉和 AOD 精炼的 18-12-2 型不锈钢的表面缺陷修磨率比较（X 为平均值）[8]

316：0Cr18Ni14Mo2；316LC：C≤0.03%的 Cr18Ni14Mo2；316ELC：C≤0.02%的 Cr18Ni14Mo2

表 9.6 电炉单炼和 VOD 精炼的 1Cr18Ni9Ti 钢非金属夹杂物对比（国内结果）

工艺	炉数	夹杂物级别范围			TiN 级别出现率(%)							
		氧化物	硫化物	TiN	0.5	1.0	1.5	2.0	2.5	3.0	3.5	4.0～5.0
电炉	39 炉	0.5～2.5	0.5～1.5	0.5～1.5	0	5.1	21.8	41.0	14.0	8.9	4.9	4.3
VOD	44 炉	0.1～1.0	0.5～1.0	0.5～2.0	63.1	25.0	8.1	4.8	0	0	0	0

9.2.6 小结

在不锈钢的化学成分、组织和性能满足标准和技术条件要求的同时，为更好地保证不锈钢的质量，进一步优化钢的性能，提高钢的纯净度最为关键。国产不锈钢有时化学成分、组织结构和宏观性能可满足标准要求，但很多性能常常与国外进口不锈钢实物水平有差距，纯净度间的差距较大是一个重要原因。

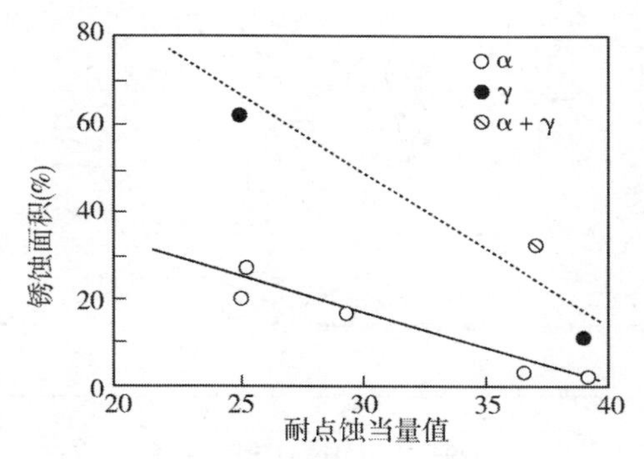

图 9.12　三类不锈钢的耐点蚀当量值与耐锈性间的关系[9]

○ α 铁素体不锈钢；● γ 奥氏体不锈钢；⊙ α+γ 双相不锈钢

下面列出了由于纯净度的提高对不锈钢的耐蚀性的影响，国外一些实验室试验和大量统计所取得的结果见图 9.12、图 9.13 和图 9.14。

图 9.12 系耐点蚀当量值（Cr%＋3.3×Mo%＋16×N%）对五大类不锈钢中耐蚀性最佳的奥氏体、铁素体和双相三类不锈钢锈蚀面积的影响。可以看出，在相同耐点蚀当量值条件下，铁素体不锈钢的耐锈蚀性远优于奥氏体不锈钢，也优于双相不锈钢。研究表明，这并不是由于钢的组织结构不同，而是由于铁素体不锈钢的纯净度高。

图 9.13 系采用硝酸法试验对过去生产的 00Cr25Ni20 (Cronifor 2521 LC)与近代（1984 年）生产的同一牌号，由于生产工艺的变化对钢的耐蚀性的影响。可以看出：近代生产的（通过炉外精炼并加工生产的）较过去（电弧炉冶炼等）生产的同

一不锈钢牌号不仅耐蚀性显著提高，而且耐腐蚀的稳定性也极佳。

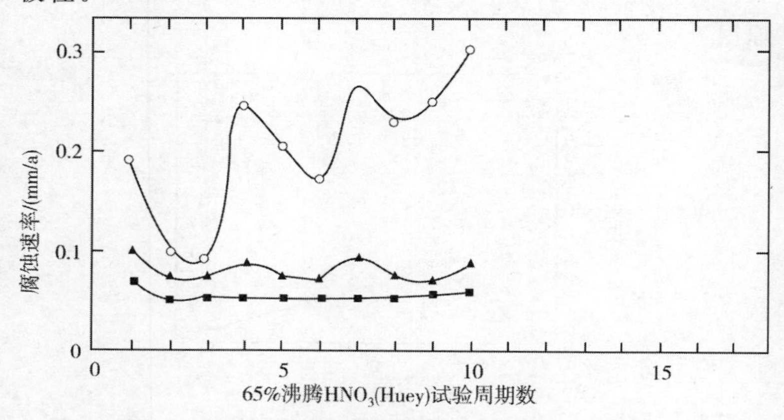

图 9.13　过去和近代生产的 00Cr25Ni20(Cronifor 2521 LC)不锈钢耐蚀性的比较[10]

○ 过去生产的产品；▲ 过渡期生产的产品；■ 近代(1984 年)生产的产品

图 9.14 系更为有意义的结果。通过对 1952 年、1964 年和 1987 年、1997 年所生产的不同铬量的 Fe-Cr-Ni 不锈钢和高镍耐蚀合金的耐蚀性的对比，可以明显看出，1952 年和 1964 年所生产的 Fe-Cr-Ni 不锈钢和合金，与 1987 年和 1997 年所生产的不锈钢和合金相比，后者的耐蚀性远远优于前者。发表此结果的作者认为这主要是由于不锈钢生产工艺技术的进步，不锈钢和耐蚀合金的纯净度的提高和均匀性❶的改善而产生的良好效果。

❶　不锈钢的不均匀性包括钢的化学成分、显微组织、表面物理和表面状态等等的不均匀性。不锈钢钢中的这些不均匀性，在电化学介质中就具有不同的电位，从而形成许多微电池而产生腐蚀。因此，不锈钢的种种不均匀性也是影响不锈钢耐蚀性的重要因素。改善了不锈钢的不均匀性，减少了微电池作用，也就提高了钢的耐蚀性。

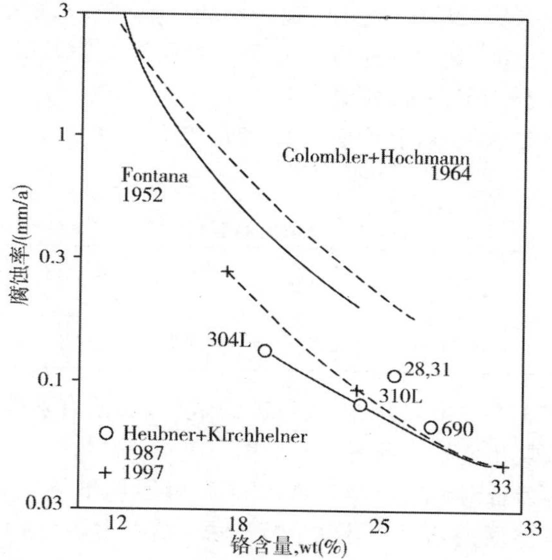

图 9.14　在沸腾共沸浓度 HNO_3 中,不同年代生产的 Fe-Cr-Ni 不锈钢的耐蚀性的比较[10]

28,31,33,690 均为高镍不锈钢和耐蚀合金;
310L－00Cr25Ni20;304L－00Cr18Ni10

9.3　不锈钢表面状况和表面加工

不锈钢的腐蚀破坏是从表面开始的,因此,不锈钢的表面状况和表面加工对不锈钢的使用性能,特别是不锈性、耐蚀性有着最直接的影响。

9.3.1　国内不锈钢表面状况、质量问题实例(7 例)

(1)热轧中板表面局部氧化皮处的严重锈蚀

·热轧 1Cr18Ni9Ti 中板,一般系热处理、酸洗后交货,但使用中发现在原表面残留有局部氧化皮处出现严重锈蚀。

·对 1Cr18Ni9Ti 热轧中板经热轧并热处理后的表面氧化皮进行了分析：氧化皮通常有三层。内层为 Cr_2O_3 和 $Cr_2O_3 \cdot FeO$，中间层为 Fe_3O_4，外层为 Fe_2O_3。

随距表面的不同距离，铬浓度的变化见表 9.7（基体铬量为 18.65%）。

表 9.7　铬浓度的变化（%）

距表面的距离/μ	0	2.5	5.0	7.5	10.0	12.5	15.0	17.5
Cr 量（%）	12.76	11.97	15.58	18.62	18.07	18.03	18.6	18.67

从表 9.7 中可知，由于氧化皮的形成，表面有贫铬区产生。这是导致氧化皮处严重锈蚀的原因。

·国外曾对 00Cr21Ni25Mo6N 高钼不锈钢热轧板表面氧化皮和基体间的铬量变化进行了分析，结果表明（图 9.15）：贫

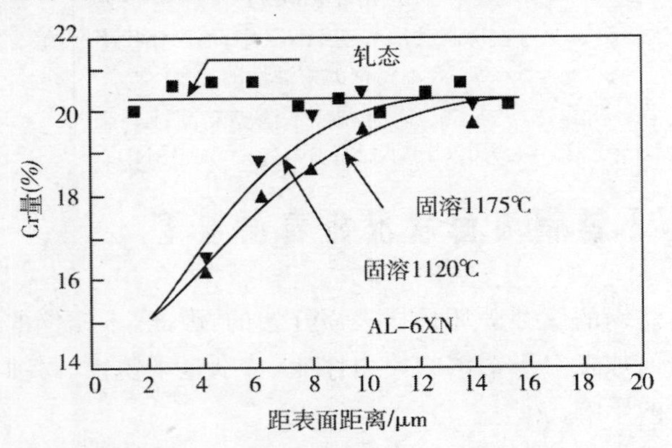

图 9.15　高钼不锈钢板材表面氧化皮与金属基体界面间铬量变化[12]

■ 热轧原始表面；▼ 1120℃固溶态；▲ 1175℃固溶态

铬层有 12μm 厚，铬量最低处浓度约为 15%。氧化皮的存在，表面层的铬量降低，使此钢的耐点蚀性能下降。

(2)00Cr18Ni10 不锈钢工艺管道焊缝附近的锈蚀[13]

国内某工地正在安装的设备，其中有 00Cr18Ni10 不锈钢的工艺管道和接头。焊接后，在临近海洋大气的工地仓库中存放不到一个月，就在焊缝附近出现了严重的黄褐色锈蚀，示意图见图 9.16。

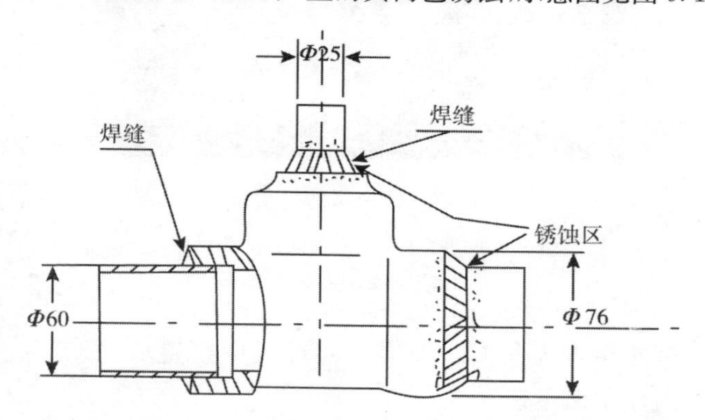

图 9.16　00Cr18Ni10 不锈钢工艺管道焊接接头结构和锈蚀区示意图

经微观检查，焊接热影响区有 $Cr_{23}C_6$ 碳化物析出，但晶间腐蚀检验表明，由于管材为超低碳的 00Cr18Ni10，因此并无晶间腐蚀存在。根据对锈层的微观检查，锈层也有明显的三层结构，见图 9.17。[13]

三层结构的化学成分分析(俄歇能谱分析)结果见表 9.8 和图 9.18。从这些结果可知，A 层和 B 层均为贫铬层。同时，根据分析，锈层表面上还存在浓度高达 3.65%的 Cl^-，此 Cl^- 直到锈层深度达 10000A°后才逐渐消失。锈层厚度在大约 50000A°的范围内，含氧量也高达 20%以上。可以认为：由于焊接过程高温下引起焊缝附近氧化，铬首先产生氧化而导致贫铬层的形

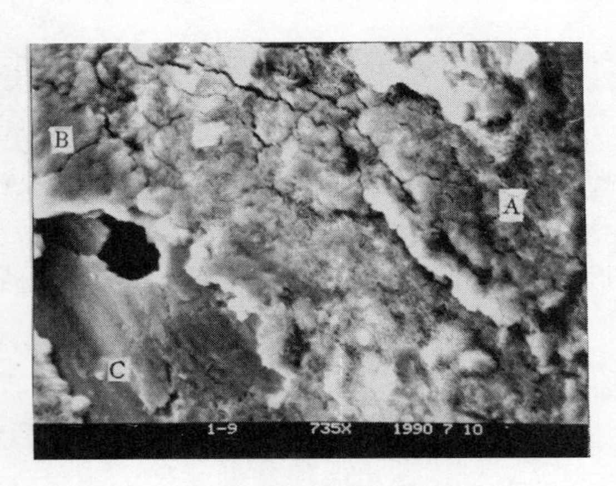

图 9.17 锈蚀层的三层结构

A—最外层厚锈层；B—中间层的薄锈层；
C—内层最靠近基体的部分

成，此焊件在含大量 Cl^- 潮湿海洋大气中放置后，贫铬层由于 Cl^- 等的作用而迅速锈蚀。

焊后，经采取措施（喷砂、酸洗等），去除贫铬层后，就再没有出现锈蚀问题。

表 9.8 锈蚀层（A、B、C）和不锈钢基体的成分能谱分析（计算）结果（%）

部位	Si	Mn	Fe	Cr	Ni	备注
A 层	1.154	0.433	81.755	3.187	13.422	锈层
B 层	1.006	0.688	70.762	9.002	17.425	贫铬
C 层	1.530	3.033	48.135	31.809	15.166	富铬
不锈钢基体	0.45	1.575	69.451	19. 217	9.292	化学成分正常

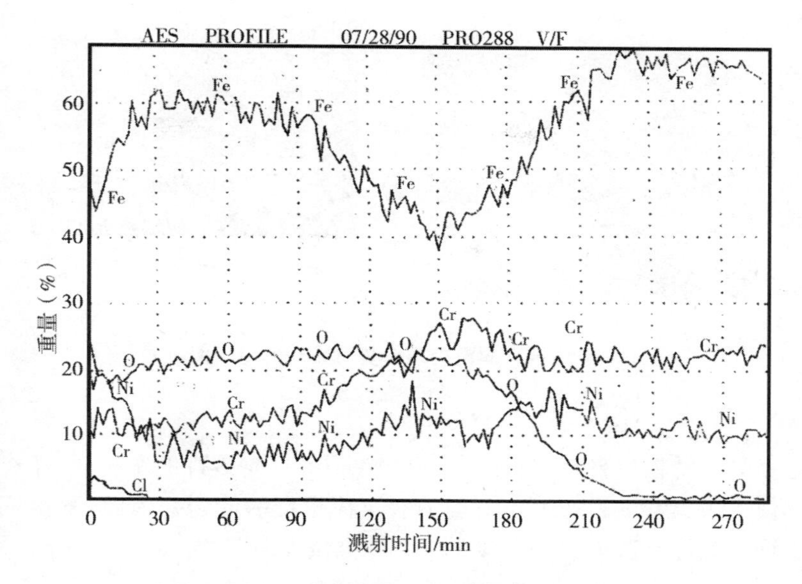

图 9.18 锈区表层结构的俄歇能谱分析结果[13]

(3) 1Cr18Ni9Ti 管材内、外表面局部过酸洗产生的晶间腐蚀[14]

我国在不锈钢管材生产过程中,曾长期采用牛油+石灰做润滑剂。热处理前酸洗时清除不净,热处理过程中极易增碳(特别是内表面)。增碳处再经酸洗便容易过酸洗并产生晶间腐蚀(见图 9.19)。

(4)1Cr18Ni9Ti 不锈钢管材表面划伤后,经实际使用后的应力腐蚀[14]

图 9.20 系国产 1Cr18Ni9Ti 不锈钢管材装配成设备后,经短期使用后便在表面划伤缺陷处出现了应力腐蚀破坏。图 9.20(a)为钢管表面的划伤处,而图 9.20(b)则为划伤处经抛光所显示出的大量垂直于划痕的应力腐蚀裂纹。对划伤处进行残余应力实测,其数值竟高达近 500MPa。我们在日常工作中还

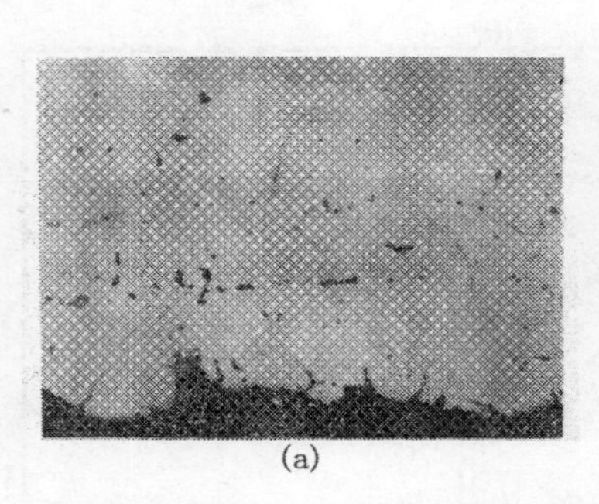

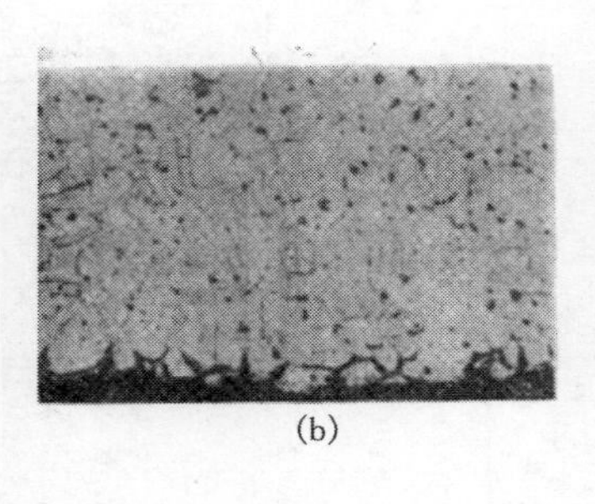

(a)　　(b)

图 9.19　1Cr18Ni9Ti 固溶处理交货后发现的内表面过酸洗(a)和晶间腐蚀(b)

遇到不锈钢板材打字头处,用户加工成不锈钢零件的车痕处,经使用后也常常因产生应力腐蚀裂纹而报废的问题。为此,不锈钢不允许有造成表面高残余应力的机械损伤存在。

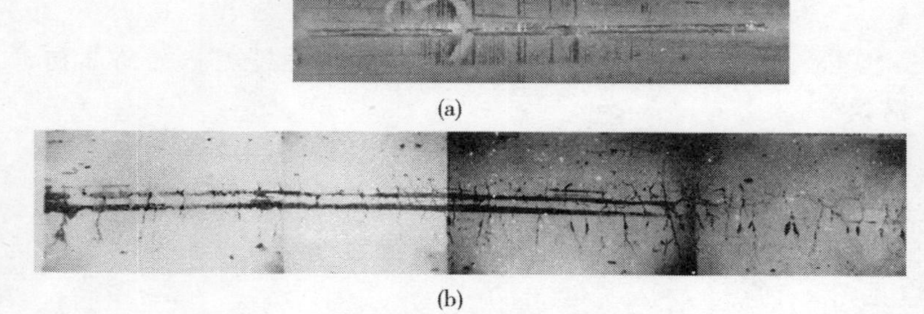

(a)

(b)

图 9.20　1Cr18Ni9Ti 钢管外表面划伤和划伤处的应力腐蚀裂纹

(a)表面划伤;(b)划伤处抛光后显露出裂纹

(5)一种 18-8 不锈钢构件打磨处的应力腐蚀[14]

18-8 不锈钢板材制成的构件在 200℃蒸汽中使用,使用过程中发现打磨处均出现腐蚀(图 9.21 a),经进一步检查,腐蚀处有大量应力腐蚀裂纹(见图 9.21b)。实测表明打磨处的残余应力高达近 300MPa。为了防止此种腐蚀,不锈钢表面严禁用砂轮等打磨。

(a)

(b)

图 9.21　18-8 不锈钢板材制部件表面打磨处的腐蚀(a)和应力腐蚀(b)

(6)由于焊后焊缝表面高应力状态和未加维护而引起的 0Cr18Ni9 大口径管道的应力腐蚀

根据工程需要,国内某厂采购了大量 0Cr18Ni9(304)不锈钢中、厚板,采用焊接方法生产了大量的大口径 0Cr18Ni9 不锈钢管道,钢板下料后先进行纵焊,纵焊后经滚圆再进行环缝的焊接。环焊后在无任何防护的条件下,置于海滩上海洋性大气中放置,后来发现在环焊缝处出现大量应力腐蚀裂纹(见图 9.22),裂纹从焊缝开始并向母材扩展,最后导致 0Cr18Ni9 大量大口径管道未经使用便全部报废。

本书前面已经述及不锈钢产生应力腐蚀的三要素,在 0Cr18Ni9 作为敏感材料已选定的条件下,只要焊后采取消除应力的措施或者焊后对不锈钢管道焊缝加以很好防护,防止海洋性大气与不锈钢管道焊缝相接触,这种事故完全可以避免。

(7)6Cr13Mo 不锈钢刀具的表面非金属夹杂

图 9.23[14] 系 6Cr13Mo 不锈钢制成菜刀后的表面外观,可以明显

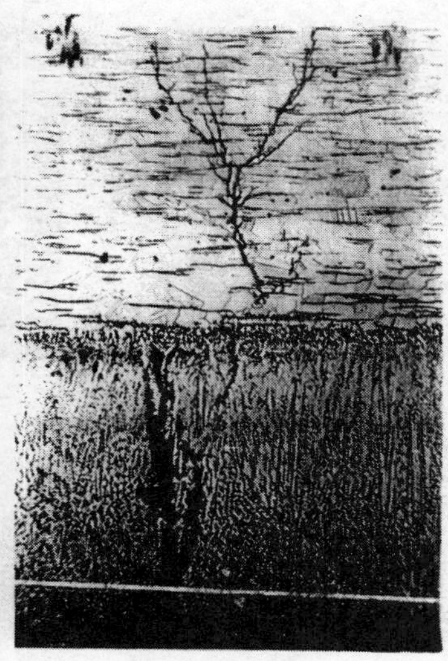

图 9.22　大口径 0Cr18Ni9(304)管道环焊缝应力腐蚀裂纹

(a)焊缝宏观裂纹(b)焊缝裂纹的微观形貌:上方为母材,下方为焊缝

图 9.23　6Cr13Mo 不锈钢菜刀表面的非金属夹杂物[14]

看出表面有大量氧化物和硅酸盐夹杂物存在。此钢系退火后未经酸洗,黑皮交货,用户制成刀具后才显示出来。与前面 2Cr13 钢中非金属夹杂物的影响的实例相较,这种菜刀在使用过程中肯定会很快锈蚀。由于这种质量问题,造成几十吨 6Cr13Mo 不锈钢热轧板退货。

9.3.2 不锈钢的表面加工和耐蚀性

为了适应不同用途对不锈钢表面的各种需求，不锈钢具有多种表面加工。不同的表面加工使不锈钢表面各异，在应用中各自具有独到之处，从而拓宽了不锈钢的使用领域。但是，不锈钢不同的表面加工对钢的耐蚀性的影响也日益引起了人们的关注，取得了许多试验和实际应用结果。

(1)不锈钢板材的表面加工

根据国家标准(GB3280-92)，不锈钢冷轧板材的加工等级有2、2D、2B、3、4、5、6、7、9、10，共10级。

No. 2——冷轧后进行热处理、酸洗或类似的处理，表面有点粗糙；

No. 2D——比No. 2表面要好，经上述处理后，再用毛面辊轻轧；

No. 2B——冷轧后同No. 2D的处理，但最后用抛光辊进行一道轻度冷轧，经抛光后表面具有适当光洁度；

No. 3——用GB 2477所规定的粒度为100～120号研磨材料进行抛光精整；

No. 4——同No. 3，但用粒度为150～180号研磨材料进行抛光精整；

No. 5——同No. 3，但用粒度为240研磨材料进行抛光精整；

No. 6——用GB 2477所规定的W63号研磨材料进行抛光精整；

No. 7——用GB 2477所规定的W50号研磨材料进行抛光精整；

No. 9——即BA板，冷轧后直接进行光亮热处理；

No. 10——即HL(发纹)板，用适当粒度的研磨材料进行抛光，使表面呈连续磨纹。

除上述表面加工外，根据用户的需求，在实际应用的不锈钢表面加工中，还有机械抛光、电解抛光、表面喷砂(喷丸)以及各种化学、彩色表面加工等等。

（2）在大气中，表面加工对不锈钢耐蚀性的影响

表9.9列入了在几种大气条件下，一些常用不锈钢不同表面加工的耐蚀性对比。

从表9.9中结果可知：表面为2B者耐蚀性优于2D、No.4和HL；0Cr18Ni12Mo2优于0Cr18Ni10，0Cr18Ni10优于1Cr17[1]；1Cr17不能在临海和沿海区使用，0Cr18Ni10的No.4表面，在临海工厂区也不能使用。由于1Cr17铁素体不锈钢在室外大气中不能满足要求，为此在建筑外用铁素体不锈钢中已经开发了含钼和含钛、铌的许多铁素体不锈钢牌号，如00Cr22Mo1.5(Ti,Nb)，00Cr25Mo2(Ti,Nb)和高纯Cr30Mo2(Ti,Nb)等，国外已在临海大型建筑物上大量应用。

表9.9 几种不锈钢不同表面状态的大气腐蚀试验结果

钢种	表面状态	试验前变色情况	环境条件				
			城市住宅区	市镇	城市工业区	临海工业区	沿海地区
1Cr17	2B	10	9	9	7	4	4
(430)	No.4	10	8.5	9	4	3	2
0Cr18Ni10	2D	10	9.5	9	8.5	6	6
(304)	2B	10	9.5	9	8.5	6	6
	No.4	10	9.5	9	8.0	6	5.5
	HL	10	9.5	9	8.0	5.5	5.0
0Cr18Ni12Mo2	2B	10	9.5	9	8.5	7.0	7.5
(316)	No.4	10	9.5	9.5	8	6	6.5

注：表中10表示表面无任何改变；表中5表示有1%～2.5%面积变色。

[1] 在前述一些介质条件下，304(0Cr18Ni10)奥氏体不锈钢常较430(1Cr17)铁素体不锈钢具有更好的耐蚀性，这并不是由于二者组织结构上的差异，而是由于304不锈钢与430钢相比，304钢中含有8%～10%的镍所起的强化钝化膜的作用，在大气中也不例外。

图 9.24 系在大气中表面粗糙度对冷轧 0Cr18Ni10(304)不锈钢薄板耐蚀性的影响。从表面粗糙度范围与表面加工等级之间的关系可知：在大气中，当选用 0Cr18Ni10 不锈钢的表面加工为 2D 和 No.4 时，因表面粗糙度已超过 Ra 0.5μm(见图 9.24 附表)，腐蚀率显著增加，选用时要加以注意。

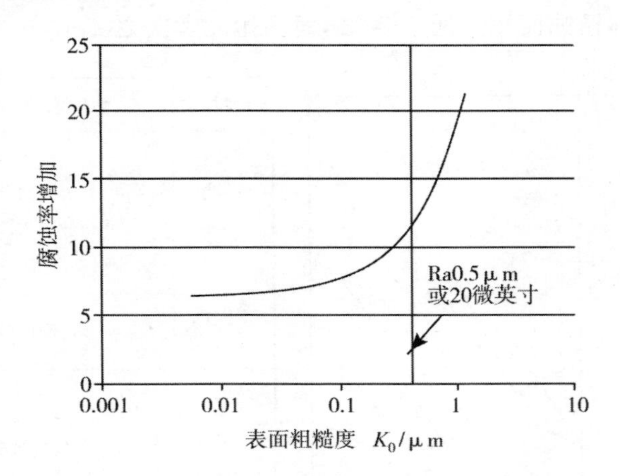

通常薄板的表面粗糙度范围

表面	2D	2B	BA	No.3	No.4	磨纹(HL)	No.7	No.8	超级 No.8
Ra 微英寸	5～39	2.4～20	0.5～4	10～43	7～25	5.5～8.0	2.4～8	0.8～4	0.4～0.8
Ra/μm	0.13～1.0	0.06～0.5	0.01～0.10	0.25～1.1	0.18～0.64	0.14～0.2	0.06～0.2	0.02～0.10	0.01～0.02

图 9.24　0Cr18Ni10(304)在大气中表面粗糙度与腐蚀率增加的关系

在大气中，不锈钢的表面粗糙度越低，不锈钢的耐蚀性越好，一般解释为表面越光滑，表面的沉积污染物越少，而且在雨水的冲刷下极易清除，点蚀难以在表面形成；同时，表面越粗糙，不仅沉积的污染物越多，而且大气中的 Cl^- 等也越易附着。一些研究还指出，粗糙的表面加工，表面膜中的 Cr/Fe 比也低，耐蚀性也差。

(3)在大气、高温水和海水中,电解抛光等表面加工对不锈钢耐蚀性的影响

·图 9.25 系在海洋大气中,经过 5 年实际试验,不同表面加工对 0Cr18Ni10(304)钢锈蚀情况的影响。同样可以看出,电解抛光表面耐锈蚀性最佳,经 5 年试验,表面锈蚀程度仅在 1～2 间,即锈蚀面积远低于 25%,镜面抛光者次之。

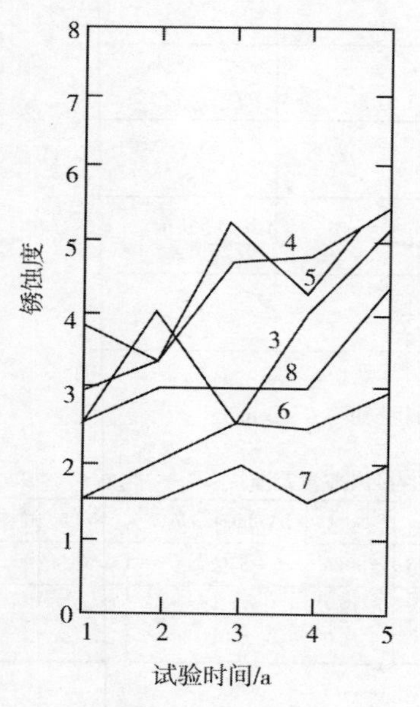

锈蚀程度	锈蚀面积(%)
0	0
1～3	0～25
4～6	25～75
7～8	75～100
图中试样号	表面加工
3	2D
4	120 号＋180 号研磨＋钝化
5	120 号＋180 号研磨
6	镜面抛光
7	电解抛光
8	刷后＋钝化

图 9.25　在海洋大气中,经 5 年试验不同表面加工的 304(0Cr18Ni10)不锈钢的锈蚀情况比较[15]

表 9.10 系电解抛光等不同表面加工的 5 种不锈钢,在三种不同地区的大气中进行长达 4 年的试验所取得的结果。

表 9.10　不同表面加工时的耐蚀性对比（试验 4 年）[16]

试验地区	钢中主要成分	表面加工		
		镜面板	电解抛光板	No. 4 板
海岸区	18Cr-10Ni-3Mo	1～0	1～0	2～1
	18Cr-8Ni	4～2	4～2	6～3
	17Cr-1Mo	8～5	—	8～5
	17Cr	8～5	—	8～7
沿海工业区	18Cr-10Ni-3Mo	1～1	1～1	2～1
	18Cr-10Ni-1.5Mo	2～1	2～1	3～1
	18Cr-8Ni	6～3	6～4	7～5
	17Cr-1Mo	8～6	—	8～6
	17Cr	8～6	—	8～6
工业区	18Cr-10Ni-3Mo	1～0	1～0	2～0
	18Cr-10Ni-1.5Mo	1～0	1～0	2～0
	18Cr-8Ni	1～0	1～0	2～0
	17Cr-1Mo	4～2	—	4～2
	17Cr	5～2	—	6～4

注：表中，0 为优，1 为良，4～8 为不可选用。

从表 9.10 中的结果可看出，电解抛光板耐蚀性最佳，镜面板次之，No. 4 板最差。在所试验的不锈钢中，18Cr-10Ni-3Mo 钢可适用于任何大气条件，而 17Cr 钢在所试验的条件下则不能选用。

· 在 300℃高温水中，电解抛光等表面加工对 0Cr18Ni10（304）不锈钢耐蚀性的影响。

试验结果见图 9.26。显然，电解抛光加工具有最佳的耐蚀性。

· 表 9.11 系在天然海水中，不同表面状态的 0Cr17Ni12Mo2（316）不锈钢的耐缝隙腐蚀性能，可明显看出，电解抛光能显著提高钢的耐缝隙腐蚀性能，酸洗和钝化处理也有益，但远不如电解

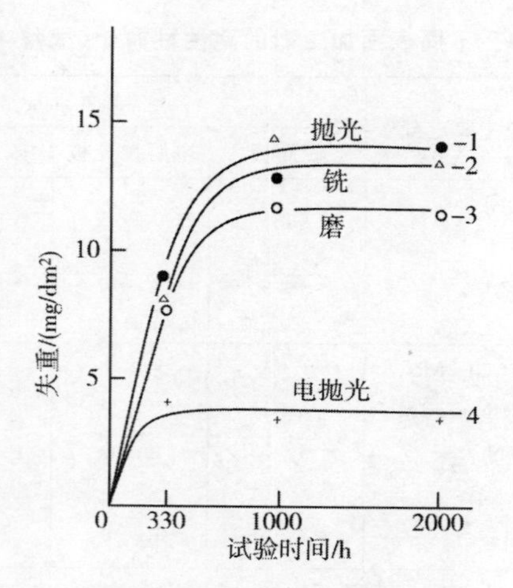

图 9.26　不同表面加工对
0Cr18Ni10(304)钢耐蚀性的影响
(300℃水中)[17]

1—600 号机械抛光;2—铣光;3—磨光;4—电解抛光

抛光效果好,更值得引人注目的是经 600 号和 60 号 SiC 砂磨光后再经电解抛光,其作用更佳。

但是,60 号 SiC 抛光者,由于表面太粗糙,钝化处理(G+F)已无作用。

表 9.11　在天然海水中,表面处理对 0Cr17Ni12Mo2(316)不锈钢的耐缝隙腐蚀性能的影响(室温下)[18]

代号	表面处理	腐蚀面积(%)	最大腐蚀深度(mm)
A	冷轧,退火,2B	100	1.33
B	A+电解抛光	90	0.14
C	A+60 号 SiC 砂磨光	90～100	1.38
D	C+电解抛光	0～<10	0.13
E	C+15% HNO_3 +6% HF,40℃×10min(酸洗)	60～95	0.98

续表

代号	表面处理	腐蚀面积(%)	最大腐蚀深度/mm
F	C+17 %HNO_3,室温×20min(钝化处理)	60～95	0.83
G	A+60 号 SiC 砂磨光	60～95	1.38
H	G+电解抛光	10	0.27
I	G+E	50～90	0.77
J	G+F	70～100	1.49

从以上的试验结果可以看出,在大气、高温水和海水中,电解抛光的不锈钢表面均具有最佳的耐蚀性。这是因为:电解抛光既可去除不锈钢表面的杂质和污垢、贫铬层和非金属夹杂物,而且还可去除不锈钢表面的浅缺陷,研磨所造成的表面亚缝隙(Subcrevices),还可显著降低表面的粗糙度(一般可使以微米计算的粗糙度降低 1/2)。早期的研究还指出[19],电解抛光表面膜中还具有高的 Cr/Fe 比,以上诸因素复合作用最终使不锈钢的表面既光亮、平滑、清洁,又具有高钝态稳定性,从而具有了高耐蚀性,这也是人们在一些用途中,日益重视电解抛光表面加工的重要原因。

(4) 在含氯化物的介质中,酸洗等表面加工对不锈钢耐点蚀、耐应力腐蚀性能的影响

不锈钢热处理,酸洗表面交货是最常见的一种表面加工方法,而焊后为了去掉氧化层和贫铬层,研磨、喷丸、酸洗也是必须采取的措施。图 9.27 系具有不同表面加工的不锈钢,在 $FeCl_3$ 溶液中检查它们的耐点蚀性所取得的结果。可知,经酸洗后的表面具有最佳的耐点蚀性。

酸洗表面对不锈钢耐蚀性的良好作用,与酸洗既可以去除氧化皮和贫铬层以及表面上的铁粒子和杂质等污染物,还可使钢钝化且钝化效果又远优于不锈钢在大气中的自然钝化效果。图 9.28 系不锈钢经酸洗后表面膜中元素的浓度分布情况。可以看出,表面钝化膜中富铬、富氧但贫铁。

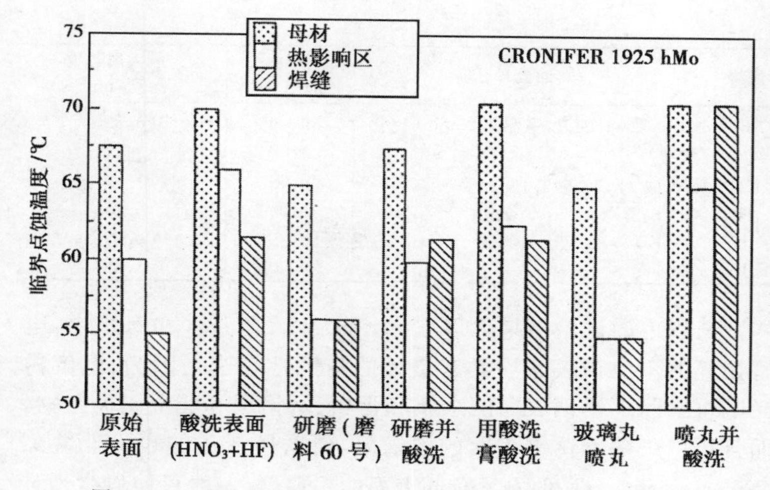

图 9.27 不同表面加工对 00Cr20Ni25Mo6Cu 高钼不锈钢耐点蚀性能的影响[20]

[试验介质：$FeCl_3$ 溶液(按 ASTM G 48)；酸洗介质：10%HNO_3＋2% HF 酸水溶液(或酸洗膏)，50℃]

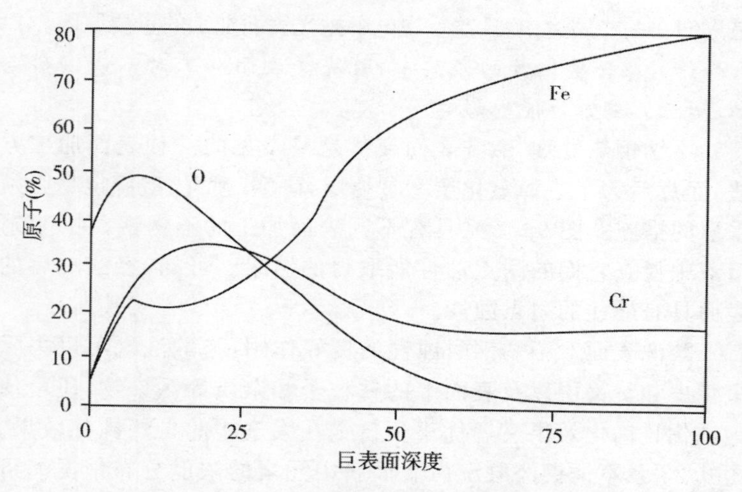

图 9.28 酸洗后，不锈钢表面膜中氧和铬的富集情况

图 9.29[21]系不锈钢表面研磨后，酸洗对几种奥氏体不锈钢耐应力腐蚀性能的影响。图中的结果表明，由于酸洗可减轻，甚至可消除由于砂纸研磨而产生的具有残余应力的粗糙表面，从而使钢的耐应力腐蚀性能有了明显改善。

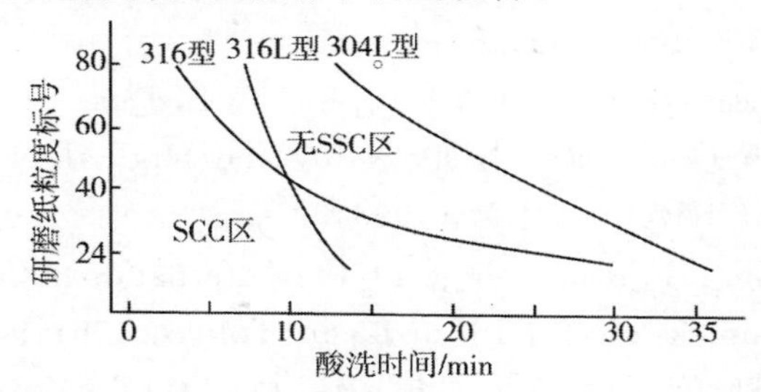

图 9.29 不锈钢研磨表面，经不同时间酸洗后对其耐应力腐蚀性能的影响

（42%$MgCl_2$，沸腾溶液，试验时间 100h）

综合上述可知，为保证不锈钢的使用性能，除前述的不锈钢的化学成分、组织结构和各种性能必须合格外，不锈钢的质量控制，特别是钢的内在质量（指纯净度）、外在质量（指不锈钢表面状况和表面加工）也是非常重要的。近代不锈钢的生产工艺、装备的现代化和用户的使用工艺和技术的不断发展也为不锈钢质量的提高创造了有利的条件。

主要参考文献

1 陆世英．不锈．2003，(2)：4/11

2 Moskowitz. A. ASTM STP-418，1967

3 季祥民，等．第九届全国不锈钢年会论文集．1992. 152/161

4 Uhlig. H. H. Corrosion Handbook，1948. 27

5 刘斌，等．第七届全国不锈钢年会论文集．1988. 30

6 坂本　徹．製铁研究(日)．1985，(318)：28

7 柏　懿．第六届全国不锈钢年会论文集．1985. 48
8 阿部良一．R. D. 1977,27(2)
9 Yazaka. Y. CBMM Round Table Conference on "Metallurgical Behavior of Alloying Elemets in Stainless Steel," 10th ,Tokyo,1996,46
10 Kirchheiner,R,et al. Corrosion/88, NACE, Paper No. 318,1988
11 Ulrich Heubneria. Nickel alloy and High-alloy Special′s Steels. KRUPP VDM, 1998,9
12 Grubb. J. F. Proceedings of the International Conference of Stainless steels, ISI of Japan,Tokyo, 1991,944
13 张廷凯,等. 合金钢论文集. 钢铁研究总院合金钢研究部. 1992. 225,232
14 陆世英．不锈．2003,(3):15/16
15 Henrirson,S,et al. The 5th seand. Corr. Cong. ,V2, 1968,2
16 Chandier. K. A. Publ,Iron Steel Insty. V117 1969,127
17 Warzee M, et al. J. Electrochem. SOC. V112, 1965, 670,674
18 Kain. R. H. N, NACE Corrosion/91, 1991(58)
19 Vernon,W. H. J,et al. J. Iron and Steel Inst. ,150,1944,81
20 Tuthill A. H, et al. Advanced Material and processes, Dec, 1997,34
21 Herbsleb. G. Werkst und Korr. V24, 1978,807

附录　国内外相同或相近不锈钢标准牌号对照表①

GB	JIS	UNS	AISI/SAE	DIN	BS	NF	GOST(ГОСТ)	ISO	备注②
ICr17Mn6 Ni5N	SUS 201	S20100	201			Z12CMN 17.07Az		683－13A2	
1Cr18Mn8 Ni5N	SUS 202	S20200	202		284S16		12X17T9 AH4	683－13A3	
ICr17Ni7	SUS 301	S30100	301		301S21	Z12CN 17.07	07X16H6	683－13A4	
	SUS 301J1			X12CrNi 177					17Cr－7.5Ni－0.1C
	SUS 301L								17Cr－7Ni－低 C－N
1Cr18Ni9	SUS 302	S30200	302		302S25	Z10CN 18.09		683－1312	
1Cr18Ni9 Si3	SUS 302B	S30215	302B						
Y1Cr18Ni9	SUS 303	S30300	303	X10CrNiS 189	303S21	Z10CNF 18.09		683－13 17	
Y1Cr18Ni 9Se	SUS 303Se	S30323	303Se		303S41			683－13 17a	

续表

GB	JIS	UNS	AISI/SAE	DIN	BS	NF	GOST(ГOST)	ISO	备注②
0Cr18Ni9	SUS 304. F304	S30400	304	X5CrNi 1810	303S31	Z6CN 18. 09		683—13 11；6831—1,2 X5CrNi1810；9328—5 X5 CrNi189	
	SUS 304H，F304H	S30409	（ASTM）304H				08X18H10	9328—5 X7CrNi189	18Cr—8Ni
	SUS 304J1								17Cr—7Ni—2Cu
	SUS 304J2								17Cr—7Ni—4Mn—2Cu
0Cr18Ni9 Cu2	SUS 304J3								
00Cr19Ni11	SUS 304L，F304L	S30403	304L	X2CrNi 1911	304S11	Z2CN 18. 10	03X18H11	683—13 10；9328—5 X2CrNi 1810	

续表

GB	JIS	UNS	AISI/SAE	DIN	BS	NF	GOST(ГОST)	ISO	备注②
00Cr18Ni 10N	SUS 304LN	S30453	(ASTM) 304LN	X2CrNiN 1810		Z2CN 18.10 Az		683—13 10N; 9328—5 X2CrNiN 1810	
0Cr19Ni9N	SUS 304N1	S30451	304N			Z5CN 18.09 Az			
0Cr19Ni10 NbN	SUS 304N2	S30452	(ASTM) XM21						
1Cr18Ni12	SUS 305	S30500	305	X5CrNi 1812	305S19	Z8CN 18.12		683—1313	
0Cr18Ni12	SUS305J1								
	SUS Y308	S30800	308						20Cr—9Ni
	SUS Y308L	S30883							20Cr—9Ni—低C
2Cr23Ni13	SUS 309, Y309	S30900	(ASTM)309			Z15CN 24.13	20X23H13		
	SUS Y309L	S30983							23Cr—12Ni—低C
	SUS Y309Mo								23Cr—11Ni—2.5Mo

续表

GB	JIS	UNS	AISI/SAE	DIN	BS	NF	GOST(ΓOST)	ISO	备注②
0Cr23Ni13	SUS Y309S	S30908	309S			Z10CN 24.13		4955 H14	
2Cr25Ni20	SUS310, F310, Y310	S31000	(ASTM) 310			Z12CN 25.20			
0Cr25Ni20	SUS310S, Y310S	S31008	310S		310S31			4955 H15	
	SUS Y312								28Cr-8Ni
0Cr17Ni12 Mo2	SUS316, F316, Y316	S31600	316	X5CrNi Mo17122	316S31	Z6CND 17.11 Z6CND 17.13		683—13 20, 20a; 6831—1, 2X6CrNiMo 17122; 9328—5X5CrNiMo 1712, 13	
	SUS316H, F316H	S31609	(ASTM) 316H					9328—5 X7 CrNiMo1712	18Cr—12Ni—2.5Mo
0Cr18Ni12 Mo2Cu2	SUS 316J1								
00Cr18Ni14Mo2Cu2	SUS316J1L, Y316J1L								
00Cr17Ni 14Mo2	SUS316L, F316L, Y316L	S31603	316L	X2CrNi Mo17132	316S11	Z2CND 17.12 Z2CND 17.13	03X17H 14M2	683—13 19, 19a; 9328—5 X2CrNiMo 1712, 13	

续表

GB	JIS	UNS	AISI/SAE	DIN	BS	NF	GOST(ГОST)	ISO	备注②
00Cr17Ni13Mo2N	SUS 316LN	S31653	(ASTM) 316LN	X2CrNiMo17122		Z2CND 17.12Az Z2CND 17.13Az		683—13 19, 19aN;9328—5 X2CrNiMo 1712,13	
0Cr17Ni12Mo2N	SUS 316N	S31651	316N						
0Cr18Ni12Mo3Ti	SUS 316 Ti	S31635	(ASTM) 316Ti			Z6CND 17.12	08X17H13M2T	638—1321; 9328—5 X6 CrNiMo Ti1712	
0Cr19Ni13Mo3	SUS 317, Y317	S31700	317		317S16				
0Cr18Ni16Mo5	SUS 317J1								
	SUS 317J2								25Cr-14Ni-1Mo-0.3N
	SUS 317J3L								21Cr-12Ni-2.5Mo-0.2N-低 C
	SUS 317 J4L								22Cr-25Ni-6Mo-0.2N-低 C
	SUS 317 J5L					Z2NCDU 25.2c		683-13 A-4;9328-5X2CrNiCrMoCu25205	21Cr-24Ni-4.5Mo-1.5Cu-极低 C

续表

GB	JIS	UNS	AISI/SAE	DIN	BS	NF	GOST(ГOST)	ISO	备注②
00Cr19Ni 13Mo3	SUS 317L, Y317L	S31703	317L	X2CrNi Mo18164	317S12	Z2CND 19.15		683—13 24	
	SUS 317LN	S31753	(ASTM) 317LN			Z2CND 19.14Az			18Cr-13Ni-3.5 Mo-N-低 C
0Cr18Ni10 Ti	SUS 321, F321, Y321	S32100	321	X6CrNi Ti1810	321S31	Z6CNT 18.10 Z6CNT 18.12	08X18H 10T, 12T	683—1315; 9328—5 X6 CrNiTi1810	
1Cr18Ni11 Ti	SUS 321H, F321H	S32109	(ASTM) 321H				12X18H9T, 10T, 12T	4955 H11 93 28-5 X7CrNi Ti1810	
	SUS 329J1	S32900	329						25Cr-4.5Ni-2Mo
	SUS 329 J2L	S31803, S32550							25Cr-6Ni-3Mo-0.1N-低 C
	SUS 329 J3L	S31803				Z2CND 22.5Az			22Cr-5Ni-3Mo-0.1N-低 C
	SUS 329 J4L	S31260, S32550				Z2CND 25.7Az			25Cr-6Ni-3Mo-0.2N-低 C
0Cr18Ni11 Nb	SUS 347, F347, Y347	S34700	347	X6CrNi Nb1810	347S31	Z6CNb 18.10 Z6CNb 18.12	08X18H 12Ъ	683-13 16; 9328-5 X6 CrNiNb1810	

续表

GB	JIS	UNS	AISI/SAE	DIN	BS	NF	GOST(ГOST)	ISO	备注[②]
1Cr19Ni11 Nb	SUS 347H, F347H	S34709	(ASTM) 347H					4955 H12,93 28—5 X7Cr NINb1810	
	SUS Y347L								19Cr-9Ni-Nb-低 C
	SUS 384	S38400	384			Z6NC 18. 16			16Cr-18Ni
1Cr12	SUS 403	S40300	403		403S17		12X13		
0Cr13A1	SUS 405	S40500	405	X6CrA113	405S17	Z6CA13		683—132	
0Cr11Ti	SUS 409	S40900	(ASTM) 409			Z6CT12		683—131Ti	
1Cr13	SUS 410, F410, Y410	S41000	410	X10Cr13	410S21	Z12C13	12X13	683—133	
	SUS 410F2								13Cr-0. 1C-Pb
	SUS 410J1								13Cr-Mo
00Cr12	SUS 410L					Z3C14			
0Cr13	SUS 410S	S41008	(ASTM) 410S	X6Cr13		Z6C13	08X13	683—131	
	SUS 410Ti								13Cr-Ti
Y1Cr13	SUS 416	S41600	416		416S21	Z12CF13		683—13 7	
Y3Cr13	SUS 420F	S42020	420F			Z30CF13			
	SUS 420F2								13Cr-0. 2C-Pb

续表

GB	JIS	UNS	AISI/SAE	DIN	BS	NF	GOST(ГOST)	ISO	备注②
2Cr13	SUS 420J1	S42000	420	X20Cr13	420S29	Z20C13	20X13	683—134	
3Cr13	SUS 420J2			X30Cr13	420S37	Z30C13	20X13	683—13 5	
1Cr15	SUS 429	S42900	429						
	SUS 429J1								16Cr-0.3C
1Cr17	SUS 430, Y430	S43000	430	X6Cr17	430S17	Z8C17	12X17	683—13 8	
	SUS 430 J1L								18Cr-0.5Cu-Nb-极低 C,N
Y1Cr17	SUS 430F	S43020	430F	X12CrMo S17	Z10CF17		683-13 8a		
00Cr17	SUS 430 LX	S43035	(ASTM) XM8	X6CrTi17, X6CrNb17	Z8CT17, Z8CNb7				
1Cr17Ni12	SUS 431	S43100	431	X20CrNi 172	431S29	Z15CN 16.2		683—139b	
1Cr17Mo	SUS 434	S43400	434	X6CrMo 171	434S17	Z8CD 17.01		683—139c	
	SUS 416 J1L								19Cr-0.5Mo-Nb-极低 C,N
	SUS 436L								18Cr-1Mo-Ti,Nb,Zr-极低(C,N)
7Cr17	SUS 440A	S44002	440A						

续表

GB	JIS	UNS	AISI/SAE	DIN	BS	NF	GOST(ГOST)	ISO	备注[2]
9Cr18MoV	SUS 440B	S4403	440B						
9Cr18Mo	SUS 440C	S44004	440C			Z100CD17	95X18	683—13 A—1b	
Y11Cr17	SUS 440F	S44020	(ASTM) 440F						
00Cr18 Mo2	SUS 444	S44400	(ASTM) 18Cr-2Mo			Z3CDT 18.02		683—13 F1	
00Cr30Mo2	SUS 447J1								
0Cr17Ni Cu4Nb	SUS 630	S17400	(ASTM) 630			Z6CNU 17.04		683—16 1	
0Cr17Ni7 A1	SUS 631	S17700	(ASTM) 631	X7CrNi Al177		Z8CNA 17.7	09X17H7Ю	683—162	
	SUS 631J1								17Cr-8Ni-1A1
	SUS 6B, F6B								13Cr-1.5Ni-0.5Mo-Cu
	SUS 6NM, F6NM					Z6CN 13.04			13Cr-4Ni-0.5Mo
	SUS XM7	S30430	(ASTM) XM7						18Cr-9Ni-3.5Cu
	SUS XM8	S43035	(ASTM) XM8				18X18T1		18Cr-Ti

续表

GB	JIS	UNS	AISI/SAE	DIN	BS	NF	GOST(ΓOST)	ISO	备注[2]
0Cr18Ni 13Si4	SUS XM 15J1					Z15CNS 20.12			
00Cr27Mo	SUS XM27	S44627	(ASTM) XM27						
	SUS Y16-8-2								16Cr-8Ni-1.5Mo
2Cr13Mn9 Ni4							20X13H4r9		
2Cr18Ni9							17X18H9		
0Cr18Ni9 Cu3	SUS XM7	S30430							
1Cr23Ni18							20X23H18	X3CrNiCu 18-9-4	
1Cr17Ni12 Mo2	SUS 316	S31609	316					X3CrNiMo 17-13-3	
00Cr17Ni 14Mo2	SUS 316L	S3 1603	316L					X2CrNiMo 17-12-2	
00Cr18Ni15Mo4N									
4Cr14Ni14W2Mo							45X14H14B2M		
2Cr18Ni8W2							25X18H8B2		
1Cr18Ni11Si4A1Ti							15X18H12C4TЮ		

续表

GB	JIS	UNS	AISI/SAE	DIN	BS	NF	GOST(ГOST)	ISO	备注②
00Cr18Ni5Mo3Si2		S31500							
1Cr21Ni5Ti							10X21H5T		
1Cr25Ti							15X25T		
Y2Cr13Ni2							25X13H2		
4Cr13							40X13		
9Cr18							95X18		
0Cr15Ni7Mo2A1		S15700	632						
5Cr21Mn8 Ni4N	SUH 35				349S52	Z52CMN 21.09		683-15 8	
2Cr21Ni 12N	SUH 37				381S34				
1Cr25Ni 20Si2	SUH 310	S31000	310	CrNi 2520	310S24	Z12CN 25.20	20X25H 20C2		
1Cr16Ni35	SUH 330		330			Z12NCS 35.16			
2Cr25N	SUH446	S44600	446						
0Cr16Ni18		S38400	384						
0Cr16Ni16							07X16H6		

续表

GB	JIS	UNS	AISI/SAE	DIN	BS	NF	GOST(ГОСТ)	ISO	备注[2]
0Cr15Ni7Mo2A1		S15700	632						
1Cr15Ni4Mo3N		S35000	633						
0Cr15Ni25 Ti2MoA1B	SUS,SUH 662	S66286	660						
		S34800	348						18Cr-11Ni(Nb)
		S30726	317LMN						19Cr-16. 5Ni-Mo4. 5-Cu-N
				1. 4466					00Cr25Ni22 Mo2N
		N08904		1. 4539					00Cr20Ni25Mo 4. 5Cu
		N08700							00Cr25Ni25Mo 4. 5Nb
		N08367							00Cr25Ni22Mo 5N
		N08925		1. 4529					00Cr21Ni24Mo 6. 5N
		N08803		1. 4562					00Cr20Ni25Mo 6. 5CuN
		N08028							00Cr27Ni31Mo 3. 5Cu
		S31254							00Cr20Ni18Mo 6CuN

续表

GB	JIS	UNS	AISI/SAE	DIN	BS	NF	GOST(ГОST)	ISO	备注②
									00Cr24Ni22Mo8Mn3CuN(654SMo)④
				1.4390					00Cr9Ni25Si7
		S41003							00Cr12Ni
		S44626							00Cr26MoTi(26-1S)
		S44635							00Cr25Ni4Mo4TiNb
		S44660							00Cr27Mo3Ni3TiNb
		S44800							00Cr29Mo4Ni2
		S44735							00Cr29Mo4TiNb
									00Cr28Ni4Mo2Nb(X1CrNiMoNb28-4-2)
				1.4575					00Cr28Mo3
		S32101							00Cr21Mn5Ni1.5N(LDX2101)
									00Cr20Mn5Ni2N(190)④
		S32034(S39230)③							00Cr23Ni4N(SAF2304)

续表

GB	JIS	UNS	AISI/SAE	DIN	BS	NF	GOST(ΓOST)	ISO	备注②
		S31803 (S39209)③		1.4462					00Cr22Ni5Mo3 N(SAF2205)
		S31260 (S39226)③							00Cr25Ni7Moi3 WCuN(DP-3)
		S32750 (S39275)③							00Cr25Ni7Mo 4N(SAF2507)
		S32760 (S329276)③						X2CrNiMo WN25-7-4	00Cr25Ni7Mo3.6W CuN(ZERON100)
		S32550 (S39225)③						X2CrNiMo CuN25-6-3	00Cr25Ni6Mo3.8 CuN(UR52N⁺)

①GB—中国国家标准;JIS—日本工业标准;UNS—(美国)金属与合金统一数字系统;AISI—美国钢铁协会标准;SAF—美国自动化工程师协会标准;DIN—德国标准;BS—英国标准;NF—法国标准;GOST(ΓOCT)—前苏联标准;ISO—国际标准化组织标准。

②有些牌号,我国虽尚未列入GB中,但实际上许多牌号已在国内生产和使用。对这些牌号在备注中注明了它们的主要成分或它们的化学成分标号,便于读者了解它们的化学成分特点。

③新UNS编号。

④尚未见标准号。